R44 机型维护与修理

主　编　石冬剑

副主编　李姗姗　石　宏

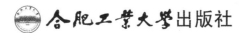合肥工业大学出版社

图书在版编目(CIP)数据

R44 机型维护与修理/石冬剑主编 . —合肥:合肥工业大学出版社,2023.11
ISBN 978 - 7 - 5650 - 5586 - 7

Ⅰ.①R…　Ⅱ.①石…　Ⅲ.①直升机—维修—高等职业教育—教材　Ⅳ.①V275

中国国家版本馆 CIP 数据核字(2023)第 222780 号

R44 机型维护与修理

主编　石冬剑			责任编辑　张择瑞		
出　版	合肥工业大学出版社		版　次	2023 年 11 月第 1 版	
地　址	合肥市屯溪路 193 号		印　次	2023 年 11 月第 1 次印刷	
邮　编	230009		开　本	787 毫米×1092 毫米　1/16	
电　话	理工图书出版中心:0551 - 62903204		印　张	23.25	
	营销与储运管理中心:0551 - 62903198		字　数	551 千字	
网　址	press. hfut. edu. cn		印　刷	安徽联众印刷有限公司	
E-mail	hfutpress@163.com		发　行	全国新华书店	

ISBN 978 - 7 - 5650 - 5586 - 7　　　　　　　　　　　定价: 58.00 元

前　言

编者从事多年通用航空器维修和教学工作,力图寻找一种适应通用航空产业发展的教学模式,本教材正是根据这种需求编写的。

本教材严格对照民航 AC‐147‐FS‐004R3 规章要求,按照 ATA(Air Transport Association of American,美国航空运输协会)规定划分章节,结合罗宾逊 R44 直升机的维修手册,分别介绍了机身结构、起落架结构、旋翼系统、尾桨系统、传动系统、直升机飞行操纵系统、燃油系统、空调系统、通信系统、导航系统及发动机系统等内容。本教材在介绍机型结构的基础上还增加了工作原理、使用方法、维修过程注意事项及相应的维修实践工卡等,供学生在掌握相应理论内容后到维修基地进行维修实践时使用。通过动手操作,可以加深学生对课堂知识的理解;同时增强他们的动手维修能力,使他们在掌握 R44 维修必备技能后能更快地融入维修工作中。

除此之外,本教材还增加了民航诚信制度的介绍和解读,并且在教材最后一章添加了各章节内容涉及的航空专业英语词汇清单,目的是培养学生查阅英文原版手册的能力,以期他们能成为全方位的航空维修工程师。

本书由江苏航运职业技术学院石冬剑主编,李姗姗、石宏副主编。由于编者知识水平和经验有限,书中难免有不妥之处,恳请读者批评指正,以便在今后的修订过程中改进。

编　者
2023 年 4 月

目　　录

第0章　民航维修行业失信行为管理办法

1. 依据和目的

本文件依据《民航行业信用管理办法》制定,目的是加强民航维修行业信用文化建设,保障飞行安全,维护行业秩序,促进行业健康发展。

2. 适用范围

本文件适用于为中国航空运营人或者中国登记航空器实施维修、维修管理和培训业务的单位或者个人,以及为上述业务提供支持服务的第三方单位或者个人(以下简称第三方服务方)。

3. 撤销

备用。

4. 说明

民航维修行业是支持民航飞行安全和健康发展的基础性行业,必须在行业内建立起以遵章守纪为底线的诚信体系,失信行为不但会给民航飞行安全带来不确定的影响,而且影响公平守信的行业秩序,更不可能实现高质量发展。本文件将就民航维修行业的失信行为及其管理办法进行具体的解释和说明。

本文件所述维修人员、维修单位、培训机构和第三方服务方包括有行政许可和无行政许可的情况。凡有行政许可的个人或者单位,其失信行为除计入民航局行业信用记录外,还将依法依规实施必要的行政处罚;无行政许可的个人或者单位,将直接影响其获得行政许可或者为行政许可相对人提供支持服务。

特别说明的是本文件所列维修行业失信行为清单均为《民航行业信用管理办法》所述的严重失信行为,但严重失信行为不限于此,《民航行业信用管理办法》第八条所列其他严重失信行为也可能涉及维修行业。

5. 术语和定义

5.1　维修人员

本文件所述维修人员泛指下述人员:

(1)按照 CCAR-91、121、135、136 部运行的航空运营人或者运行人维修体系中参与航空器或者航空器部件维修,以及相关管理、支持或者培训工作的所有人员;

(2)按照 CCAR-145 部批准维修单位中参与航空器或者航空器部件维修,以及相关管理、支持或者培训工作的所有人员;

(3)按照 CCAR-147 部批准维修培训机构中参与航空器维修培训,以及相关管理或者支持工作的所有人员;

(4)申请或持有 CCAR-66 部航空器维修人员执照的所有人员。

5.2 维修单位

指按照 CCAR - 145 部批准的维修单位。

5.3 维修培训机构

指按照 CCAR - 147 部批准的维修培训机构。

5.4 第三方服务方

本文件所述第三方服务方指为航空运营人或者运行人、维修单位、维修培训机构提供支持服务的单位或者个人,包括但不限于:

(1)承担外委维修工作;

(2)提供航材或者工具设备;

(3)提供检验、检测服务;

(4)提供专项或专业培训服务;

(5)提供审核、认证服务。

注:作为维修以及维修管理、培训相关审核、认证服务的行业协会组织,也被视为本文件所述的第三方服务方。

6. 维修行业失信行为清单

6.1 维修人员的失信行为

维修人员的失信行为包括:

(1)在航空器或者航空器部件维修,相关的管理、支持或者培训工作中故意不如实记录、伪造记录或者文件的行为;

(2)在申请 CCAR - 66 部航空器维修人员执照过程中故意提供虚假信息或者考试作弊的行为;

(3)持有航空器维修人员执照人员在明知不适合行使 CCAR - 66 部规定执照权利的情况下,仍违规行使执照权利的行为;

(4)在安全、质量、差错或者举报事件调查过程中拒不配合,隐瞒事实,或者提供虚假材料、证明、证言等行为;

(5)故意提供未经核实的虚假信息举报其他单位或个人的行为;

(6)组织或者协助他人实施上述失信行为的行为。

6.2 维修单位的失信行为

维修单位的失信行为包括:

(1)在申请 CCAR - 145 部维修许可过程中故意提供虚假信息、伪造记录或者文件的行为;

(2)在实施维修或者维修管理工作中故意存在组织伪造记录或者文件的行为;

(3)在明知超出 CCAR - 145 部批准的维修项目或者工作范围的情况下,仍违规组织实施维修工作的行为;

(4)在明知所实施维修工作不符合 CCAR - 145 部规定的维修工作准则情况下,仍违规组织签署维修放行的行为;

(5)在安全、质量、差错或者举报事件调查过程中拒不配合,隐瞒事实,或者组织提供虚假材料、证明、证言等行为。

注：维修单位存在任何上述失信行为的，还应当按本文件 6.1 同时考虑其人员涉及的失信行为，包括责任经理及其他涉及维修、管理或者支持人员。

6.3　维修培训机构的失信行为

维修培训机构的失信行为包括：

(1)在申请 CCAR-147 部维修培训许可过程中故意提供虚假信息、伪造记录或者文件的行为；

(2)在维修培训或者培训管理工作中存在故意组织伪造记录、文件或者作弊的行为；

(3)在明知培训学员不符合参加 CCAR-66 部考试条件的情况下，仍违规组织培训学员参加考试的行为；

(4)在明知培训学员不符合颁发 CCAR-147 部培训合格证条件的情况下，仍违规组织向培训学员颁发培训合格证的行为；

(5)在举报事件调查过程中拒不配合，隐瞒事实，或者组织提供虚假材料、证明、证言等行为。

注：维修培训机构存在任何上述失信行为的，还应当按本文件 6.1 同时考虑其人员涉及的失信行为，包括责任经理及其他涉及培训、管理或者支持人员。

6.4　第三方服务方失信行为

第三方服务方的失信行为包括：

(1)在支持服务中故意提供虚假信息、伪造记录或者文件的行为；

(2)在涉及的安全、质量、差错或者举报事件调查过程中拒不配合，隐瞒事实，或者组织提供虚假材料、证明、证言等行为。

7. 失信信息的采集、公布、修复和移除

7.1　失信信息的采集和公布

失信行为除可通过民航局、民航地区管理局和各地监管局维修管理部门组织的审查、监察或者调查采集外，还可通过如下渠道初步采集失信行为信息：

(1)航空运营人或者运行人、维修单位、维修培训机构主动报告其内部人员的失信行为信息；

(2)相关举报信息。

对于上述采集到的失信行为信息，民航地区管理局维修管理部门应当及时组织进行核实取证，将采集的失信行为信息和相关证据资料提交本管理局信用主管部门，并由其统一提交民航局信用主管部门审核公布。

7.2　失信信息的修复和移除

失信行为信息可按《民航行业信用管理办法》的规定申请修复或移除，或在规定的有效期后自动失效。

8. 失信行为信息的使用

8.1　维修人员失信信息

对于被公布失信行为信息的维修人员，民航局、民航地区管理局维修管理部门应当在失信行为信息有效期内按照如下原则处理：

(1)涉及办理航空器维修人员执照或其机型签署的，不予颁发或者限制办理；

（2）涉及以失信行为人员为主要维修管理人员办理行政许可的单位，不予颁发或者限制办理；

（3）如涉及单位已获得行政许可，并继续使用已公布失信行为信息的维修人员作为主要管理人员，因其不再符合行政许可条件，应当依法撤销其行政许可；

（4）涉及对持有航空器维修人员执照人员实施行政处罚的，从重处罚。

8.2　维修单位或者培训机构失信信息

对于被公布失信行为信息的维修单位或者培训机构，民航局、民航地区管理局维修管理部门应当在失信行为信息有效期内按照如下原则处理：

（1）涉及办理行政许可的，不予颁发或者限制办理；

（2）如涉及单位已获得行政许可，应当依法实施行政处罚，直至撤销其行政许可；

（3）涉及实施行政处罚的，从重处罚。

8.3　第三方服务方失信信息

对于被公布失信行为信息的第三方服务方，民航局、民航地区管理局维修管理部门应当在失信行为信息有效期内按照如下原则处理：

（1）限制民航局行政许可相对人使用其提供支持服务；

（2）如涉及行政许可相对人继续使用已公布失信行为信息的第三方服务方提供服务，应当依法实施行政处罚。

第1章 时限与维护检查

1.1 概 述

1.1.1 机型简介

美国罗宾逊直升机公司生产的 R44 轻型直升机于 1996 年正式投入市场,截止到 2021 年 4 月,已交付 13000 架。因其独特的设计及可靠的性能,该机型是私用、商用和通用航空的理想选择;因其低价位、高标准、高性能,该机型广泛应用于私人用户、飞行培训、空中巡查、航空摄影、警务航空,以及森林防火应用(参见二维码)等领域;因其广泛的通用性,该机型成为世界上销量最好的直升机之一,也最受国内通航市场的青睐。

R44 雷鸟系列直升机是 4 座、单旋翼、单尾桨、滑橇式起落架的轻型直升机,驾驶舱可容纳 1 名飞行员和 3 名乘客,座舱采用"2+2"的舒适配置,并有双重操纵系统。宽敞的座舱内无隔舱或桅杆阻挡,确保所有人员均具有最佳视野;直升机采用莱康明 IO-540 直喷式发动机,飞行速度更快,巡航速度高达 210km/h,而平均耗油量仅为 56L/h,飞行高度也更高,承载更大;主旋翼桨盘面积增大,降低振动,且主旋翼、尾桨采用全新空气动力学设计,降低噪声。

森林防火应用

R44 装备了包括 28V 的电子系统、最新式的无线电通信系统、航行和监视系统,保证在极端气候条件下的操作,且为选装设备提供了额外电源。R44 装备全新尖端设备,最突出的有机头云台和 FSI 红外传感器。可放大 7 倍的彩色摄像系统是 R44 警用直升机的标准装备,机头云台可进行全方位 360 度视角的观测;折叠式视频监视器具有 10inch(1inch=2.45cm)的防炫光液晶显示屏幕;探照灯 Spectrolab SX15-20 使用 500W 氙灯,具有自由转动的高聚焦光束,照明距离很远。R44 采用液压助力系统,消除了驾驶杆机械传动产生的振动现象,使驾驶更轻松、柔和。此外,还具备其他特点,如:可调式脚舵,方便飞行员调整驾姿;尾桨弹性摇摆铰链,使 R44 维护更简便;可装备固定或应急快速充气浮筒——R44 水上机(CLIPPER),能在水上飞行和起降。另外,R44 直升机还可配备警用设备——R44 警用机(POLICE),或配备供现场电视直播的设备——R44 新闻机(NEWSCOPTER)。

厂家交付的第 13000 架直升机的 S/N 为 14438,该机展示了全新的喷涂方案,并配备了最新的 R44 选装设备,包括锂离子电瓶、加热座椅和 4K 座舱摄像机。该直升机还包括一个配置良好的玻璃面板,配有 Garmin700L TXi、GTN650Xi 导航仪和 Genesys HeliSAS 自动驾驶仪。

罗宾逊直升机在工艺设计方面一贯强调优质可靠。根据美国国家交通安全委员会(NTSB)的统计数字,由于机身或发动机故障引起的事故,罗宾逊 R22 和 R44 型直升机比其他直升机要少得多。而 R44 不仅延续了二座位 R22 型直升机的高可靠性、容易维修和操作、低成本等特点,更拥有较大型直升机的高性能、舒适性、易操控的特点。R44 的整体设计符合速度、可靠性、容易维修等多方面要求。

R44 水上机分为装有设计先进的固定通用浮筒或应急快速氦气充气浮筒两种,水上飞行安全可靠。由于重心低,即使在有风浪的海面上飞行,直升机也能保持平稳。固定通用浮筒使 R44 水上机在空载重量基础上增加了约 22kg,巡航速度减少了近 10kn(节);应急快速氦气充气浮筒在空载重量基础上增加了约 30kg,巡航速度不低于标准的 R44 型。与其他应急浮筒不同,R44 水上机的应急快速氦气充气浮筒与固定通用浮筒的浮力相等,两种浮筒直升机均可在水上降落后再起飞。

R44 警用直升机按照新空中执法标准设计。R44 警用机是公安、武警、边防、消防及准军事单位专用的高性能、低价位、快速交付使用的空中预警、巡逻、监控、指挥平台,专为执法机构设置。它能成功地支持空中警务,在空中执行的任务包括追捕、巡逻、监视和保护政府官员和公民的安全。作为高级执法工具,R44 也可有效地制止犯罪行为。

R44 警用直升机的特点是灵活机动,安全系数高。日常巡航速度可达 180km/h,最大航程达 640km,最大升限为 4270m,海平面爬升率超过 305m/min,一次加油可连续飞行 3 个多小时。除此之外,R44 警用直升机可搭载 2~3 名特警队员,配有高音喇叭、警报器、探照灯和折叠式监视屏。据统计,投入一架警用直升机的作用等同于 30 辆警车和 100 名警察,警用直升机监视范围可达到地面警察的 15 倍。

1.1.2 R44 直升机基本组成

R44 直升机主要由机身、起落架、尾锥、尾翼、导流板和整流罩、主旋翼和尾桨、传动系统、动力装置等结构以及电气系统、照明系统等系统组成。

1. 机身

R44 直升机机身由三段组成,分别为前段、中段和尾锥段。前段为座舱,是由前舱的正驾驶和副驾驶区域以及后舱的乘客舱组成;中段为动力装置,是由一台莱康明 540 发动机和主减速器及相关主轴组成;后段为尾锥段,主要由尾梁和尾翼组成。此外,R44 直升机乘客布局为"2+1"形式,即前排左侧座椅为 1 人,后排座椅为 2 人。

2. 起落架

R44 直升机起落架为滑橇式起落架,此类起落架可在任何地面运行和移动,其中有 2 个手动搬运轮通过连接支架连接在滑橇上,使得直升机可在地面实现持续搬运和移动。

3. 尾锥

R44 直升机尾梁为全金属半硬壳式结构,其中隔框、桁条等结构起到主要承力作用,而蒙皮则承受剪切力等次要载荷作用。整个尾锥后部支撑着尾减齿轮箱、垂直尾翼等结构,其内部设有悬挂式尾桨传动轴并通过阻尼器进行减振,如图 1-1 所示。

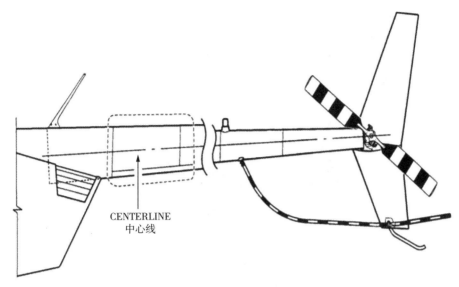

图 1-1　尾锥

4. 尾翼

R44 尾翼由上下垂直安定面和单侧水平安定面组成,它们固定在尾锥上,均是静止的安定面,不能偏转,目的是保持机体的稳定性,如图 1-2 所示。而对于水上型号而言,R44 Clipper 还增加了一个辅助安定面。

5. 导流板和整流罩

R44 直升机各部分的导流板和整流罩材料略有不同,它们是由铝合金或玻璃纤维热固性塑料制成的,主要包括左、右侧整流罩组件,机腹整流罩组件,后部整流罩组件,旋翼主轴整流罩,上部整流罩以及起落架斜支撑整流罩等,如图 1-3 所示。其中,只有起落架斜支撑整流罩可以在拆卸的情况下飞行。除此之外,所有可拆卸的整流罩和检查口盖都用 MS27039C08 型号的螺钉进行紧固。

图 1-2　尾翼组件

（a）左、右整流罩　　　（b）后部整流罩　　　（c）主轴整流罩　　　（d）上部整流罩

图 1-3　整流罩

6. 主旋翼

R44 直升机主旋翼由两片全金属桨叶组成,如图 1-4 所示。主旋翼能够提供所有飞行模式下的平稳操纵反应,使得在发动机失效时可以进行安全自转着陆,主旋翼基本参数见表 1-1 所列,实物图如图 1-5 所示。

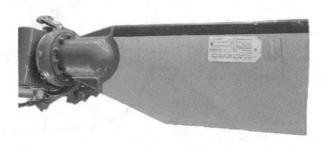

图 1-4　主旋翼

表 1-1　主旋翼基本参数

特　性	R44 系列
桨叶材料	全金属桨叶
桨叶内部结构	蜂窝结构
前缘材料	不锈钢包铁
翼　型	对称翼型
桨毂类型	半刚性跷跷板式桨毂
桨叶扭转角度	−6 度
桨叶数	2 片
尺　寸	198 英寸(半径)
102% RPM(对应发动机转速 2718 RPM)	408 RPM

图 1-5　主旋翼实物图

7. 传动系统

R44 直升机在动力装置与主旋翼之间的主减速器内提供 57∶11 的两级减速。一个三角皮带轮直接连接在发动机曲轴上,由四条加强的三角皮带将动力传送到上皮带轮。上皮带轮的轮毂内有一个超转离合器,离合器轴将动力向前传送给主旋翼,向后传送给尾桨。此外,在旋翼齿轮箱上有一个挠性联轴器,长尾桨驱动轴的每端也有一个挠性联轴器,起到抵抗旋转轴变形的作用。传动系统组成如图 1-6 所示。

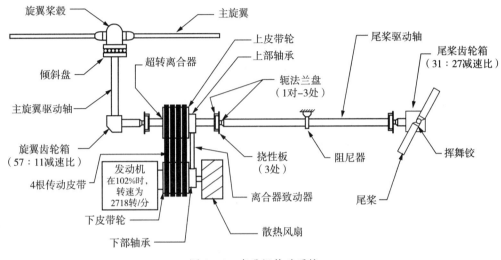

图 1-6　直升机传动系统

旋翼齿轮箱内有一套单级螺旋伞齿轮,润滑方式为泼溅润滑。长尾桨传动轴不设悬吊轴承,而设一组轻载阻尼轴承。尾桨齿轮箱的输入轴和输出轴均用不锈钢制成,以防结构腐蚀,而传动系统的其他轴都是由合金钢材料制成的。

8. 尾桨

R44 直升机尾桨由两片全金属桨叶和一个固定锥形铰的摆动铰组成,如图 1-7 所示。变距轴承内装有自润滑衬垫,平时无需注油维护,而摆动铰轴承是弹性的。尾桨桨叶由铝蒙皮和锻造铝制翼根接头组成,内部为蜂窝结构复合材料。尾桨叶为对称翼型,尾桨毂为半刚性跷跷板式,并有-1 度的预锥角,桨叶直径为 4 英尺 10 英寸,弦长为 5.1 英寸。桨叶在102％转速时,对应尾桨转速为 2428RPM。

图 1-7　直升机尾桨

9. 动力装置

R44 雷鸟 I 型直升机是由一台 Textron‐Lycoming O‐540‐F1B5 发动机提供动力,如图 1‐8 所示。发动机 TBO 的翻修周期为 2200 小时,转速在 2718 RPM 时,最大连续功率为 205 马力,5 分钟起飞功率为 225 马力。发动机为 6 缸水平对置式,气缸工作容积为541.1 立方英寸,发动机滑油系统为湿机匣滑油系统,燃油系统采用汽化器式燃调。

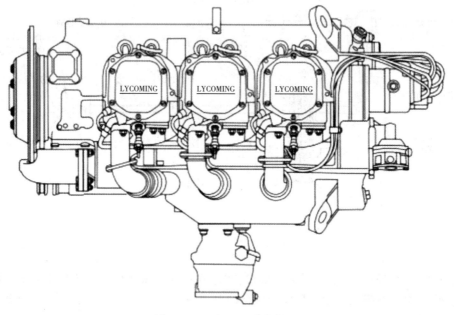

图 1‐8 R44 I 型动力装置

R44 雷鸟 II 型直升机是由一台 Textron‐Lycoming IO‐540‐AE1A5 发动机提供动力,如图 1‐9 所示。发动机 TBO 翻修周期为 2200 小时,转速在 2718RPM 时,最大连续功率为 205 马力,5 分钟起飞功率为 245 马力,发动机为 6 缸水平对置式,气缸工作容积 541.1立方英寸,滑油系统也为湿机匣滑油系统。II 型直升机具备 2 个滑油散热器、直喷式燃调(带分配器)、2 台磁电机、1 台起动机、1 台交流发电机以及气冷式散热装置。

图 1‐9 R44 II 型动力装置

10. 电气系统

对于 Textron　Lycoming O　540 - F1B5 型发动机的电气系统来说,是由一台 14 伏/70 安培的交流发电机(限制到连续 50 安培)、电瓶继电器、发电机控制器以及一块 12 伏的电瓶组成。

Textron - Lycoming IO - 540 - AE1A5 型发动机的电气系统,由一台 28 伏/70 安培的交流发电机(限制到连续 64 安培)、电瓶继电器、发电机控制器和一块 24 伏的电瓶组成。对于警用机来说,130 安培的发电机是标准配置,且限制连续电流高达 85 安培。一般来说,直升机电瓶装在直升机机体左侧(发动机右侧)或者左前行李舱内的左下钢管机架上,而警用机和新闻机的电瓶则挂在尾锥上。电路自动保险电门位于左前座前,各保险电门都标有功能和安培数,且为推动开关式。

11. 照明系统

R44 直升机照明系统主要由机外照明、机内照明以及仪表板照明组成。其中机外照明包括 1 个红色防撞灯,位于尾梁上方;3 个航行灯,分别位于机身两侧以及尾翼后部,颜色分别为左红、右绿、尾白;2 个着陆灯,位于直升机机头,具有不同垂直角度,分别起到急速进近和自转下滑以及正常进近的功能,增加了飞行员的视野以及对其他信息的获取能力,如图 1 - 10 所示。

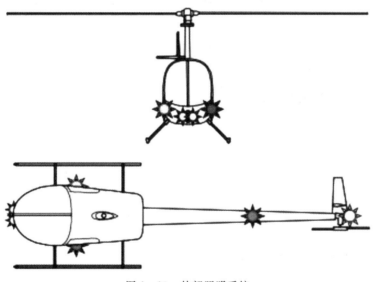

图 1 - 10　外部照明系统

1.2　手册的使用

R44 直升机常用手册和资料有出版物索引(Publications Index)、维修手册(Maintenance Manual,MM)、图解零件目录(Illustrated Parts Catalog,IPC)、莱康明发动机操作手册(Textron Lycoming Operator's Manual)以及飞行手册(Pilot'S Operating

Handbook)等,手册和技术资料应定期查询相关网站进行更新,保证其现行有效性。

1.2.1　S类资料的预订服务

飞机运营商预订S类资料是为了保证手册的时效性,预订者可收到以下为期一年的技术资料:①安全通报(Safety Notices);②《R44 飞行员操作手册》修订本(Revisions to R44 Pilot's Operating Handbook);③R44 服务通告 SB(R44 Service Bulletins);④R44 服务信函 SL(R44 Service Letters);⑤ R44 维修手册及零部件图册的修订版(Revisions to R44 Maintenance Manual & Illustrated Parts Catalog)。

1.2.2　制造厂家技术资料意见或建议报告

罗宾逊直升机公司会对相关手册和资料定期进行修订,以保证信息及时有效。如果用户认为有些信息丢失或认为需要分类或纠正,可以将意见或建议寄到罗宾逊直升机公司,以后的修订版将会包含此信息。

1.2.3　机型手册的变更和修订

机型手册初始发行以后,当直升机的设备、维修检查和程序的变化以及由经验得到的其他信息影响到手册的内容时,为了确保手册不断地反映这些变化,罗宾逊直升机会通过更换、增加或删除页面的方法来实现手册各个部分的变更。每次修订的有效页清单都标识了所有受影响的页面,这些页面应该从手册中取出并销毁。修订页应插入到手册内,在使用手册时,应确定它包括所有最新的修订内容。

1.2.4　机型手册使用的注意事项

1. 手册中警告、警示和注意的使用
(1)警告(Warning)
对一种操作方法,不能正确执行时可导致人员伤害或致命的警惕事项。
(2)警示(Caution)
对一种操作方法,不能正确执行时可导致设备损坏的注意事项。
(3)注意(Note)
对一种操作方法,做强调或补充的说明。
2. 工作单卡的制定
航前航后以及定检工作单卡均根据维修手册第 2 章节、飞行员操作手册第 4 章节以及莱康明操作员手册的相关章节制定。
3. 手册变更符号的说明
内容变更时,除下列注明外,加页中的新内容是在有关内容的外侧划一道竖线。每页只刊载最新的变更内容。下列三种情况无需使用更改符号:
(1)不表示列表日期或索引的变更;
(2)删除文字、表格、示意图的空白处;
(3)小的修正处,如拼写、标点或内容移位等,除非这些修正改变了主要内容或程序。

1.3　一般检查

R44 直升机必须进行定期检查，以确保直升机的适航状态。检查间隔要求最长为 100 个操作小时或 12 个日历月（年度），无论哪个时间先到。如果地方规章允许，在无累积的情况下，检查间隔可以最多延长 10 个小时。在检查间隔之间要求有预防性维护，如有渗漏、褪色、凹陷、划伤、刻痕、裂纹、擦伤、磨损、磨伤和腐蚀等迹象应作进一步检查。不适航的部件应按罗宾逊直升机公司的规定予以更换或修理。

1. 轴承

轴承出现故障的前兆是噪声变大。噪声通常出现在轴承出现故障或轴承温度增高前的几个小时。在起动和停车时听驱动系统的声音；有故障的轴承会有较高、较长类似警报的声音；如听到异常的声音，在继续飞行前应彻底检查所有轴承。有故障的轴承预示其密封圈已经损坏或渗出大量润滑脂，不要单纯依靠温度带来判断轴承的损坏，因为温度只在故障出现前几秒钟才显示增加。

任何一个致动器轴承在飞行中发生故障都能导致旋翼系统失去动力，从而发生严重事故。致动器上部滚珠轴承在上皮带轮后部的离合器轴上，致动器下部滚棒轴承在下皮带轮后部的风扇轴上。在致动器轴承完全出现故障前，离合器灯会连续闪烁（闪亮和熄灭不超过 1 秒钟），不要将此现象与飞行中正常的闪烁混淆（燃亮 1～8 秒钟后熄灭），这时应停止飞行，直到查出离合器灯闪烁的原因。

2. 推拉杆

对于推拉杆上的刻痕、割伤或划伤的深度不超过 0.010 英寸，圆周不超过管的 1/4，可用 320 号或更细的湿或干砂纸按长度方向打磨，混合半径最小为 1 英寸；如果深度超过以上限制，应更换推拉杆。如果推拉杆的凹痕或扁平超过其直径的 5％ 时，必须更换。对于杆头和球形轴承，最大轴向间隙为 0.020 英寸，最大径向间隙为 0.010 英寸。

3. 弹性体

对于直升机上所有的弹性体，都存在疲劳、滑油污染以及超负荷三种形式的损伤。

表面小的裂纹（疲劳裂纹）和弹性体灰尘或"橡皮沫"状是正常的，如图 1-11(a) 所示，可以不予更换。随着裂纹的增多，弹性体会失去弹性，导致硬度减弱，振动增大。如果有深度裂纹（大于 0.100 英寸）超过弹性体表面的 25％ 时，应更换轴承。

此外，弹性体应避免滑油、油脂、液压油、清洁剂和防锈油的污染。如有，要立刻用清洁溶剂清洗。受污染的轴承会表现出肿胀、波状边缘或脱层，如图 1-11(b) 所示，此情况必须更换轴承。

当超出弹性体的抗拉强度或橡胶与金属的接合强度时，会引起超负荷。这种情况发生在正常负荷作用于由于疲劳和滑油污染而使得性能减弱的轴承上。超负荷表现为弹性体挤出并有大的清楚的裂纹，如图 1-11(c) 所示。弹性体还可能从金属衬套中分离（脱层），如果分离超出接合面的 25％，应更换轴承。

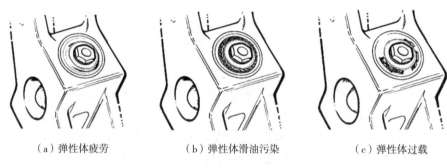

（a）弹性体疲劳　　　　　　（b）弹性体滑油污染　　　　　　（c）弹性体过载

图 1-11　弹性体的三种损伤形式

4.温度带

温度指示带记录轴承、齿轮箱等工作温度的升高情况。使用温度指示带时,在正常工作中变黑的最高温度格子和下一个未变黑的格子之间画一条参照线。在之后的每次检查时,确定是否有其他格子变黑。如果随后记录的增加的温度不是由工作条件的变化造成时,应在下一次飞行前仔细检查怀疑的部件。

新直升机除了以上最低要求外,有些直升机还需要做其他维护和检查,可参看直升机维修记录、服务通告、航空规则、适航限制和有关的适航指令(所列资料会有修订版)。

1.3.1　按飞行时间进行的维护与检查(见表 1-2)

表 1-2　按飞行时间进行的维护与检查

飞行时间	维护与检查工作
第一个 25 小时	按莱康明服务通告 SB480F 更换滑油和滑油滤,检查滑油滤网和过滤器,按照莱康明服务说明 SI 1129B 检查发电机皮带张力。
每 50 小时	按莱康明操作手册、服务说明 SI 1080C 和 AD2008-06-51(根据要求),检查和维护发动机。按照莱康明 SB480F,更换滑油和滑油滤,检查滑油滤网和过滤器。
第 1 个 100 小时检查	按维修手册 1.120 和 1.130 章节进行齿轮箱放油和清洗。按照莱康明 SB388C 检查发动机排气门导套间隙。
每 100 小时	按维修手册 2.400 章节检查。按照莱康明操作手册、SB366、服务说明 1080C、服务说明 SI 1129B 和 SB 342G(仅用于 IO-540)检查和维护发动机。根据需要按照 TCM SB643B 检查和维护 TCM 点火部件。
每 300 小时	按维修手册 1.140 章节润滑 C181-3 轴承。按维修手册 1.170 章节更换液压油滤,按莱康明 SB301B、SB388C 和操作手册检查阀门和发动机排气门导套间隙。
每 500 小时	按维修手册 1.120 和 1.130 章节进行齿轮箱放油和清洗。按照维修手册 1.115 章节清洗齿轮箱屑探头,检查磁电机传动垫是否扭曲。按维修手册 8.221 章节维护总距弹簧组件(仅指手动控制)。根据需要,按照 TCM SB658 和 SB663A 检查和维护 TCM 点火部件。
每 2200 小时	按照维修手册 2.700 章节大修直升机。

1.3.2　按日历时间进行的维护与检查(见表 1-3)

表 1-3　按日历时间进行的维护与检查

飞行时间	维护与检查工作
每 4 个月	按莱康明 SB 480F 更换滑油和滑油滤,检查滤网和拆除的过滤器。
每 12 个月	按维修手册 2.400 章节进行检查,按照维修手册 1.115 章节清洗齿轮箱屑探头,按 14 CFR91.207 检查紧急定位发射器(ELT),按维修手册 5.630 章节检查选装的紧急充气浮筒。
每 24 个月	按 14 CFR 91.413 测试和检查应答机。
每 3 年	按维修手册 1.140 章节润滑 C181-3 轴承,按维修手册 5.640 章节检查选装的充气浮筒,流体静压测试压力作动筒。
每 4 年	按 TCM SB643B 翻修磁电机,检查磁电机传动垫是否扭曲。
每 12 年	按维修手册 2.600 章节实施 12 年检查和有限大修,或按照维修手册 2.700 章节大修直升机。

除此之外,罗宾逊直升机对橡胶制品以及油脂油膏有着严格的储藏限制,具体要求如下:

(1)PN B283-X 软管的储藏寿命为 5 年,使用寿命根据情况而定,最长为 12 年或 2200 小时,先到为准。

(2)弹性绳的储藏寿命为 5 年,使用寿命根据情况而定,最长为 12 年或 2200 小时,以发票或 FAA 8130 表的日期为起始日期。

(3)发电机皮带和传动皮带的储藏温度应低于 85 华氏度(摄氏 30 度),相对湿度不超过 70%。避免溶剂和滑油蒸汽、大气污染、阳光直射和臭氧源(电机、弧焊、电离净化器等),在上述条件下,皮带的储藏寿命为 4 年,以发票或 FAA 8130 表的日期为起始日期。

(4)滑油和润滑脂保存在原来的密封容器里,储藏寿命为 5 年,以发票或 FAA 8130 表的日期为起始日期。如果制造商在容器上标明了生产日期,则以生产日期为准。

(5)橡胶圈、密封圈和垫片储藏寿命为 60 个月(5 年),使用寿命根据情况而定,最长为 12 年。使用包装上的生产日期为起始日期。

1.4　飞行检查及 100 小时/年度检查

1.4.1　航前检查

航前检查是依据飞行员操作手册第 4 章、540 发动机操作手册第 4 章第 1 条制定的,具体工作内容如下:

1. 初步工作

(1)卸去地面操作轮挡和各种临时罩盖和系留设备。清除机身上任何程度的冰、霜、雪,特别是旋翼桨叶。检查维护记录,确认直升机适航。建议对主旋翼做日常飞行前检查时使用一个 8 英尺高的梯子。打开后面右侧座椅,踩在座椅撑架上,然后踩在副油箱下面的踏板上,可以接触到主桨毂。检查直升机的一般状况,确保无渗漏,无因高温引起的变色、擦伤、磨损、划伤、腐蚀或者裂纹,还要检查连接部件连接的铆钉和接缝处的微动磨损,及其结合部位是否有微红褐色或黑色的残余物。检查温度带,确认前序飞行中有无意外升温情况,确认温度带指示的温度上升不是由于运行环境的变化造成(机械师在运行变黑的方块的右边画一条参考线),确认关键紧固件上的力矩线没有断离或遗失。

(2)放出燃油系统内部水分和杂质(从主、副油箱和系统油滤处),并留样。

2. 通电检查

(1)主电门开关打开。(注意:一氧化碳警告灯闪烁两次)

(2)滑油压力低灯、发电机警告灯、轴助燃油泵灯、调速器灯应亮。

(3)按压警告灯按钮,下列指示灯应亮:主齿轮箱温度、主齿轮箱金属屑、尾齿轮箱金属屑、发动机火警、低油量、燃油滤。

(4)抬总距杆检查低转速蜂鸣器的工作情况。

(5)时钟校准。

(6)油量表指示燃油量,记录燃油量。

(7)通电检查离合器啮合时间(最多 70 秒灯灭),记录啮合时间。

(8)检查电瓶电压应不低于 24V,记录电瓶电压。

(9)检查频闪灯、航行灯工作应正常。啮合时打开着陆灯开关,着陆灯应亮(该项根据任务检查)。

(10)关闭主电门开关。

3. 座舱内部检查

(1)确保所有开关在"OFF"(断开)位置。液压开关在"ON"(接通)位置。

(2)点火钥匙只能在"OFF"位置时取下,且在所有检查位置工作应良好。

(3)防火开关应在"ON"位置。

(4)可拆卸操纵杆固定良好无裂纹。检查总距杆、驾驶杆、脚蹬行程,间隙正常;检查后加摩擦。可调脚蹬插销固定良好。

(5)检查各仪表、开关固定良好,自动保险电门无弹起。

(6)安全带牢固可靠。

(7)旋翼刹车作动应正常。

(8)检查灭火瓶应在位,状况良好。

(9)检查急救包内装急救物品应齐全,随机资料袋内资料齐全。

(10)保持座舱、行李舱清洁,无松散物件。

4. 机体的外部检查(从机身右侧进入检查路线)

(1)舱门铰链式保险已装上。

(2)右航行灯表面完好。

(3)右静压孔无堵塞。

(4)打开副油箱口盖,检查副油箱油量。

(5)副油箱无渗漏,油箱盖应对齐标志拧紧。

(6)起落架固定点固定牢靠。

(7)主齿轮箱温度带变黑应在允许范围之内。

(8)液压泵温度指示不应当超过主齿轮箱温度指示。

(9)检查主齿轮箱金属屑传感器及导线固定应良好。

(10)旋翼主齿轮箱无渗漏,滑油量应在观察窗 1/2 处,不得低于 1/4。

(11)液压储油罐无渗漏,油液无变黑,油量应在观察窗 1/2 处。

(12)液压导管固定牢靠且无渗漏。

(13)检查紧急定位发射器固定可靠。

(14)检查散热导管固定可靠。

(15)检查尾桨操纵拉杆固定可靠,无卡滞。

(16)检查主、副油箱外表面及导管无渗漏,固定可靠。放油管卡箍卡紧无余油。

(17)检查前、中轭,扰性联轴器固定无裂纹,螺帽紧固。旋翼转速传感器固定应良好。

(18)检查离合器保险管及测试按钮无松动。

(19)检查制动离合器、上轴承无裂纹,温度带变黑应在允许范围之内。

(20)检查 V 型皮带应无断裂、磨损过度及露出帘线,皮带间隙正常。

(21)滑油散热器内应无杂物。

(22)检查尾锥内 4 个固定螺栓应牢固。

(23)钢管框架应无裂纹。

(24)所有紧固件安全,导线及传动杆接头应紧固无松动。

(25)检查口整流罩应锁定。

5. 发动机左侧(机身右侧)

(1)进气道、空气滤固定可靠,无堵塞。

(2)磁电机、电嘴及导线应固定良好。

(3)发动机燃油、滑油系统应无渗漏、擦伤、裂纹、磨损,固定良好。

(4)发动机金属板无裂纹,气缸头盖板无变色。

(5)关闭检查窗并锁紧。

6. 风扇的检查

(1)风扇及涡管应固定良好无裂纹,风扇紧固标志无移位。

(2)排气尾管挂件无裂纹。

7. 尾锥的检查

(1)尾锥外部 4 个固定点固定完好。

(2)尾锥观察口固定良好。

(3)尾锥内部无异常声音,外部无裂纹及凹陷。

(4)频闪灯、天线固定良好。

(5)蒙皮应无裂纹或凹陷。

8. 尾桨、尾桨齿轮箱及尾翼的检查

(1)尾桨保护装置紧固,无裂纹。

(2)尾面固定良好,无裂纹。所有紧固件安全。

（3）尾航行灯固定及表面完好。

（4）尾橇固定可靠无变形，特别要注意其擦痕或者磨损，如果有，应检查相连结构的损伤。

（5）尾桨操纵无干扰，变距连杆无松动，摆动轴承检查状况应良好，摆动轴承螺栓不转动，操纵摇臂自如无松动。

（6）检查尾齿轮箱金属屑传感器及导线固定应良好。

（7）尾桨毂内摆动轴承外座圈不得与桨毂有相对运动。

（8）检查尾桨叶应清洁、良好。按照服务通告 SB-83（适用件号 C029-1 和 C029-2 的尾桨桨叶）的工作内容检查桨叶无疲劳裂纹。

（9）尾桨齿轮箱应固定牢固、无渗漏，滑油量应在观察窗 1/2 处，不得低于 1/4。

（10）尾桨齿轮箱温度带变黑应在允许范围之内。

（11）后扰性联轴器固定可靠无裂纹，标志线对齐。

9. 旋翼系统

警示：对于跷跷板式旋翼，不能向下拉桨叶。如果想使一片桨叶向下，可向上推对面的桨叶。

（1）桨叶清洁无损坏、无裂纹。

警示：确定桨叶下表面处没有腐蚀露出蒙皮与翼梁结合线。

（2）变距套无渗漏，所有拉杆的杆头无松动，变距连杆锁紧螺帽紧固，变距连杆保险丝可靠，所有紧固件安全，倾斜盘扭力臂无过量松动，上面前部整流罩应锁定。

（3）旋翼系统变距装置应固定牢固无松动，间隙正常，无渗油。

（4）主铰螺栓螺帽紧固，开口销无变形、脱落，倾斜盘扭力臂轴承无松动。

（5）皮托管无裂纹、堵塞，固定可靠。

（6）目视检查旋翼前后缘及表面的异常现象。按安全通告 SN-43 及 2014 年 2 月 23 日 R44 安全警告内容，在 C016-7 主旋翼桨叶弦长加宽过渡区域约 6 英寸（15cm）长，距后缘约 1 英寸（2.5cm）宽以内，应目视检查旋翼上下表面的任何损伤，这种损伤有可能是初始裂纹。

（7）检查翼尖罩固定可靠、无松动。

10. 飞机左侧和发动机右侧

（1）主油箱应固定牢靠，检查主油箱油量，油箱盖对齐标志拧紧。

（2）左舱门铰链式保险销完好。

（3）左航行灯表面完好。

（4）左静压孔无堵塞。

（5）检查发动机滑油量，正常值为 7～9 夸脱，记录滑油量。

（6）滑油滤固定无渗漏。

（7）磁电机、电嘴及导线应固定牢固。

（8）空调系统皮带无断裂、磨损过度及露出帘线。导管固定无裂纹。

（9）电瓶继电器、通风管固定可靠。

（10）保险管固定可靠、无松动。

（11）检查气缸头温度探测器固定应可靠。气缸头盖板无变色。

(12)发动机燃油、滑油系统应无渗漏、擦伤、裂纹、磨损,固定牢固。

(13)发动机金属板无裂纹,气缸头盖板无变色。

(14)左侧起落架应固定可靠无裂纹。

(15)钢管框架应无裂纹。检查口整流罩应锁定。

11. 机头

(1)风挡玻璃清洁,固定可靠,如有裂纹,裂纹在可控范围之内。

(2)检查侧滑绳固定可靠。

(3)着陆灯清洁,固定可靠,无裂纹。

12. 机腹的检查

(1)排气系统无裂纹,散热管、座舱加温管固定可靠,无裂纹。

(2)启动机和定时盘齿牙良好,定时齿牙不能有两个连续缺损且应与启动机齿牙错开。

(3)发电机固定可靠,皮带无断裂、磨损过度及露出帘线。

(4)左右滑油散热器及导管固定可靠,无渗漏。

(5)空调散热器及导管固定可靠。

(6)电动燃油泵、燃油滤及导管固定可靠,无渗漏。

(7)油门、混合比连杆、加温装置应固定牢固,操纵自如。

(8)余油及空调排水孔应畅通无堵塞。

(9)电瓶及电瓶导线应固定牢固。

(10)所有导线束固定良好,无摩擦。

(11)应答机天线固定可靠。

(12)外界大气温度传感器固定可靠。

1.4.2　航后检查

航后检查是依据飞行员操作手册第 4 章、540 发动机操作手册第 4 章第 1 条制定的,相比于航前检查工作,主要增加了飞机的清洁工作,具体内容如下:

(1)用中性洗涤剂清洁旋翼和尾桨,然后用清水清洁擦干。

(2)用中性洗涤剂清洁座舱玻璃、机身和尾翼,然后用清水清洁擦干。

(3)罩上座舱蒙布。

1.4.3　100 小时定检

100 小时定检工作主要是依照维修手册第 2 章相关内容制定的,在执行 100 小时定检或年检时,应完成地面检查工作。100 小时定检具体工作如下:

1. 尾桨脚蹬轴承组

注:不要拆卸脚蹬轴承盖板 1,除非检查脚蹬功能时发现脚蹬轴承组有问题(见图1-12,后续盖板定检工作亦见该图所示)。

向后剥离地毯并拆去固定板螺钉,可拆下固定盖板 1,用检查灯和镜子检查轴承组,检查其状况,是否松动。允许的最大轴向间隙为 0.080 英寸,最大径向间隙为 0.030 英寸。检查脚蹬操纵机构的所有焊接部位。

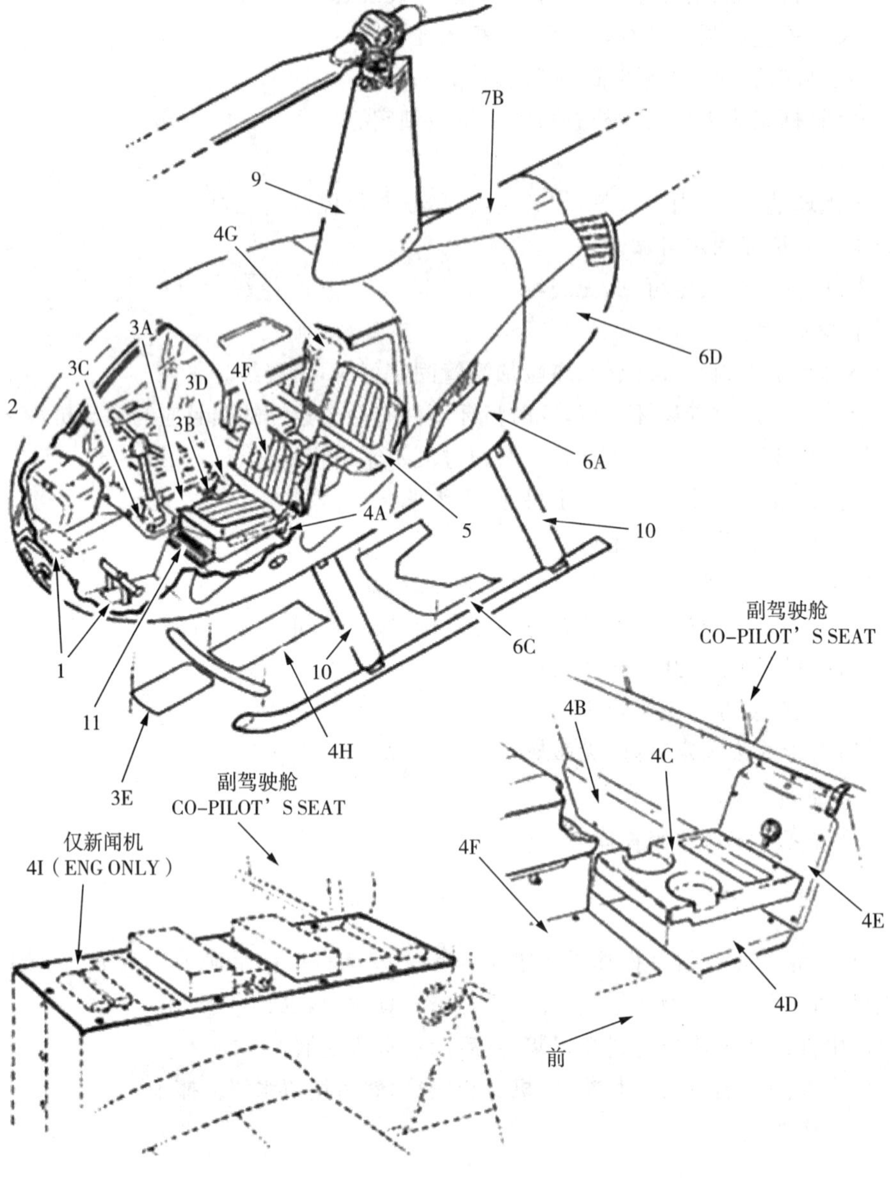

图 1-12 维护盖板

2. 上仪表板 2

卸去仪表板两侧的螺钉可打开仪表板 2。打开仪表板后,做以下检查:

(1)动压/静压系统。检查动压和静压管路有无裂纹、摩擦或扭结,检查所有连接是否固定良好。

(2)飞行和发动机仪表检查。检查所有仪表是否固定,检查所有仪表的导线和连接情况是否良好。

(3)检查电台托架固定情况。

（4）尾桨控制。检查尾桨脚蹬组件可接近部分是否有缺陷，检查操作间隙。

3. 拆卸前部轨道盖 3A/3B、驾驶杆止动盖板 3C、机内总距盖板 3D、前机腹盖板 3E

注：如果无线电天线装在拆卸的板上，要松开天线接头和地线，拔出相关无线电电路断路器，在断路器上贴标签"天线已拆除"。

（1）驾驶杆盒组件。检查驾驶杆盒组件是否有缺陷，检查驾驶杆止动金属板是否有裂纹或其他缺陷（变质、变形、铆钉松动、腐蚀等）。

（2）驾驶杆组件。检查驾驶杆装置有无缺陷，检查焊接部位有无裂纹。

（3）驾驶杆配平（手动控制）。打开主电门和驾驶杆配平电门，横向压驾驶杆从止动块到止动位置，纵向止动块到止动位置，检查配平电机的操作，全程移动并在行程极限内检查配平电机，弹簧和橡筋绳与所有导线束和机体结构之间有无足够的间隙。

（4）驾驶杆横向致动器（手动控制）。打开主电门和驾驶杆配平电门，向右推驾驶杆并将其顶住右止动块直到电机停转，然后关配平电门。将驾驶杆推到左止动块去压弹簧，检查轴的暴露部分有无磨损和摩擦。不要在修改件 H 和后继机 C056 - 1 弹簧装置的杆头上涂油脂，轴承是自润滑的。检查 C130 - 13 氨基甲酸乙酯垫圈（止动块）。检查驾驶杆枢轴的固定是否良好。

（5）驾驶杆纵向配平致动器（手动控制）。检查 C130 - 13 氨基甲酸乙酯垫圈（止动块）。检查驾驶杆固定是否良好。

（6）驾驶杆摩擦力。检查连杆和连接到驾驶杆的杆头是否间隙过大或松动。确保 C130 - 2 衬套的任何一端均没有过度拉平。

（7）驾驶杆推拉杆和扭矩杆。检查 C319 扭矩杆，特别注意挡块周围和扭矩杆端是否有裂纹，检查 C121 - 1 推拉杆杆头薄板螺帽和锁紧螺帽的拧紧程度，检查推拉杆上的小孔，检查杆头和轴承有无过大的间隙和松动，检查驾驶杆推拉杆和扭矩杆的可接近部位有无缺陷，包括划伤。特别注意检查 C348 - 1 支架组件下部的扭力杆的顶部，检查驾驶杆操作系统的所有螺帽和螺栓有无转动和松动。

（8）尾桨推拉杆。检查 C121 - 9 尾桨传动杆的可接近部位，检查有无缺陷，如裂纹、弯曲、划伤或磨损。检查杆头有无过大的间隙和松动。

（9）总距摩擦和止动块。检查总距止动块的情况，不允许有刻痕或划伤。检查总距摩擦杆的固定情况和工作是否正常，上下活动总距杆，确保止动块无弯曲和卡滞。

（10）油门超程弹簧。检查超程弹簧在油门工作时的状况，应当移动自如，无卡滞或不稳。检查上下杆头的间隙，检查杆头无卡滞。

（11）导线束。检查有无摩擦，与控制系统之间有无间隙。

（12）动压和静压管。检查动、静压管是否固定，有无裂纹、摩擦或扭结，打开放水塞检查有无水分，关闭放水塞。

（13）配平橡筋绳。驾驶杆放在右前位置，如果感觉到前部橡筋绳有孔隙感，说明橡筋绳断股。

（14）加温器软管。检查加温器软管有无塌陷和擦伤。

（15）紧固件和力矩线。检查所有紧固件的状况，确认其牢固。更新磨损的力矩线。

4. 拆去外侧总距杆盖 4A、总距杆力矩管盖 4B、托盘 4C、中间通道盖板 4D 和 4E、后通

道盖 4F 和 4G、后机腹盖板 4H 和后仪表板 4I(仅对新闻用机)

注:如果无线电天线装在拆卸的板上,要松开天线接头和地线,拔出相关无线电电路断路器,在断路器上贴标签"天线已拆除"。

(1)总距杆检查。检查总距杆的状况,检查所有焊接处有无裂纹,检查 C328-1 连杆组件,要特别注意检查连接点。检查调速器电机和电机臂有无松动或卡滞,检查总距微动电门有无裂纹和导线松动。

(2)总距杆力矩管确认无锈蚀。在未油漆的、覆有磷酸盐的区域涂一层防腐蚀剂(比如:LPS2,ACF-50 或者 Corrosion-X),避免污染调速器摩擦离合器(泡沫型应用设备运行良好)。确保内侧固定点处和 A205 轭连接处的开口端"盒子"结构件也同时处理。

(3)驾驶杆扭力杆后端和轭装置。检查扭力杆和轭架,特别注意检查垫块周围和扭力杆的端头有无裂纹。按维修手册 2.120 章节检查直角摇臂轴承间隙。检查轴承在轭架内的移动情况。

(4)驾驶杆推拉杆后端(C121-1)和垂直推拉杆下端(C121-7)。检查推拉杆有无裂纹,检查杆头锁紧螺帽和薄板螺帽是否拧紧,杆头有无间隙,检查杆头轴承有无松动。检查叉臂组件区域,检查轴承有无松动,检查轴承和下陷部位有无明显的微动磨损。

(5)尾桨推拉杆后端(C121-19)和下轴承。检查窥视孔,检查下部直角摇臂轴承有无间隙,检查在下部直角摇臂支撑上的所有焊缝和金属板区域有无裂纹。

(6)总距推拉杆(C121-19)。检查有无卡滞或刻痕,检查窥视孔,检查锁紧螺帽和薄板螺帽是否拧紧,杆头有无间隙。

(7)总距摩擦装置。检查锁紧螺帽和薄板螺帽是否拧紧,杆头有无间隙,检查在直角摇臂支撑组件上的所有焊缝,检查金属板区域有无裂纹和腐蚀。

(8)总距弹簧组件(仅限手动控制)。上下移动总距杆,检查有无卡滞和裂纹,当总距杆全放下时,弹簧圈不得互相摩擦。检查锁紧螺帽和薄板螺帽是否拧紧,确保杆头间隙在极限范围内,确保导向杆润滑良好。如果维修手册第 1.101 章节有要求,就按照维修手册第 8.221 章节维护组件。

(9)燃油阀门和燃油导管。检查燃油导管有无损坏,阀门接头处有无渗漏(根据所使用的燃油,渗漏表现为蓝色或绿色沉淀物,或者有燃油怪味),确保燃油导管无摩擦。

(10)燃油阀门至按钮扭力管。检查其状况,确认固定是否牢固。

5.拆卸后座椅靠背板 5

(1)导线。检查电气导线的固定、安装是否合适。

(2)动压和静压管。检查固定情况,有无摩擦和刻痕。

(3)空调冷却液管路(如果安装)。确认其牢固性并且无损坏。

(4)蒸发器放泄管及阀门(如果安装)。确保管路通畅。在三通接头进入右后侧行李舱处突出的沉淀管下方放置一个容器。取下沉淀管的堵塞,让积聚的水分和碎屑放出,重新安上堵头。同时,挤压放泄管和三通接头旁的沉淀管,确保检验阀球立即向上移动。

(5)频闪仪电源和发电机控制盒。检查频闪仪电源和发电机控制盒导线。检查固定板有无裂纹。

(6)盲编码器和调速器控制盒。检查盲编码器和调速器控制盒导线,检查固定板有无裂纹。

（7）紧固件和力矩线。检查所有紧固件的状况，确认其牢固。更新磨损的力矩线。

6. 拆卸发动机后部整流罩 6D、机腹整流罩 6C、两侧整流罩 6A 和 6B（见图 1-13）

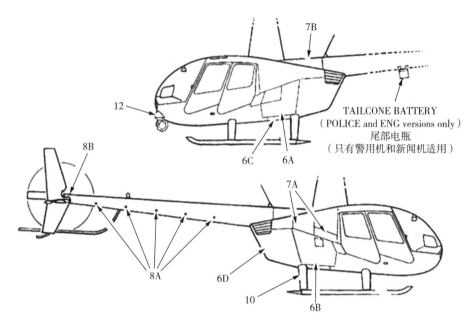

图 1-13　通道和检查盖板

（1）垂直防火墙。检查垂直防火墙的状况，尤其周围结构固定点有无裂纹或扭曲。

（2）保险丝管和保险丝支架（如果垂直防火墙上装有）。确保固定良好、无腐蚀，检查保险丝正确：-66 导线需要 AGC-3 保险丝，-1601/-1602 导线需要 AGC-5 保险丝。此外，如果已安装-1226 导线，需要 AGC-3 保险丝。

（3）导线。确保固定良好，安装正确，无腐蚀。

（4）电动油泵（仅指 IO-540）。检查固定良好，安装正确。放泄管通畅，无渗漏。

（5）燃油导管和软管。检查其状况。确保牢固、安装正确、无渗漏，以及（仅针对 IO-540）防火墙与燃油滤之间的燃油管路上的 SPIRAP 绝缘状况良好。

（6）下部钢管机架。全面检查下部钢管机架结构有无腐蚀，检查所有焊缝有无裂纹，确保机架不被导线、软管、卡箍等摩擦。

（7）发动机散热板。检查发动机散热板有无裂纹，紧固件是否丢失。

（8）滑油散热器。检查滑油散热器和接头有无裂纹、渗漏，是否清洁，固定是否良好，检查滑油散热器固定处有无裂纹。

（9）滑油导管。检查所有滑油导管有无裂纹、划伤和卡箍有无断裂。确认间隙情况，导线、绑线和结构件不能碰撞导管。

（10）燃油滤。关闭燃油阀门，卸下并清洗燃油滤盒和滤网，确保垫圈无变形。如果燃油滤盒由带螺纹的圈和环固定，用 A257-6 润滑脂轻涂螺纹和环，然后再装上。打开燃油阀，检查有无渗漏，实施保险，检查放油阀的固定情况和力矩线。

（11）混合比控制。确保混合比控制良好，移动混合比控制臂到止动位置。检查其状况，确认支架上的混合比控制钢索卡箍是否紧固；推拉钢索壳体，确保其不能在卡箍内滑动。检查其状况，确保混合比控制钢索内部导线与混合比控制臂连接紧固。当控制臂移动时，确保在混合比控制臂与内部导线保留接头（螺栓）之间旋转自如。确保混合比控制保险弹簧安装正确，如果内部导线断裂，弹簧压力会使混合比控制臂保持在全富油位置。

（12）空气盒和备用气门。确保汽化器加温滑动阀（如果使用）能完全从止动到止动移动，更换空气滤（用 A257-8 橡胶润滑剂，润滑 IO-540 发动机的气滤橡胶，将有助于密封）。检查空气盒状况，是否固定；弹簧加载的气门应打开自如，无卡滞，能完全关闭。

（13）发动机进气口软管。确保安装正确，固定良好。检查软管有无断裂、孔洞和压扁，确保进气软管与机架无摩擦。

（14）汽化器加温斗斗和软管（仅指 O-540）。检查其状况，固定是否良好。

（15）加温器软管。检查其状况，固定是否良好。

（16）电瓶和电瓶盒（在上仪表板下或者左前座椅下）。检查导线接头是否有裂纹，如果是非密封性电瓶，检查电瓶的电解液量和规定比重，按制造厂的说明，根据需要做容量测试或更换电瓶。确保电瓶固定良好，放水管无堵塞。

7. 打开整流罩门 7A、卸下尾锥整流罩 7B、旋翼主轴整流罩 9

（1）整流罩门。检查其铰链和插销，固定是否良好。

（2）尾锥整流罩。检查其有无裂纹，进气口有无堵塞，铆钉有无松动。

（3）电气导线和天线导线。检查其状况，固定是否良好，有无摩擦和弯曲。

（4）主齿轮箱输入轭。检查其状况。确认固定情况与操作间隙。确保磁体固定。

（5）前扰性板。检查其状况，尤其是边缘部位。确保固定良好。确认粘接垫圈牢固地粘接到每个挠性板臂的两侧。检查操作间隙。

（6）离合器轴前轭。检查其状况。确保无裂纹、腐蚀或者磨损。确认其牢固性与操作间隙。

（7）旋翼刹车。检查其状况，包括活动电缆、皮带轮和微型电门，保证刹车块的整体性，厚度至少为 0.030 英寸。关闭刹车后，检查刹车块至输入轭的间隙，应至少为 0.010 英寸。确保固定良好，检查操作间隙。

（8）中间传动轴。检查焊接组件有无裂纹和腐蚀，检查中间传动轴支撑支柱和管路焊接固定情况，有无裂纹和腐蚀。

（9）主旋翼推拉杆。检查可视部分的状况，杆端无开裂。按维修手册 2.120 章节检查杆头。确认轴套无破裂（只对手动控制系统）。检查其固定和操作间隙。

（10）主旋翼推拉杆滚棒和衬套（仅限手动控制系统）。检查其一般状况。保证清洁性，金属无磨损，滚棒移动自如。

（11）尾桨推拉杆和上直角摇臂。检查 C121-15 推拉杆，特别要检查端部有无裂纹，检查锁紧螺帽是否拧紧，杆头是否松动。检查直角摇臂及其支座是否有裂纹或其他缺陷。

（12）主旋翼齿轮箱冷却管。检查导管两端的固定情况，检查导管有无撕裂、孔洞和擦伤等情况。

（13）主旋翼齿轮箱。检查旋翼齿轮箱，特别是齿轮箱固定座周围、接耳和主管有无裂纹,确保橡胶固定架无污染和变质,确保霍尔效应传感器固定良好,温度带无温度过高指示。

(14)主齿轮箱滑油。直升机地面水平放置,从窥镜处检查油量和滑油是否清洁,根据维修手册第1.101章节的需要,按照维修手册1.120章节放油和清洗。

(15)主齿轮箱屑探头。根据维修手册第1.101章节的需要,按照维修手册1.115章节清洗屑探头。

(16)上部钢管机架。用检查灯和镜子,检查所有焊缝是否有裂纹或腐蚀。

注:钢管机架上部承受疲劳载荷,容易出现疲劳裂纹,要彻底检查。

(17)水平防火墙。检查水平防火隔板的上下表面,特别是螺栓与钢管机架的接合处有无裂纹或起皱,燃油箱下部的防火墙是否有渗漏(燃油残余物)。

(18)燃油箱。检查可视部位,确保无渗漏,固定良好。

(19)副油箱燃油管。检查其状况,确保与机架的间隙合适,无渗漏,固定良好。

(20)燃油回油管和压力释放阀(仅限IO-540)。检查其状况,确保无渗漏,固定良好。

(21)油量表传感器和导线。检查其状况,确保无渗漏。

(22)燃油箱通大气管。检查通大气管接头是否固定。

(23)燃油箱收油池放油。检查两个放油阀可容易地打开,放油自如,弹簧关闭,密封完好。检查副油箱放油管上的D663-1切断卡箍密封完好,检查卡箍和导管有无损坏和腐蚀。

(24)低油量警告灯。打开主电门,用一干净的木棒轻轻下压主油箱中的低油量传感器浮子,确保低油量警告灯亮,关闭主电门。

(25)油箱盖。检查其状况,包括垫圈,确保关闭良好。在盖子完全关闭时,盖子和油箱上的记号对准。

(26)螺帽和螺栓。检查此区域的所有螺帽和螺栓是否移动或松动。

(27)座舱隔板和前液压伺服器。检查隔板和伺服器(如果装有)有无腐蚀、铆钉松动、损坏和裂纹。

(28)离合器组件。检查传动轴端部和皮带轮上的密封圈是否有滑油渗漏,检查离合器轴是否有腐蚀,特别注意轴至密封圈接缝处,清除轴与密封圈接缝处的轻微腐蚀并涂抹防腐剂。

(29)上皮带轮。检查皮带轮槽,如果皮带轮有腐蚀、凹痕、镀层剥落、粗糙或尖边等情况,应予以更换。

(30)传动V型皮带(参见维修手册第2.507章节)。检查皮带有无开裂、橡胶脱层、刮伤、擦伤、滑油、油脂和杂物。

(31)致动器保险丝和支架。检查其状况,确保无腐蚀,保险丝正确(14V系统需要AGC-3保险丝,28V系统需要AGC-1 1/2保险丝),检查锁定功能,固定良好。

(32)上部致动器轴承和撑杆。检查轴承两侧密封圈是否损坏,检查撑杆(包括两侧杆头)、窥视孔是否正常。检查上部致动器轴承和离合器轴之间是否有微动磨损,轴承内圈与离合器轴应有力矩线,如果力矩线破裂或错位,此轴不适航。检查轴承的温度指示带,如果温度带指示上升,而外界温度没有相应上升,则按照维修手册2.503章节检查轴承。

(33)下致动器轴承。对于轴承能看到的部位尽量多检查,检查玻璃钢涡管在轴承固定架处有无裂纹,检查轴承密封圈是否变形,下部轴承架有无松动或磨损。如果有缺陷,按照维修手册 2.502 章节检查轴承。

(34)中间扰性板和尾桨传动轴前端(见图 1-14)。检查扰性板有无裂纹或微动磨损,检查轭与传动轴的焊缝有无裂纹(钢制轴)。

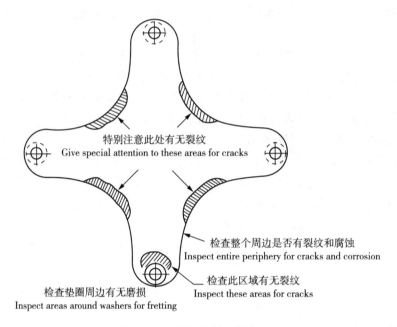

特别注意此处有无裂纹
Give special attention to these areas for cracks

检查整个周边是否有裂纹和腐蚀
Inspect entire periphery for cracks and corrosion

检查此区域有无裂纹
Inspect these areas for cracks

检查垫圈周边有无磨损
Inspect areas around washers for fretting

图 1-14　中间扰性板的检查

(35)尾锥固定点。彻底检查此区域的焊接处有无裂纹、腐蚀,紧固件是否固定,检查尾锥固定处有无裂纹。

(36)致动器(C051-1)。打开主电门,接通离合器电门,在致动器啮合的同时,压下延伸限制电门杆,齿轮电机应停止工作;松开杆,电机恢复运转。确认延伸极限开关活动钢索的完整。用检查镜观察在皮带拉紧最后阶段的柱式弹簧,弹簧应当同时向外弹开。检查其最大伸展长度不能超过限制(1.60 英寸)。在完全解除啮合时,检查到结构和传动系统的间隙,不小于 0.015 英寸。确保下限止动螺钉锁紧螺帽紧固。

(37)按以下其中一种方法检查致动器电门。

方法 1:(致动器导线需配有"测试"插头,见图 1-15)

① MASTER 电门打开且致动器全部啮合时,把 MT558-1 的一端连接到致动器的测试插头上,确认电机关闭。

注:当使用 MT558-1 时,如果齿轮电机激活,则说明弹簧开关在关闭位置出现故障,立即拔下 MT558-1,以免损坏致动器。

② 断开 MT558-1 工具,将它的另一端连接到致动器的测试插头,确认电机停止工作。解除致动器啮合,把 MASTER 电门放置"OFF"位。

MT558-1 插头 1—2 跨接线测试导线 98 对应的弹簧电门;插头 2—3 跨接线测试导线 91 对应的弹簧电门。如果任何一个电门功能有问题,在飞行前,应按维修手册 7.551 章节更换电门。

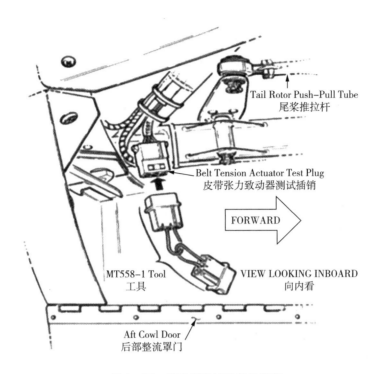

图 1 - 15　制动器测试设备的安装

方法 2：(致动器导线没有"测试"插头)

① 如图 1 - 16 所示，MASTER 电门打开且致动器完全啮合时，向致动器一侧下压柱式弹簧直到弹簧锁向里(用一把大的解刀或类似工具用布带缠上几层可保护致动器)，保持弹簧向里至少 1 秒钟，致动器电机应当不运行。如果电机起动，使电机运行约 2 秒，然后解除弹簧压力，再次压柱式弹簧，如果电机再次起动，说明对面的弹簧电门功能不正常。

② 解除和再次啮合致动器，对另一侧的柱式弹簧重复步骤①。

③ 在继续飞行前，按维修手册 7.551 章节更换功能失常的电门。

(38)下传动皮带轮。检查下皮带轮，如果有腐蚀或涂层脱落，皮带槽磨损、粗糙或尖边，更换皮带轮。

(39)皮带轮对准。按维修手册 7.230 章节确认皮带轮对准。根据需

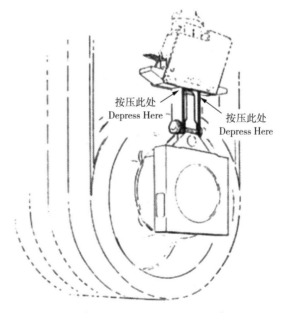

图 1 - 16　制动器电门测试

要进行调整。

(40)液压油罐。检查其一般状况,包括固定性和渗漏程度,按维修手册1.170章节更换油滤。如果液压油变黑或发出怪味,按维修手册1.180章节放油和清洗液压系统,并根据需要加注液压油。

(41)液压油罐散热软管。检查其一般状况。确保软管固定良好,并直接对准储油罐散热片中心。

(42)液压泵。检查其一般状况,液压泵温度指示不应当超过主齿轮箱的温度指示。确保固定良好,无严重渗漏。

(43)前液压伺服器。检查其一般状况,按维修手册2.120章节检查杆头,确保固定良好,无严重渗漏。确保伺服器输入杆头、叉臂部位清洁;根据需要,使用无残余、无酒精的溶剂清洗。在伺服器阀门输入处的总自由间隙大约是0.040英寸,当飞行控制系统全程移动的同时,观察阀门与周围构件之间的间隙,确保伺服器的上叉臂固定良好。

注:需使用LPS PreSolve清洗液压部件,不能用酒精。

(44)后液压伺服器。检查其状况,按维修手册2.120章节检查杆头,确保固定良好,无严重渗漏。确保伺服器输入杆头、叉臂部位清洁;根据需要,使用无残余、无酒精的溶剂清洗。在伺服器阀门输入处的总自由间隙大约是0.040英寸。当飞行控制系统全程移动的同时,观察阀门与周围构件之间的间隙。

(45)后液压伺服器支柱。按维修手册2.120章节检查杆头,检查金属板固定处有无裂纹。确保固定良好。

(46)液压导管和接头。检查其状况,在飞行操纵系统全程移动的同时,观察至周围结构的间隙。确保固定良好,无渗漏。油泵软管和副油箱之间的间隙最小为0.25英寸。

(47)紧固件和力矩线。检查其一般状况,确保所有紧固件的牢固性。

8. 卸下尾锥插销8A和后塑料罩8B

注:后塑料罩(8B)是用2个MS27039C0806螺钉固定在修改件L和后继尾锥上,在修改件K和以前的尾锥上,要确保固定塑料罩的螺钉尽量短,以免干扰后扰性板区域。

(1)尾桨传动轴。通过每个检查孔检查传动轴的可视部分的情况,查看有无明显的缺陷,诸如裂纹、变形、弯曲、腐蚀或碰撞尾锥内侧。按维修手册7.340章节检查跳动量,检查传动轴的两端有无裂纹和腐蚀。

注:尾桨传动轴有弯曲、凹陷、裂纹或腐蚀时,要立即更换。

(2)阻尼器。检查尾桨传动轴阻尼器(C041-1),检查轴承和壳体有无裂纹、腐蚀、磨损(见图1-17),轴承密封垫有无变形,检查臂和轴承是否清洁,有无裂纹、弯曲和腐蚀,检查轴承内圈与传动轴的力矩线是否完好。

(3)尾锥外部。检查尾锥外部有无刻痕、划伤、腐蚀、蒙皮接合面之间的磨损、铆钉松动和凹陷,检查尾锥电瓶(如果装在尾锥上)和天线固定处附近有无裂纹。

(4)天线。检查所有天线的状况,固定是否良好。

(5)尾锥电瓶(如果装有)。检查尾锥电瓶的状况,固定是否良好。在电瓶盒盖和尾锥之间应无碎屑。

(6)尾锥内部。检查尾锥内部,特别是铆钉周围有无裂纹、微动磨损和腐蚀。

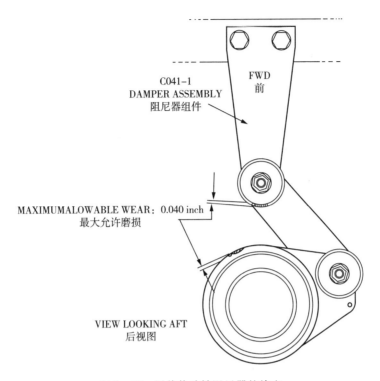

C041-1
DAMPER ASSEMBLY
阻尼器组件

FWD
前

MAXIMUMALOWABLE WEAR：0.040 inch
最大允许磨损

VIEW LOOKING AFT
后视图

图 1-17　尾桨传动轴阻尼器的检查

(7)尾锥固定性。检查固定尾锥到上机架的 4 个螺栓是否固定。

(8)尾翼。检查整个尾翼,固定处有无损坏、裂纹和松动的紧固件,检查尾橇有无撞击,如果有尾锥撞击现象,则参照特别检查章节做检查。

(9)浮筒安定面(如果装有)。检查其状况,固定是否良好。

(10)后扰性板。检查扰性板有无裂纹、微动磨损和扭曲。如果有微动磨损,请与 RHC 技术支持部联系,检查扰性板紧固件的固定情况。

(11)尾桨传动轴后轭。通过检查孔查看轭有无裂纹、微动磨损和腐蚀。

(12)尾桨防护杆。检查固定是否良好,前固定处焊缝有无裂纹,检查后固定处周围有无裂纹和微动磨损。

9. 尾桨齿轮箱和尾桨

(1)输入轴轭。检查法兰和焊缝是否有裂纹和腐蚀。

(2)输入轴密封圈。检查有无渗漏。

(3)齿轮箱。检查其一般状况,有无渗漏。通过窥镜检查滑油量和干净程度,根据需要进行补充和清洁。检查齿轮箱与尾锥的固定是否良好,检查输出轴是否有刻痕、划伤或腐蚀,检查齿轮箱螺栓的保险丝,检查温度带。

注:做 500 小时或年度检查时,无论哪个时间先到,拆下屑探测器,清洁磁探头和附近金属上的积碳(用一把牙刷沾上清洗溶剂即可)。放油和清洁齿轮箱不得超过 500 小时间隔(参见维修手册 1.101 章节)。

(4)变距控制组和 C121-17 推拉杆。检查变距控制组在整个范围内可以活动自如,输出轴是否松动(在变距连杆固定螺栓头处测量,最大转动间隙为 0.25 英寸),检查直角摇臂有无裂纹,确保移动自如,特别要注意在变距控制下面螺桩上的球形轴承,允许在球形轴承球内有一个单独的径向裂纹。检查 C121‒17 推拉杆后端有无裂纹,杆头是否过度松动(参见 R44 SB43)。

(5)变距连杆。检查杆头有无过度松动。如果装有整片式变距连杆,根据需要,断开连接,将内侧转到外侧,以得到最长的使用寿命。

(6)尾桨桨叶。检查桨叶表面是否有过度的磨耗、刻痕、划伤、裂纹或腐蚀,检查尾桨桨根接头的轴承是否存在微动磨损或松动,桨根接头轴承外圈松动均为不适航,必须更换桨叶。仅针对 C029‒1 桨叶,卸下翼尖盖,检查有无碎片和腐蚀,然后重新装上。

(7)毂板和毂。检查是否有裂纹和腐蚀,特别要注意桨叶和桨毂固定螺栓周围。确保当桨毂摆动时,摆动铰轴承的外圈随着桨毂移动,内部轴承球、螺帽和螺栓保持不动,桨毂在轴承上移动自如,无僵硬感或不稳现象。检查摆动铰轴承是否间隙过大,参见维修手册 2.125 章节有关弹性轴承的检查。

(8)紧固件和力矩线。检查其一般状况,确保所有紧固件的牢固性。

10. 打开旋翼主轴整流罩 9

(1)主轴整流罩。检查其状况,特别是加强件与翼肋交叉部位。

(2)下倾斜盘叉臂。检查叉臂状况,检查杆头和轴承的间隙,检查锁紧螺帽。

(3)垂直推拉杆。检查一般状况,有无腐蚀,对于手动控制,检查滚棒和导轨上推拉杆套管的情况。

(4)杆头。按维修手册 2.120 章节检查推拉杆杆头。

(5)塑料滚棒和导轨(手动控制)。检查塑料滚筒和导轨是否清洁,固定是否良好,是否有老化。

(6)皮托管。检查皮托管和管路,特别注意连接部位是否有弯曲、裂纹或扭结,确保皮托管的弯管放水孔无堵塞。

(7)油箱通大气管。检查燃油箱通大气管卡箍的状况和固定情况,确保皮托管与燃油通大气管无摩擦。检查导管的连接,检查导管无堵塞、扭曲或摩擦。

(8)主整流罩翼肋。检查主轴周围部位是否有裂纹。

11. 旋翼桨毂部位

(1)倾斜盘下扭力臂。检查其状况,按照维修手册 2.120 章节检查杆头,确保固定良好。

(2)倾斜盘上扭力臂。检查其状况,按照维修手册 2.120 章节检查杆头和球形轴承,如图 1‒18 所示测量扭力臂的间隙,通过抬起和放下总距杆,观察扭力臂的连接。确保螺栓、轴颈(或球形轴承球体和衬套)在每个连杆枢轴上一起转动,检查操作间隙。

(3)倾斜盘滑管。检查其状况,确保铆钉孔无裂纹或底座无腐蚀,确保氧化的管表面无损坏或磨损。

(4)取下倾斜盘护套下绑带,抬起倾斜盘护套,用检查镜检查主旋翼驱动轴和滑管内部之间的区域,确保无腐蚀和碎屑,护套无损坏。

(5)倾斜盘。检查其状况,确保倾斜盘球和滑管之间的径向间隙最大为 0.020 英寸。用手转动旋翼,检查操作间隙,轴承无抖动或干燥。

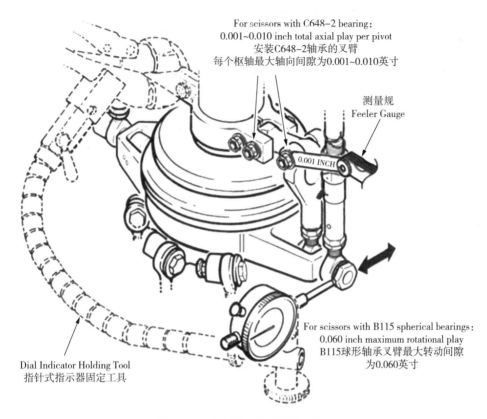

For scissors with C648-2 bearing:
0.001~0.010 inch total axial play per pivot
安装C648-2轴承的叉臂
每个枢轴最大轴向间隙为0.001~0.010英寸

测量规
Feeler Gauge

0.001 INCH

For scissors with B115 spherical bearings:
0.060 inch maximum rotational play
B115球形轴承叉臂最大转动间隙
为0.060英寸

Dial Indicator Holding Tool
指针式指示器固定工具

图 1-18　上倾斜盘转动间隙的测量

(6)倾斜盘的填隙。从底下观察倾斜盘球,慢慢地上下移动总距杆,当倾斜盘反方向移动时,确保倾斜盘球立即随着倾斜盘移动,如果球没有随着倾斜盘移动,说明有轴向间隙,需按照维修手册 8.416 章节填隙倾斜盘。

(7)安装倾斜盘护套下绑带。确保护套位置正确,固定良好,无损坏。

(8)桨毂。检查其状态,确保无刻痕、划伤、凿沟或腐蚀。如果怀疑主旋翼的平衡,按照维修手册第 9.124 章节检查摆动铰和锥形铰摩擦,确保无棕色或黑色残余物,如有,说明轴承磨损。

(9)铰螺栓。检查其状况,检查开口销是否固定在位,螺栓头和螺帽与止推垫片分别打力矩线。

(10)变距连杆和杆头。检查其状况,按照维修手册 2.120 章节检查杆头,包括中心位置,确保固定良好,锁紧螺帽拧紧,正确打保险丝。

(11)紧固件和力矩线。检查其状况,确保所有紧固件固定良好。

12. 旋翼桨叶(参见维修手册 9.130 章节有关损坏和修理极限的说明)

注:主旋翼桨叶蒙皮能产生凹痕,在桨叶上工作时要格外小心。

(1)心轴。检查可视部分,确保无腐蚀。

(2)护套。检查其状况,确保固定良好,无滑油渗漏。在驾驶杆到达极端行程时,全上和全下放下总距杆,检查护套和旋翼毂之间的间隙。

（3）刻痕、划伤、鼓泡和凹痕。确保无刻痕、划伤或鼓泡，确保凹痕在极限范围内。

（4）黏合剂黏接部位。如图 1-19 所示，用一个 1965 年之后的 25 美分硬币，敲击测试所有关键的接合部位，确认没有沉闷或者空洞的声音。目视检查接合部位，并确认没有分离迹象，参见维修手册 9.130 章节有关失效的极限说明。

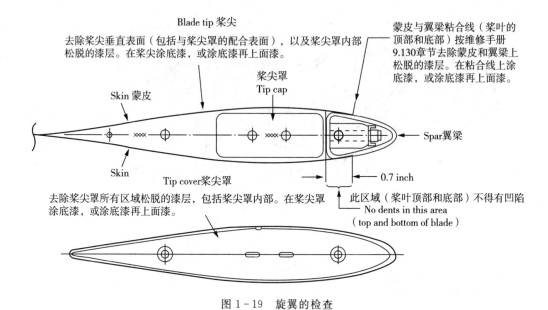

图 1-19　旋翼的检查

（5）蒙皮与翼梁粘接线。用 5~10 倍的放大镜，目视检查蒙皮与翼梁的接合部位。沿着蒙皮与翼梁粘接部位确保漆面上无剥离和裂纹迹象。按照 R44 服务信函 SL-32 重新抛光暴露（裸露的金属）的粘接线，如图 1-19 所示。

（6）拆卸翼尖盖板，确保翼尖或盖板上无腐蚀和杂物。用一个 1965 年之后的 25 美分硬币，敲击测试蒙皮与翼尖盖的黏合部位，确认没有沉闷或者空洞的声音。用 5~10 倍的放大镜，目视检查蒙皮与翼尖盖边缘的接合部位（见图 1-19），并确认没有分离迹象。给能碰触到翼尖盖的裸露金属涂环氧树脂底漆、喷漆，并确保翼尖盖和翼尖放水孔无堵塞。

注：如果使用压缩空气吹翼尖放水孔，会造成结构损坏。

（7）安装翼尖盖，确保其固定良好。

（8）紧固件和力矩线。检查紧固件状况，确保固定良好，更新磨损的力矩线。

13. 涡管区

（1）风扇组件。清洁和检查风扇有无裂纹和腐蚀，检查扇叶前缘是否损坏，检查弹簧销和风扇对准记号是否对准（见图 1-20）。如果没有对准，拆下风扇，检查结合面有无损坏。

（2）玻璃钢涡管。检查玻璃钢涡管有无裂纹，有无风扇碰伤的痕迹，检查涡管进气口周围的柔性密封条有无撕裂或损坏，检查右上部叶片组件有无损坏。确认放泄孔无卡滞。

（3）涡管金属进气缘。检查进气缘与风扇轮进气口之间的间隙为 0.030~0.090 英寸，可根据需要延长边缘固定孔以调整间隙。

14. 发动机

（1）参见维修手册 1.101 章节、莱康明操作者手册（第 4 章和第 5 章）、莱康明 SI 1080B

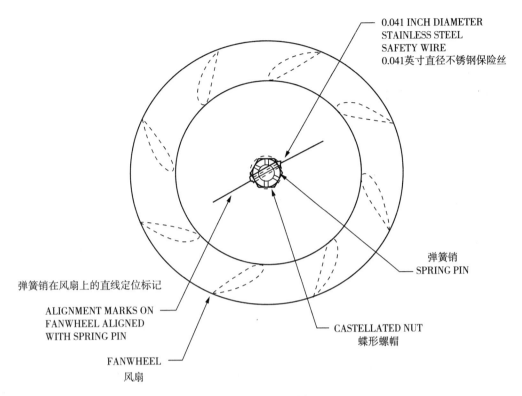

图 1-20　风扇对准标记

和发动机部件制造厂的有关 100 小时或年度检查的规定和程序进行维护工作。

（2）发动机散热板。检查其状况，应特别注意固定滑油散热器的板和固定发电机散热软管的板，确保无裂纹，紧固件没有丢失或松动，固定良好。

（3）发电机和滑轮。检查其状况，用磁铁检查钢制滑轮，不允许使用铝制滑轮，确保固定良好，检查电气导线是否固定良好。

（4）发电机皮带。检查其状况，如果皮带有任何裂纹、齿丢失或脱层，应进行更换。按照莱康明服务说明 SI 1129（最新版）检查皮带张力，确保皮带正确对准。

（5）应急备用发电机皮带，如果安装应去掉。

（6）发电机散热软管。检查其状况，确保无堵塞或孔洞，固定良好。

（7）空气调节制冷管路（如果安装）。确保固定良好无损坏，确认其到相邻结构件的间隙。确保防尘盖安装到垂直防火墙的检修接头上。

（8）空气调节压缩机（如果安装）。确认固定良好。

（9）空气调节压缩机驱动皮带（如果安装）。检查其状况，确认施加于皮带中部的 4.5～5.5 磅的力，会产生 0.11～0.17 英寸的皮带偏离，根据要求进行调整。

（10）消声器弯管和尾管护罩。确保护罩和固定支架上无裂纹，确保卡箍固定良好。

15．排气系统

拆下消声器加温罩上的螺钉，打开加温罩，检查消声器外壁是否有裂纹、变形或破裂，应特别注意排气管和冒口固定部位，以及焊缝、卡箍、支架、管道法兰和密封垫区域。用低压空气压入消声器,检查其有无泄露,盖上加温罩进行固定。

16. 起落架

(1)橇和护靴。检查左右橇及护靴磨损情况,最小允许的护靴厚度是 0.05 英寸。确保放水口无堵塞(不适合浮筒式起落架)。

(2)支柱和弯头(如装有,需打开整流罩)。检查是否有裂纹和腐蚀,特别是弯头的连接位置,检查支柱下部的焊接区是否有裂纹。

(3)起落架整流罩(如果装有)。检查有无裂纹,铆钉是否松动,固定良好。

(4)横管检查,特别是检查弯头连接处有无裂纹和腐蚀。将直升机水平停放在地面,测量尾橇与地面的距离,如果小于 30 英寸,必须更换 1 根或 2 根横管。

(5)起落架固定点。检查前固定点的铆钉是否松动,有无裂纹、屈曲和微动磨损,检查轴承座是否松动下陷,轴承有无磨损。

(6)通用浮筒(如装有)。检查有无损伤,参照《飞行员操作手册》有关正确的气体压力进行充气。

(7)紧急充气浮筒(如装有)压力缸筒和阀门。检查其状况,确保固定良好,压力表指示外界温度的正确压力,具体参看缸筒铭牌上的有关极限说明。

(8)紧急充气浮筒(如装有)充气总管。检查其一般状况,确保管道无擦伤或挤压,特别是穿过结构的管子。

(9)紧急充气浮筒(如装有)。检查储存浮筒的一般状况,目视检查无孔洞、割痕、撕破、磨穿或浮筒盖撕开等现象。如果浮筒盖损坏,充气检查浮筒。确保浮筒盖搭扣和钩子紧固件固定良好,检查浮筒到橇管的连接良好。

注:每年要用 A257-7 干膜油脂(见维修手册 1.470 章节)涂抹浮筒盖搭接结合面。每年按维修手册 5.630 章节漏气检查。每 3 年按维修手册 5.640 章节做紧急充气测试。

17. 座舱

(1)检查是否有松动的妨碍操纵系统活动的物件。

(2)静压口。检查静压口有无堵塞,如果安装了固定通用浮筒,确保在两个静压口后部安装空气闸。

(3)后座椅底部的悬浮带。检查其状况和固定情况。

(4)座带和肩带。检查其有无磨损、缝线中断,快速拉皮带检查其锁定功能,惯性卷轴操作是否正常,检查搭扣是否操作正常,检查皮带和卷带器固定是否良好。

1.5 特殊检查及大修

1.5.1 特殊检查

上致动器轴承在离合器轴上,下致动器轴承在风扇上。飞行中,致动器轴承若有一个损坏都可使旋翼系统失去动力,从而导致严重后果。另外,在离合器轴承出现故障前,离合器灯会连续闪烁(亮灭的时间不超过 1 秒钟)或者闪烁的时间比正常时间长,不能与飞行中正常的闪烁相混淆(燃亮约 1~8 秒钟后熄灭)。在未找到离合器灯闪烁异常的原因之前应当停止飞行。当怀疑致动器轴承异常或者拆下风扇时,应按下列程序仔细检查轴承。

1. C181 下致动器轴承的检查

(1)按照维修手册 6.210 章节拆卸涡管和风扇。

(2)支撑皮带轮后部的离合器传动轴,解除轴承壳体处皮带张力致动器下端的连接。

(3)转动轴承壳体,检查有无粗糙、划伤或过度松动(轴向间隙最大为 0.010 英寸)。确保无密封损坏、无热损坏,根据维修手册 1.140 章节润滑轴承。

(4)仔细检查风扇轴上的轴承内座圈,前部轴承内座圈的力矩线标记应跨过风扇轴,两处相隔 180 度。如果力矩线破裂说明出现了位移,在内座圈和风扇轴之间不允许有位移或微动磨损。确保轴承没有因为轴承外座圈在壳体内的转动而扭曲,如果发现有位移,更换风扇轴和轴承组件。

(5)按照维修手册 6.220 章节安装风扇。

(6)按照维修手册 6.240 章节检查、调整风扇动平衡。

2. C184 上致动器轴承的检查

(1)从轴承壳体左侧解除横向中心支柱的连接。

(2)从致动器上解除轴承壳体的连接,通过向上调整致动器下限止动螺钉,运行离合器到完全解除啮合位置。不要使上下叉臂固定螺钉头互相碰撞。

(3)转动轴承壳体,检查有无粗糙、划伤或过度松动的声音和感觉,确保密封垫无损坏、润滑脂无渗漏或者热损坏。

(4)仔细检查风扇轴上的轴承内座圈,后部轴承内座圈的力矩线轴承风扇轴,两处相隔 180 度,如果力矩线破裂说明出现了位移,在内座圈和风扇轴之间不允许有微振磨损。确保标记应跨过没有因为轴承外座圈在壳体内的转动而扭曲,如果发现有位移,拆下轴承,检查轴承和轴。

(5)将中心支柱和致动器连接到轴承壳体上,调整致动器下限止动螺钉,使得在起动时,离合器啮合与旋翼转动之间的延迟不超过 5 秒钟。

3. 下皮带轮三角皮带磨损形式检查

对于下皮带轮而言,8 个皮带槽的底漆磨损形式应相似,8 个槽内两侧的磨损形式应相似,磨损的宽度如果不同,槽与槽的磨损比例不得超过 3∶1。如果槽与槽之间磨损形式明显不同,按照维修手册 7.280 章节检查皮带槽是否粗糙或磨损过度,更换皮带。如果磨损形式都相似,皮带和皮带轮对准且状况良好,则不需要做进一步的工作,如图 1-21 所示。

4. 尾橇撞击

尾橇撞击检查分 A、B 两部分。A 部分是有关尾橇擦伤。B 部分是有关尾橇弯曲或折断,或者下垂直安定面翘曲。

A:如发现尾橇擦伤,按照下列步骤检查直升机:

(1)目视检查尾桨是否存在碰到硬物或地面的痕迹。如发现尾桨损坏,应按维修手册 2.520 章节检查尾桨。

(2)目视检查垂直安定面是否有屈曲、裂纹或在尾橇处及水平安定面和垂直安定面连接

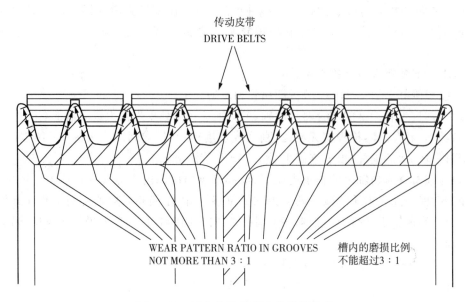

传动皮带
DRIVE BELTS

WEAR PATTERN RATIO IN GROOVES 槽内的磨损比例
NOT MORE THAN 3 : 1 不能超过3 : 1

图 1 - 21 下皮带轮 V 型皮带磨损形式

处是否有铆钉松动。

(3)目视检查尾桨防护杆有无弯曲或裂纹。

(4)目视检查水平安定面与尾锥的固定点是否有屈曲、裂纹或铆钉松动的现象。

(5)目视检查尾锥是否损坏,尾锥至上钢管机架固定点是否有屈曲或存在螺栓松动的现象。

B:对于尾橇的弯曲或者折断,或者下垂直安定面翘曲,除实施 A 部分检查外,还需执行下列检查:

(1)按维修手册 7.340 章节,检查尾桨驱动轴跳动量。

(2)卸下尾锥,在尾锥固定点处按维修手册 2.560 章节对 C020 上钢管机架进行染色检查。

(3)目视检查尾锥固定点孔径是否被拉长,最大直径为 0.454 英寸。

(4)卸下安定面组件,对尾锥铸件进行染色渗透检查。

① 按照维修手册 1.410 章节,用合适的脱漆剂去除尾锥铸件的油漆。

② 按工厂染色渗透检查套件说明进行染色渗透检查。

(5)对水平安定面做下列检查:

① 目视检查水平安定面固定点的孔是否拉长(最大直径为 0.386 英寸),铆钉是否松动或屈曲。

② 从水平安定面上拆卸下垂直安定面,目视检查垂直安定面和水平安定面上各固定点的孔洞是否被拉长(最大直径为 0.266 英寸),是否有屈曲、裂纹或铆钉松动。若尾翼组件有屈曲或开裂,应予以更换。松动的铆钉应钻出,并更换。

③ 卸下尾桨防护杆,将前后固定点的油漆去除,按工厂的说明进行染色渗透检查。从尾锥上拆下防护杆固定座的 4 个 10 - 32 螺钉,按上述步骤进行染色渗透检查。

5. 尾桨撞击

尾桨撞击检查分 A、B 两部分。A 部分是有关尾桨碰到小石头、高草或空中某些小物体时受到的损坏所做的检查,B 部分是尾桨打地突停或打到硬物导致尾桨(1 片或 2 片)弯曲或折断时需要做的检查。

A:按维修手册 9.220 章节检查并完成 B 部分第 1 项。

B:如果尾桨的 1 片或 2 片桨叶打地或碰到硬物导致桨叶弯曲或折断时,必须进行尾桨突停检查,并按下列程序执行:

(1)按维修手册 7.340 章节检查尾桨驱动轴跳动量。不论在任何位置,驱动轴跳动量超过 0.025 英寸,必须更换或修理轴,从传动轴前端焊接处去除油漆至少 2 英寸,然后按厂商提供的染色渗透检测套件说明进行染色检查。如果发现有裂纹,必须更换传动轴。

(2)目视检查传动轴是否有扭曲、刻痕、凹陷或刮伤,刻痕和刮伤可以抛光的最大深度为 0.003 英寸,有扭曲和凹陷的传动轴必须更换。

(3)卸下尾桨传动轴后端的轭(C195-5),检查固定点孔径是否被拉长。除去油漆,按照厂商的说明进行染色检查。

(4)卸下尾桨和尾桨齿轮箱,送罗宾逊直升机公司批准的翻修单位进行翻修或修理。

(5)尾桨撞击后,应更换后部和中间挠性板。

(6)目视检查尾锥和尾翼组件有无异常迹象。

(7)目视检查旋翼系统。

6. 旋翼撞击

旋翼撞击检查分 A、B 两部分。A 部分是有关旋翼撞击到空中的小石头、矮林或小鸟受到的损坏所做的检查,B 部分是旋翼打地突停或撞到硬物导致的损坏需要做的检查。

A:如旋翼桨叶撞击到小的物体如小石头、矮林、小鸟等,按照下列程序检查旋翼桨叶:

(1)按维修手册 9.130 章节检查旋翼桨叶是否有刻痕、刮伤、凹陷等迹象。

(2)目视检查桨叶后缘是否有皱损或弯曲的迹象,这种情况在桨叶根部附近尤为多见。

注意:如果在旋翼桨叶上发现有皱损迹象,可认为发生过突停,需对直升机进行全面突停检查。

B:如旋翼桨叶曾经触地或撞击到硬物,必须做突停检查。当旋翼桨叶发生皱损或弯曲时,说明发生过突停。发生突停后,按下列程序检查直升机:

(1)按维修手册 7.340 章节检查尾桨驱动轴跳动量。

(2)拆卸下列部件并送罗宾逊公司批准的翻修站进行检查和修理。

C005　旋翼组件

C006　主齿轮箱

C018　离合器组件

C947-1　前挠性板

C907 和 C908 轭

(3)按发动机制造厂的说明对发动机进行突停检查。

(4)用染色渗透法检查上部倾斜盘有无开裂和变形。

7. 旋翼/发动机超速

旋翼超速检查采用的方法根据超速的严重程度决定。此检查分 A、B 和 C 三部分。A 部分是有关超速在 108% 至 114% 之间对旋翼系统进行的检查，B 部分是有关超速大于等于 114% 时对旋翼系统所做的检查，C 部分是有关发动机超速所做的检查。

A：旋翼超速在 108% 至 114% 之间：

注：如果是带动力超速，参看 C 部分。

(1)检查旋翼和尾桨的动平衡，比较超速前和超速后的平衡状况。

注意：旋翼动平衡的变化大于 0.3 平方英寸，需要做 B 部分检查。

(2)卸下旋翼桨叶。给变距轴承壳体放油，拆下外部桨叶护套卡箍，从变距臂上拆卸卡箍，转动心轴，检查变距轴承是否有压痕。

注：轴承有较高的预载荷，轻微粗糙是正常的，如果有抖动，将桨叶和心轴组件送还罗宾逊直升机公司授权的大修站修理。

(3)目视检查旋翼和尾桨桨叶。

(4)按照维修手册 7.340 章节检查尾桨传动轴的跳动量。

B：如果报告有或怀疑旋翼超速大于等于 114%，或者平衡出现了变化或变距轴承抖动，除了做 A 部分检查外，还需做下列检查：

注：如果是带动力超速，参看 C 部分。

(1)检查锥形铰螺栓是否弯曲，更换有弯曲的螺栓。

(2)锥形铰螺栓、垫片和轴颈必须做磁力检查。更换有裂纹的螺栓、轴颈或垫片。

(3)目视检查桨毂，对怀疑有裂纹的部位做染色渗透检查。染色渗透检查应按有关厂商的说明进行。

(4)安装桨叶，检查平衡，如果平衡有变化，应将旋翼组件送还罗宾逊直升机公司授权的大修站进行检查和修理。

C：按照下列方程式，根据发动机转速表指示确定发动机超速的百分比。

$$发动机超速百分比＝(发动机转速表指示×2665)/2800－100$$

注：102% 发动机转速等于发动机实际转速 2718 RPM，发动机的额定转速为 2800RPM。参见莱康明服务通告 SB369 中有关发动机超速的检查规定。

8. 硬着陆

硬着陆检查分 A、B 两部分。A 部分是有关悬停自转或滑跑着陆没有给起落架施加侧向载荷造成的横管弯曲所做的检查；B 部分是有关除了硬着陆造成的横管弯曲外，还引起机架或机身主要结构弯曲而做的检查。

注：侧向载荷表现为机架皱损和钢管结构弯曲。

A：没有侧向载荷的硬着陆造成的横管弯曲：

(1)按维修手册第 7.340 章节检查尾桨驱动轴跳动量。

(2)目视检查旋翼桨叶蒙皮上是否有滑油覆盖或皱损现象。按维修手册 9.130 章节检查和修理旋翼桨叶。

(3)检查起落架横管的弯曲是否超过了使用极限。即把直升机水平放在地面上，测量尾橇尖至地面的距离。如果此距离不足 30 英寸时,需要更换一根或两根横管。

(4)按维修手册 7.230 章节检查并调整皮带轮对准。

(5)检查前座椅结构有无弯曲。

(6)检查后座椅结构有无弯曲,打开后座椅底部,确认座椅底部结构的后端泡沫垫周围有无间隙。

B:如钢管机架或机身已经弯曲,按以下方法检查直升机:

(1)做 A 部分检查。

(2)目视检查钢管机架是否有弯曲和裂纹,特别注意下钢管结构的后垂直支柱构件。

注:机架不允许有弯曲。

(3)目视检查机身,起落架固定点和防火墙是否有皱损或裂纹。

注:发动机安装支柱的垂直防火墙固定点很容易由于硬着陆而产生裂纹。

(4)对上钢管结构和所有焊接点进行染色检查。

(5)目视检查尾锥是否有皱损或铆钉松动。

(6)目视检查起落架橇管与支柱点是否有弯曲或裂纹。

(7)硬着陆可同时伴有尾橇撞击、尾桨撞击、旋翼桨叶撞击等,参见维修手册 2.500 章节有关这些情况的检查。座舱内次要板材允许修理,钢架结构或尾锥有裂纹、弯曲或皱损均应予以更换,较大的缺陷由工厂更换部件或组件予以修复。

9. 挡风玻璃的检查

按照下列标准检查挡风玻璃护条附近有无裂纹(见图 1 - 22),如果裂纹超过这些极限,按照维修手册 4.120 章节更换挡风玻璃。

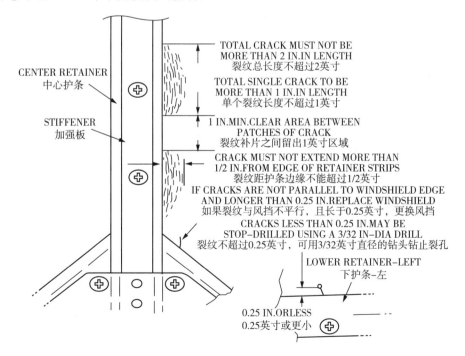

图 1 - 22　风挡的检查

1.5.2 大修说明

1. 12 年检查和有限大修规定

如果是新的直升机或者大修过的直升机使用没有超过 2200 小时,但是超过了 12 年,按下列执行,具体执行内容如下:

(1)按维修手册 2.205 和 2.210 章节进行地面检查和试车。

(2)按维修手册 2.630 章节拆除下列部件,送回罗宾逊直升机公司授权的部件大修站进行分解和检查。

C005 - x　主旋翼桨毂组件

C005 - x　主旋翼桨叶和心轴组件

C006 - x　主减和旋翼主轴组件

C007 - 5　风扇轴和轴承组件

C008 - x　尾桨组件

C017 - x　倾斜盘组件

C018 - x　离合器组件

C021 - 1　尾齿轮箱装置

C051 - x　皮带张力致动器组件

C792 - x　转速表

D174 - 2　风扇组件

D211 - 1　液压油箱

D212 - 1　液压伺服器致动器

D278 - x　调速器控制盒组件

(3)用新件或翻修的更换件更换以下部件:

A120 - 3　尾桨摇臂

A190 - 3　V 型皮带

A785 - x　软管,进气管(各种带-的件号)

B173 - x　发电机皮带

B283 - x　软管(各种带-件号)

C011 - 2　力臂组件

C031 - 1　尾桨变距控制

C041 - 11　轴承组件

C480 - 1　倾斜盘护套

C653 - 1　坐垫

C653 - 2　坐垫

C792 - x　双针转速表

D756 - x　摇臂组件

(4)拆下发动机,执行莱康明 SI 1009 最新版服务说明。冲洗滑油散热器,并做压力测试。根据需要按照有关生产商维护资料和服务通告大修或检查磁电机、发电机和汽化器。

（5）拆下水平和垂直尾翼，目视检查，确保无裂纹、腐蚀、铆钉松动、凹痕或变形，着色渗透检查怀疑的部位。

（6）拆下起落架组件，分解（弯头保留在支柱上）并去除油漆，目视检查。确保无裂纹、腐蚀或变形。做磁力探伤和荧光渗透检查。使用 1.400 章节所批准的材料进行清洗，上底漆和面漆。

（7）拆卸钢管机架。不更换的机架要除漆，目视检查。确保钢管机架无裂纹或腐蚀，做磁力探伤检查。用维修手册 1.400 章节批准的材料清洗，上底漆和面漆。

（8）检查机身线路状况。检查有无腐蚀、绝缘失效或其他损坏。

（9）按维修手册 12.120 章节检查油箱，进行压力测试。

（10）按规定，根据适航限制更换其他部件。

（11）组装直升机，按 10.100 章节调整飞行操纵和旋翼系统。

（12）按维修手册 1.231 章节给直升机称重，计算重心。根据需要，修订《飞行员操作手册》第 6 章中的设备清单/重量平衡资料。

（13）按维修手册 2.400 章节检查直升机。

（14）按维修手册 2.205 和 2.210 章节对直升机进行地面检查和试车。应注意发动机新活塞环在延长的低功率操作状态下不容易入槽。

（15）按维修手册 6.240 章节对风扇进行平衡。

（16）按维修手册 10.240 章节对尾桨进行平衡。

（17）按维修手册 10.200 章节对主旋翼进行轨迹平衡。

（18）按维修手册 2.220 章节进行试飞检查。

（19）按维修手册 1.120 和 1.130 章节对齿轮箱进行放油、清洗和注油。

（20）按维修手册 1.190 章节给液压系统进行注油、放气。

2. 2200 小时大修规定

当直升机累计使用了 2200 小时后，需执行大修工作。套件 R7543 包括 2200 小时大修所需的绝大部分部件，最新的套件资料可登录 www.robinsonheli.com/public 查阅。原来更换的适航部件自新的或上次大修后可继续使用至 2200 小时或者 12 年，以先到时间为准。有关其他部件的更换规定参看适航极限章节，具体执行内容如下：

（1）按照维修手册 2.205 和 2.210 章节进行地面检查和试车。

（2）用新的或大修更换件更换下列部件：

C005‑x　主旋翼桨叶和心轴组件

C006‑x　主减和旋翼主轴组件

C007‑5　风扇轴和轴承组件

C008‑x　尾桨组件

C017‑x　倾斜盘组件

C018‑x　离合器组件

C021‑1　尾齿轮箱组件

C023‑x　尾锥（修改件 M 及之前）

C031‑1　尾桨变距控制

C051-x　致动器组件

C056-1　弹簧组件

C627-x　4 点安全带和锁扣组件

C628-x　安全带和锁扣组件

C792-2　双针转速表

D174-2　风扇组件

D211-1　液压油箱

D212-1　液压伺服器致动器

D268-X　调速器控制器

(3)在所有的直升机上,用新件更换下列部件:

A120-3　尾桨直角摇臂

A190-3　V 型皮带

A723-X　滑油管

A780-x　电瓶导线

A785-X　软管\进气管(各种带-的件号)

A947-2　柔性板组件

B173-X　发电机皮带

B283-X　软管组件(各种带-件号)

C121-17　尾桨推拉杆组件

C169-x　带冒口的消音器

C258-1　主旋翼变距连杆组件

C480-1　倾斜盘护套

C918-7　弹性配平绳(仅用于电子配平系统)

C947-1　柔性板组件

C947-3　柔性板组件

D079-1　尾桨护板

D224-1　尾桨传动轴

各种发动机散热板(参见图册)

(4)按照莱康明发动机公司规定卸下发动机进行大修或检查,清洗滑油散热器并进行压力测试。根据需要,按照有关生产商维护资料和服务通告大修或检查磁电机、发电机、汽化器或燃油喷射组件。

(5)拆下水平和垂直安定面,目视检查,确保无裂纹、腐蚀、铆钉松动、凹痕或变形,着色渗透检查怀疑区域。

(6)拆下起落架组件,分解并去除油漆,目视检查,确保无裂纹、腐蚀或变形。做磁力探伤和荧光渗透检查。使用维修手册 1.400 章节所批准的材料进行清洗,上底漆和面漆。

(7)拆下钢管机架。不更换的机架要除漆,目视检查,确保无裂纹或腐蚀。做磁力探伤检查。用维修手册 1.400 章节批准的材料清洗,上底漆和面漆。

(8)检查机身线路状况。检查有无腐蚀,绝缘失效或其他损坏。

（9）按维修手册 12.120 章节检查油箱，进行压力试验。

（10）按规定，根据适航限制更换其他部件。

（11）组装直升机。

（12）按维修手册 10.100 章节调整飞行操纵和旋翼系统。

（13）按维修手册 2.400 章节检查直升机。

（14）按维修手册 1.230 章节做重量和平衡检查。

（15）按维修手册 2.205 和 2.210 章节对直升机进行地面检查和试车。应注意发动机新活塞环在延长的低功率操作下不容易入槽。

（16）按维修手册 6.240 章节平衡风扇。

（17）按维修手册 10.240 章节平衡尾桨。

（18）按维修手册 10.200 章节给主旋翼做轨迹和平衡。

（19）按维修手册 2.220 章节进行试飞检查。

（20）按维修手册 1.120 和 1.130 章节给齿轮箱放油、清洗和注油。

（21）按维修手册 1.190 章节给液压系统（如果安装）注油、放气。

1.6　限寿部件和翻修要求

直升机操作者需要准确记录机体、发动机和限寿部件的飞行时间，早期 R44 直升机上的计时器是由发动机滑油压力驱动的标准设备，也是准确记录飞行时间的手段。后期的直升机上装备了一种由滑油压力和总距杆致动组合的计时器，只有当发动机有滑油压力和总距杆提起时，计时器才开始计时。

当安装一个限寿部件时，应在直升机维修记录内记录安装时间、件号、部件名称、序号、直升机总时间和部件的先前使用时间。限寿部件的所有先前使用时间必须包含在内，以便确定安全的退役时间。

当安装一个翻修部件时，应在直升机维修记录内记录安装时间、件号、部件名称、序号、直升机总时间和自上次翻修后部件的先前使用总时间。自上次翻修后部件的先前使用总时间必须包含在内，以便确定下次的翻修时间。

警告：有强制性翻修或退役间隔的部件，如果其使用时间没有可靠的文件记录，则认为不适航，必须拆卸下来，不能使用。

完整的机体，包括旋翼系统、驱动系统、操纵系统和机身结构，在发生下列任何一种情况时，必须按照罗宾逊直升机公司的要求进行翻修：

（1）新的或自上次翻修的直升机工作达 2200 小时。

（2）直升机主要结构、驱动系统或操纵系统有大面积的腐蚀。

（3）直升机状况恶化，达不到《飞行员操作手册》规定的性能、操纵性或安全标准。

（4）新的或自上次翻修的直升机已使用 12 年，不管飞行了多少小时。

警告：从损坏的直升机上拆下的部件不得再装到其他直升机上，除非该部件连同其损坏记录返回罗宾逊直升机公司，经罗宾逊直升机公司检查确认适航。

限寿部件的使用寿命见表 1-4 所列。

表 1-4　限寿部件的使用寿命

件号	名称	使用寿命
C023-1	尾锥组,修改件"M"和之前机	2000 小时
C016-2 和-5	主旋翼桨叶	2200 小时或 12 年
C020-1 和-2	上机架	2200 小时
C029-1 和-2	尾桨桨叶	2200 小时或 12 年
C030-1	尾桨毂组件	2200 小时
C146-1 和-5	主齿轮箱齿轮座	2200 小时
C154-1	主旋翼桨毂	2200 小时
C158-1	主旋翼心轴	2200 小时
C196-1	尾桨传动轴	2200 小时
C263-1 和-2	主旋翼齿轮箱油槽	2200 小时
C264-1 和-2	主旋翼齿轮箱壳体	2200 小时
C545-1	尾桨齿轮箱齿轮座	2200 小时
D062-2	尾桨桨毂	2200 小时
D079-1	尾桨护杆	2200 小时
A756-6	驾驶杆装置	4400 小时
C023-1	尾锥组,修改件"N"和后继机	4400 小时
C023-2,-3,-4, -14,-15	尾锥组	4400 小时
C044-1	水平安定面	4400 小时
C198-1 和-2	下倾斜盘	4400 小时
C251-1	主旋翼轴	4400 小时
C319-3	驾驶杆扭矩杆	4400 小时
C320-1	驾驶杆	4400 小时
C337-1	中间传动轴装置	4400 小时
D196-1	尾桨传动轴	4400 小时

复习思考题

1. R44 直升机的用途有哪些？
2. R44 直升机的特殊检查主要有哪些？

第2章 R44尺寸及区域划分

2.1 R44直升机说明

R44Ⅱ型直升机(正常类旋翼机)于2002年10月3日获准生产。

R44Ⅱ型直升机采用燃油喷射式发动机,起飞功率为245马力(1马力=735.499W),最大起飞重量为2500LB(1LB=0.4536kg)。

发动机:1台(莱康明IO-540-AE1A5),型号认可号为1E4。

燃油:最低等级航空燃油100LL(100/130)。

发动机的限制:最大连续功率在2718r/min(102%)为205马力;起飞功率(5min)在2718r/min(102%)为245马力。

旋翼转速限制:动力关闭(旋翼转速)最大432r/min(108%),最小360r/min(90%);动力打开(旋翼转速)最大408r/min(102%),最小404r/min(101%)。

空速限制:VNE(不得超过)在海平面是130kn(带固定浮筒120kn),起飞重量为2200LB或小于2200LB;VNE在海平面为120kn(带固定浮筒110kn),起飞重量大于2200LB。

动力关闭(自转)VNE在海平面为100kn;功率设置超过最大连续功率的空速限制在100kn;带充气的浮筒空速限制为80kn;任何舱门卸掉的空速限制在100kn。

重心范围(C.G):见表2-1所列。

表2-1 重心范围(C.G)

重量(LB)	纵向C.G范围			横向C.G范围	
	前(in)	后(in)	纵向(in)	左(in)	右(in)
1600	92.0	102.5	92.0	−3.0	+3.0
2100	92.0	102.5	100.0	−3.0	+3.0
2300	92.0	100.25	102.5	−1.5	+1.5
2500	93.0	98.0			

空机重心C.G范围:在搭载150LB的飞行员和装满燃油时,计算的C.G定位必须在STA(站位)102.5in或更前。

最大重量:2500LB。用于水上着陆带固定浮筒的为2400LB。

最少机组人员:前右座,1个飞行员。

座位数:4个(警用机和新闻机为3个)。

座位位置：飞行员和前乘客在站位 49.5in，后乘客在站位 79.5in。

最大行李重量：行李舱内安装的设备和行李为 50LB。对于任何座位，座位负荷、行李和设备的最大重量为 300LB。

燃油容量：见表 2-2 所列。

滑油容量：见表 2-3 所列。

表 2-2　燃油容量

油箱	容量 （UKgal）	可用 （UKgal）	站位 （STA）
主油箱	31.6	30.6	106.0
副油箱	18.5	18.3	102.0

表 2-3　滑油容量

部件	容量（UKqt）	站位（STA）
发动机	9	110.0
主旋翼传动	2	100.0
尾桨传动	0.11	327.0
液压油箱	0.65	117.0

最大工作高度：密度高度限制 14 000ft，超过地平面的最大高度为 9 000ft。若发生着火，允许 5min 之内着陆。

制造厂序号：1140,10001 及后继。

设备相关的适航规章（见认证依据）中规定的基本设备必须装在认证的飞机上，还需要有 FAA 批准的直升机飞行手册。

R44Ⅱ型直升机飞行手册（RTR 462），日期为 2002 年 10 月 3 日或新修订版（见注⑦，⑧）。

基准线：主旋翼中心线向前 100in。

旋翼桨叶和控制移动：主旋翼桨叶角度在 75％半径。

总距变距：12.5°±1.0°总行程。

备注：设置的总距低变距应符合维修手册和持续适航指令（RTR460）的程序，方可获得合适的自转转速。

驾驶杆变距：前 13.50°～14.25°；后 13.50°～14.25°；左 7.5°～8.5°；右 6.0°～7.0°。

尾桨桨叶角度：在 75％半径。

总距变距：左推 15.5°～16.5°；右推 18.5°～19.0°。

注意事项：

① 现行的重量和平衡记录，应包括设备清单中认可的空机重量和载荷说明。必要时，提供每架飞机的原有适航证的时间和此后任何时间的适航证，除非操作者有批准的重量控制系统。

② 以下标牌必须装在飞行员能够看到的地方:"该直升机准许日间和夜间目视飞行"。有关其他标牌,参见直升机飞行手册。FAA 批准的直升机飞行手册中要求的所有标牌必须安装在适当地方。

③ 正确维护直升机的基本信息(包括重要部件的退役时间)在 R44 维修手册和持续适航说明(RTR 460)中。退役时间在 FAA 批准的"适航限制"章节中。没有 FAA 工程部门的批准,退役或使用寿命的时间和检查间隔不能改变。

④ 如安装了浮筒起落架,需参照 R44 直升机飞行手册增补版 5(日期为 1996.7.17)或之后 FAA 批准的修订版。

⑤ 如果安装了紧急浮筒,需参照 R44 直升机飞行手册增补版 10(日期为 1999.6.10)或之后 FAA 批准的修订版。

⑥ 如果安装液压助动飞行控制系统,需参照 R44 直升机飞行手册 FAA 批准的修订版(日期为 1999.11.5)或之后 FAA 批准的修订版。

⑦ 如果安装固定浮筒起落架,需参照 R44Ⅱ直升机飞行手册固定浮筒增补版(日期为 2002.10.3)或之后 FAA 批准的修订版。

⑧ 如果安装紧急浮筒起落架,需参照 R44Ⅱ直升机飞行手册紧急充气浮筒增补版(日期为 2002.10.3)或之后 FAA 批准的修订版。

⑨ 通过改动型号认可(TC)、补充型号认可(STC)或改动的 STC 对该直升机型号设计的任何改变,需要持续适航(ICA)的说明。在交机前或者发布有关该机的第一个标准适航证前,按照第 CFR 21.50 标题 14,无论哪个发生在后,必须提交飞机认证办公室(ACO)审查,并被飞机评估组(FTW-AEG)飞标地区办(FSDO)接受。通过 FAA 的 337 表(外场批准)的型号设计改变(主要修理或改变)需要持续适航说明,必须由外场 FSDO 审查批准。

R44 直升机的常用机型及说明见表 2-4 所列。

表 2-4　R44 直升机常用机型

机　型	说　明
R44"Astro"	4 位数序号 0002,0004 至 0760,莱康明 O-540-F1B5 发动机降格至 205 马力最大连续功率;5min 起飞功率为 225 马力,手动控制(自动电子驾驶杆配平,地面可调总距配平),总质量为 2400LB。标准 14V 电气系统;可选 28V,可选液压驾驶杆和总距控制
R44"ClipperⅠ"	基于 Astro 型,采用固定或充气浮筒起落架,有防腐保护层。辅助水平安定面装在下垂直安定面上。放油阀装在机头下部。在固定浮筒机上,导航灯装在主整流罩顶部。液压驾驶杆和总距控制可选
R44"Raven"Ⅰ型	序号 0761 及之后标准液压驾驶杆和总距控制,飞行员侧脚蹬可调
R44Ⅱ"RavenⅡ"	5 位数 10001 及后继。长弦主旋翼桨叶,莱康明 IO-540-AE1A5 注油发动机降格至 205 马力最大的连续功率;5min 起飞功率为 245 马力。总质量 2500LB。28V 电气系统,装有磁电机起动助动器,第二个滑油散热器。圆形主和尾旋翼桨尖
R44Ⅱ"ClipperⅡ"	与 R44"ClipperⅠ"相似,以"RavenⅡ"为基础
仪表训练机	R44 或 R44Ⅱ型,10 孔仪表板。只能操作 VMC

（续表）

机　型	说　明
新闻机	R44 或 R44Ⅱ型，28V 电气系统，机头安装陀螺稳定照相机，尾锥安装电瓶，标准微波系统
警用机	R44 或 R44Ⅱ，28V 电气系统，包括探照灯、警用电台。机头安装陀螺稳定夜视照相机，尾锥安装电瓶，可选装微波系统

备注：R44Ⅱ（注油型）直升机需要两个 A205-7 叉型臂，A600-6 进气压力表，两个 C005-8 主旋翼桨叶和心轴组件（两个 C016-5 主旋翼桨叶和两个 C157-2 变距臂），C006-5 主旋翼齿轮箱，C008-4 尾桨组件（两个 C029-2 尾桨叶），三个 C016-5 主旋翼桨叶，C017-4 倾斜盘，三个 C121-31 传动杆，两个 C203-5 轭架，C204-2 臂（不锈钢，下部），C204-3 臂（不锈钢，上部），C792-4 双针转速表，D201-5 支架（前液压伺服器）和 D204-8 支架（后液压伺服器）。

2.2　直升机的尺寸和区域

R44 直升机整体尺寸有两种，分别为安装滑橇式起落架尺寸和安装浮筒式起落架尺寸。

2.2.1　安装滑橇式起落架的 R44 直升机尺寸

这种直升机主要用于执行陆地飞行任务，其整体尺寸如图 2-1 所示。装有滑橇起落架的 R44 主要尺寸见表 2-5 所列。

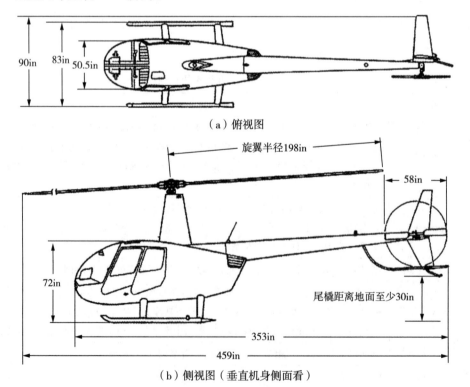

（a）俯视图

（b）侧视图（垂直机身侧面看）

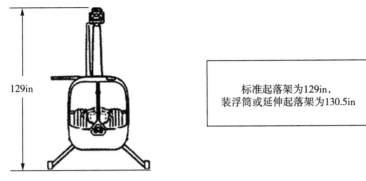

标准起落架为129in,
装浮筒或延伸起落架为130.5in

（c）前视图（沿机头向机尾看）

图 2-1 装有滑橇起落架的 R44 整体尺寸

表 2-5 装有滑橇起落架的 R44 主要尺寸

总长	机身长度	主旋翼直径	尾桨直径	总宽	机头宽度	滑橇宽度	总高
459in	353in	396in	58in	90in	50.5in	83in	129in

2.2.2 安装浮筒式起落架的 R44 直升机尺寸

这种直升机主要用于执行近岸飞行任务,其整体尺寸如图 2-2 所示。装有浮筒起落架的 R44 主要尺寸见表 2-6 所列。

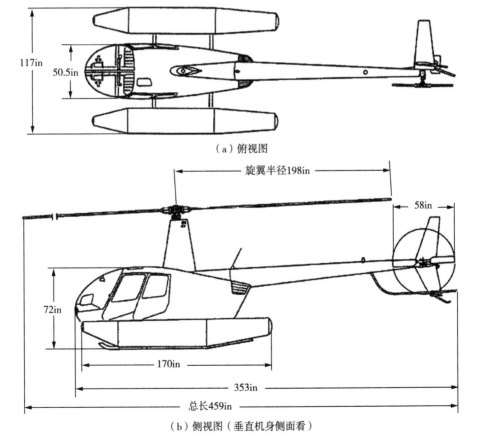

（a）俯视图

（b）侧视图（垂直机身侧面看）

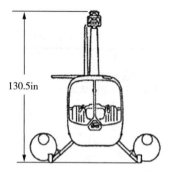

130.5in

标准起落架为129in，
装浮筒或延伸起落架为130.5in

（c）前视图（沿机头向机尾看）

图 2-2　装有浮筒起落架的 R44 整体尺寸

表 2-6　装有浮筒起落架的 R44 主要尺寸

总长	机身长度	主旋翼直径	尾桨直径	总宽	机头宽度	滑橇宽度	总高
459in	353in	396in	58in	117in	50.5in	83in	130.5in

2.3　机身站位

2.3.1　站位点的用途

每种飞机都设计有站位点以帮助在飞机上精确定位一个点或区域。飞行手册上的机身站位点主要用于重量和平衡、修理、飞行控制调节等方面，机组和维修人员必须熟悉他们所维护飞机的站位点。

2.3.2　机身站位

机身站位，通常用英寸或毫米表示。直升机沿纵轴线延伸，主桨轴中心线向前 100 英寸是该型直升机的"0"站位。对于所有序号的直升机，在搭载 150 磅重量飞行员和装满燃油时，计算的重心 C.G 必须在站位 102.5 英寸或更前的位置。

2.3.3　尾梁站位

尾梁站位，通常用英寸或毫米表示，是尾梁沿纵轴线延伸的位置指示。

2.3.4　横向线

横向线，同样用英寸或毫米表示，提供飞机宽度的参考。横向线"0"站位是飞机的中心。横向线从飞机的中心向两边延伸，用（－）或（＋）符号表示。飞机的左侧为（－），飞机的右侧为（＋）。

复习思考题

1. R44 直升机的长、宽、高分别是多少？
2. R44 直升机的旋翼半径和尾桨半径分别是多少？

第3章　顶起和支撑

3.1　直升机的顶起

用千斤顶顶起直升机,通过在后横管两端弯管接头内侧1英寸处各放置1个千斤顶,以及在机身前部顶升点放置1个千斤顶来完成,如图3-1所示。整个操作过程必须小心,以防止直升机在顶起后从千斤顶上滑落。

图 3 - 1　R44 直升机顶升

3.2　直升机的吊升

在机库内若有工作需要而将 R44 直升机吊起时可按图 3 - 2(a)所示,用 MT527 - 1 吊升夹具,或者按图 3 - 2(b)所示,用一根直径为 1 英寸的尼龙绳穿过主旋翼桨毂上的减重孔并打成双环吊起。尼龙绳的拉伸强度不得小于 2500LB。用专用吊升夹具或尼龙绳将直升机固定好后用天吊将直升机吊起并移动到指定的位置。

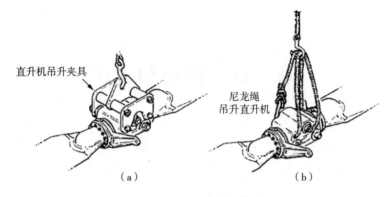

图 3－2　R44 直升机吊升

复习思考题

简述 R44 直升机的吊起或顶升的方法。

第 4 章　校水平和称重

保持平衡对直升机能否正常飞行是非常重要的,每隔一段时间,飞机便需要进行称重。一方面可以得出飞机的基本空重,并据此计算出飞机的使用空重、最大零油重量、最大着陆重量等。另一方面是计算出飞机的重心位置,以便后续根据飞机的重心位置进行合理的配载。

4.1　直升机的水平

直升机水平时,水平尺必须放在桨毂顶端,与摆动铰螺栓平行。千斤顶应顶在后横管弯管接头内侧 1 英寸处。可用下面任一方法来完成直升机水平。

1. 利用尾锥和起落架后横管调整水平

(1)在尾锥最前面一节的顶部放置螺旋桨量角器,当飞机纵向水平时,尾锥高出机头0.7 度。

(2)在起落架的橇管下加垫使直升机纵向水平。

(3)在起落架后横管的中央放置气泡水平尺,确保后横管没有弯曲。

(4)在起落架橇管下加垫使直升机横向水平。

按上述(1)和(2)步骤再次检查纵向水平。根据需要重复步骤(1)～(4)。

2. 在旋翼桨毂处水平

(1)转动旋翼到摆动铰螺栓对准直升机纵轴的位置,将气泡水平尺放在标有"在此水平"的部位。

(2)起落架橇管下加垫使直升机纵向水平。

(3)旋翼转到摆动铰螺栓对准直升机的横轴。

(4)起落架橇管下加垫使直升机横向水平。

按上述步骤重新检查纵向水平。根据需要重复上述步骤,放平直升机。

4.2　直升机的称重和重心计算

必须使用飞行员操作手册内的设备清单/重量和平衡数据表格,保持直升机重量平衡的持续性记录。水平尺必须放在主旋翼桨毂顶端,与摆动铰螺栓平行。如果改装使得空机重心后移,需坐上 150 磅的飞行员和加满燃油后计算重量和平衡。如果计算结果显示重心在后部极限之后,则必须在机头装固定配重,以符合飞行员操作手册第 2 章的最低单飞重量限制要求。直升机的称重程序如下：

(1)放掉所有燃油，包括油滤和两个油箱收油池的油。

(2)加满发动机滑油，液压油(如果使用)和齿轮箱滑油。

(3)安装并闩好所有的舱门。

(4)主旋翼叶片处于前/后位置，大约水平，驾驶杆处于中立位置。

(5)确定所有设备清单/重量和平衡数据上的设备安装在合适的位置。根据需要修正表格。

(6)确保直升机清洁，拿走所有外来物，如：地图、工具、抹布等。

(7)按维修手册1.220章节吊起直升机，在吊直升机的同时要有一个人扶住直升机的尾部。

(8)旋翼叶片指向大致前后方向，抬起两片桨叶使下弯止动脱离，桨毂可以自由摆动。

(9)直升机悬挂稳定后，使用水准仪测量尾桨齿轮箱中心线和垂直防火隔板处机腹之间的垂直高度差，如图4-1所示。

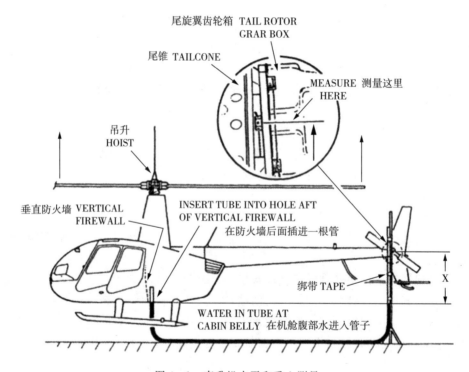

图 4-1 直升机水平和重心测量

记录高度差，精确到0.1英寸：_____英寸(无配重)

(10)计算未修正的纵向重心：

114.34-[0.32×(步骤9的高度差)]=_____英寸

(11)在每个橇管下各放一台1000磅的秤。磅秤的中心置于地面搬运轮支座中心线前大约6英寸处。

(12)放下直升机直到它完全落在磅秤上。在松开尾部之前直升机要在磅秤上完全平衡。在后起落架横管的中心放置水平尺以确定飞机的横向水平。

(13)计算未修正的空机重量：

$$未修正的空机重量 = W_R + W_L - W_P$$

其中：W_R——右磅秤读数；

　　　W_L——左磅秤读数；

　　　W_P——皮重（比如抬升支架等）。

(14)装满燃油和坐 150 磅的飞行员后计算重心：

[（步骤 10 的重心×步骤 13 的空重）]＋38840/[（步骤 13 的空重）＋451.2]＝_____
英寸

(15)如果步骤(14)的重心 CG 大于 102.5 英寸,按照下列方法计算所需的机头配重：

[（步骤 10 的重心－102.5）×（步骤 13 的空重）－7408]/95.5＝_____磅

其中圆形配重接近 0.25 磅,按维修手册 1.240 章节装机头配重。记录所装的实际机头配重：_____磅,重复第(7)~(15)步,修正测量和计算值。

(16)调整配重和平衡,修正放掉的无用燃油。重心的位置（力臂）由总力矩除以总重确定,基准线在旋翼中心线前 100 英寸处。

(17)根据步骤(13)的数据,计算横向重心。重心位置极限如图 4-2 所示。

机体测量点（距基准点-英寸）

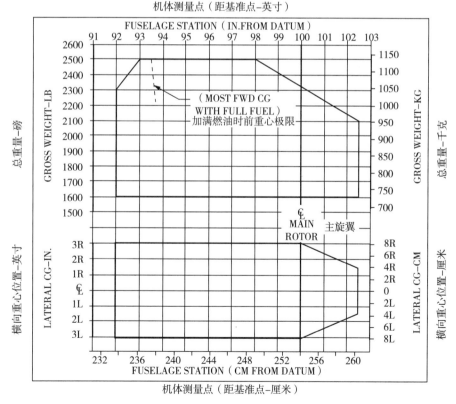

机体测量点（距基准点-厘米）

图 4-2　重心位置极限图

横向重心力臂＝(右秤－左秤)/(右秤＋左秤)×41.20＝_____英寸

如果直升机的纵向重心超过极限范围,则需要在机头附近调整固定配重,配重的具体安装方法如下:

(1)拆卸上部仪表板的螺钉,打开上部仪表板。

(2)拆卸着陆灯卡板及着陆灯组件。

(3)按维护手册 MM2.231 章节,根据需要,按照图 4-3 所示安装合适的配重。

(4)按维护手册 MM2.320 章节拧紧螺栓力矩,并打力矩线。

(5)关闭并固定上部仪表板。

(6)重新安装着陆灯和卡板,检查着陆灯的功能是否良好。

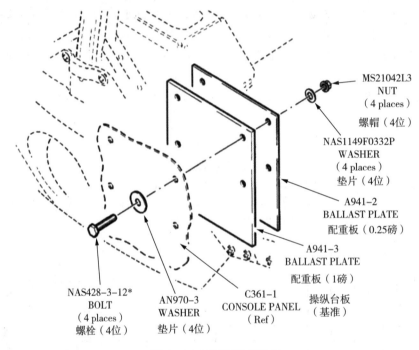

图 4-3　固定配重安装图

复习思考题

1. 简述 R44 直升机的水平方法。
2. 简述 R44 直升机的称重步骤。

第5章 牵引和滑行

5.1 R44 直升机的地面搬运

R44 属于小型直升机,当因工作需要将直升机由室内机库搬运至停机坪或由停机坪搬运至室内机库的工作,一般是通过安装搬运轮后由人工进行搬运的。安装地面搬运轮的步骤如下:

(1)松开把手锁销,向外滑把手来伸长把手,直到锁销急速进入最外的孔。握住把手和机轮,突出的心轴在最底部。将心轴插入橇管上的支撑架,如图 5-1(a)所示。

(2)确保突出心轴的焊接端完全穿过支撑架的内侧,如图 5-1(b)所示。

(3)拉把手过中心线升起直升机,机轮锁好,如图 5-1(c)所示。

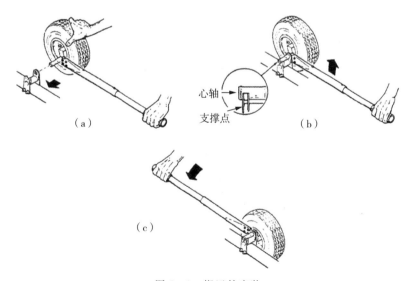

图 5-1 搬运轮安装

用搬运轮搬运直升机的注意事项如下:

(1)当放下直升机时,把手有个急速翻过的趋势。

(2)内胎充气压力,最大为 70psi(Lb/in^2)。

(3)用地面搬运轮搬运直升机需要两个人。一个人向下拉尾锥并抓住尾桨齿轮箱以操纵方向,另一个人推主要结构。钢管机架在后整流罩门内侧,可以用手抓着推飞机。在地面搬运期间,脚要离开橇管,以防磕碰而受到伤害。

（4）搬运直升机时不要抓尾桨保护器、水平安定面外侧、尾桨或尾桨操纵杆等结构。

备注：如果直升机橇管没有完全放好，心轴就不可能伸进。遇到这种情况，向下拉尾锥，使起落架分开到足够可以安装心轴即可。

对于浮筒式起落架，地面搬运轮的拆装步骤如下：

1. 安装

（1）对准后面木块至橇管上的标记附近并绷紧绳子以定位前面的木块，如图 5－2 所示。下拉尾部，将前垫块的低处插到两根橇管下。

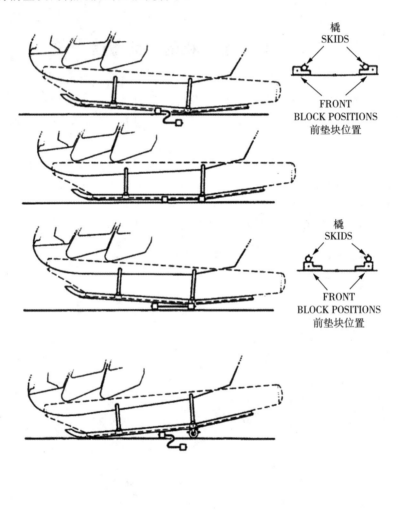

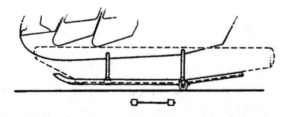

图 5－2　浮筒式起落架搬运轮安装

（2）上推尾部，在后标记处将后垫块的低处插到两根橇管下。

（3）下拉尾部，向内移动前垫块，将它们的上部插到橇管下。

（4）上推尾部，滑出的后垫块（后垫块的上部不使用）。把轮子插到橇管下面的后标记处。

（5）下拉尾部并卸去前垫块。轮子应向前放几英寸距离以减轻下拉尾部的力量。

2. 拆卸

（1）下拉尾部，将前垫块的高处插到橇管下的前标记处。

（2）上推尾部，卸去轮子并将后垫块的低处插到标记处。（后垫块的上部不使用）

（3）下拉尾部，把前木块的高处置于橇管下。

（4）上推尾部，卸去后垫块。

（5）下拉尾部，拆去前垫块。

5.2　R44 直升机的拖运

当 R44 直升机需要进行远距离运输的时候通常可采用 3 种方法，直飞转场、拆卸打包拖运和整机拖运。直飞转场需要直升机满足飞行条件，目的地满足着陆和接机条件等。

拆卸打包拖运比较费工夫，需要将机身、排气管、起落架、旋翼等部件都拆下来，用螺钉固定在木架上，然后再装在大木箱内。机身用布包裹，其他部件则用塑料膜或防震泡沫保护。此外，机体需要二次组装，组装之后还需要调试。这种运输方法一般适用于新购直升机到货或有故障的直升机转场维护时使用。

整机拖运 R44 在一般情况下不采用。大多数拖车都可以轻松地拖运 R44 直升机，它们是为了非常重的负载而设计的，拖车的弹簧和减震器负载过轻时将不能正常地起作用。因此，拖运 R44 时可能因为减震效果差而导致直升机结构受损。如果拖运不可避免，那么必须遵循下列预防措施：

（1）用压舱物增加拖车负载直到它达到设计的装载平均重量。

（2）支撑尾锥，小心地预防擦伤或在支撑点处发生磨损。

（3）拆卸主旋翼叶片。如果没有拆卸旋翼，需支撑主旋翼叶片使其在下垂止动器处没有负荷。在自旋翼叶尖大约 5ft（1ft＝0.3048m）处支撑旋翼，支撑上需加软垫以防止叶片损伤。

（4）固定尾桨以防止其摇摆。

（5）保护直升机挡风玻璃、尾桨和其他易损坏的部件不被公路上的杂物损坏。

（6）直升机被拖运后，应彻底检查直升机有无损坏，特别要注意钢管结构和旋翼系统。

虽然地面运输成本低廉，但是对直升机机体和系统均存在一定的伤害，具体体现在以下几个方面：

（1）对起落架的危害

因固定方式是将起落架在拖车上固定，这样起落架便失去了弹性吸收能力，受力大大增加，影响起落架寿命。

（2）对旋翼的危害

随着拖车的颠簸，旋翼随之颤动，支撑受力点加速疲劳，严重影响旋翼的结构质量和使用寿命。

（3）对主减的危害

受拖车刹车、颠簸的影响，主减前后左右晃动，将使主减底盘与壳体间隙增大，造成漏油的严重后果。

（4）对连接部位的影响

尾锥与机架只有 4～5 个固定点，随着尾锥的晃动，接耳和螺杆受力都将大大增加，5 个螺钉孔拉长的速度加快，导致机身整体性能降低。

（5）对陀螺仪表的影响

由于运输中的不稳定性，造成陀螺仪表的损坏。

（6）对汽油系统的影响

由于拖车的颠簸，汽油箱内的油量表浮子将不停地摆动，可能与油箱壁产生摩擦，损坏浮子。如果产生金属屑，可能会造成汽油系统不畅，甚至中断供油。

除此之外，在进行地面运输时，最好将直升机机载电瓶拆卸下来，防止电解液泄漏。拆卸机械式地平仪并将尾桨叶固定牢固，防止其摆动。

复习思考题

1. 简述 R44 直升机的地面搬运程序。
2. 简述 R44 直升机的地面搬运过程中的注意事项。
3. 简述 R44 直升机的拖运程序。

第6章 停放和系留

6.1 直升机的停放

直升机的停放要求应参看 R44 飞行员操作手册第 8 章关于停放的步骤。具体如下：

(1)将驾驶杆手柄置于中立位置，拧紧。

(2)将总距操纵杆放到最下，拧紧。

(3)前后对准旋翼的桨叶，在有风情况下，可使桨叶稍微偏离前后方向，以防后桨叶拍打尾锥，并施以旋翼刹车。

(4)在雷雨天气，必须将直升机停放在机库内或搬运至安全地区。

当长期(超过 30 天)停放时：

(1)按维修手册 1.150 章节给飞机放油。

(2)按 R44 飞行员操作手册第 8 章清洁飞机。

(3)给主、尾旋翼桨叶的裸露部位喷漆或打蜡。

(4)给密封部位(轴进出上皮带轮的地方)附近的 C166 离合器轴涂抹适合的非干防腐化合物。

(5)按照莱康明服务信函 SL180(最新版)对发动机进行防腐处理。

(6)拆下电瓶，定期检查。根据需要调整电瓶内的电解液，检查非密封电瓶的电解液量和规定比重。

(7)将直升机停放在安全、干燥(已经除湿)的地方。

(8)定期检查飞机有无腐蚀，根据需要进行清除。

6.2 直升机的系留

当直升机停放在室外，在有风的情况下，系留工作显得尤为重要。需按图 6-1 所示安装 MT290-2 主旋翼叶片系留，系留绳要绷紧以防桨叶移动。

备注：系留绳过紧会损伤主旋翼叶片。

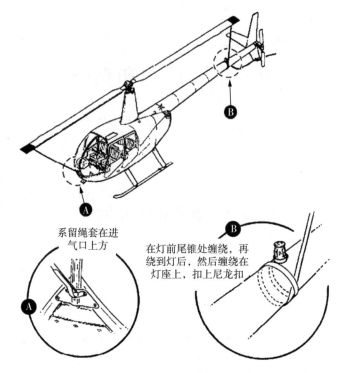

系留绳套在进
气口上方

在灯前尾锥处缠绕，再
绕到灯后，然后缠绕在
灯座上，扣上尼龙扣

图 6-1 R44 直升机系留

复习思考题

简述 R44 直升机的系留程序和必要性。

第7章 勤 务

直升机勤务工作主要指对直升机相关系统进行检查和维护,确保直升机飞行的安全性和适航性。直升机的勤务主要包括减速箱滑油勤务、燃油系统勤务、液压系统勤务以及风挡和内饰的勤务等。

1. 减速器齿轮箱滑油勤务

在直升机日常勤务中,主减速器和尾减速器应按照观察窗读数指示添加滑油,且主、尾齿轮箱只允许使用罗宾逊 A257-2 润滑油。此外,在安装一个新的或翻修的减速器时,必须在首次飞行 4 小时或金属屑灯第一次亮以后进行放油并冲洗,飞行小时时间与日历时间先到为准,并在安装后第一个 100 小时定检时按照维护手册 2.101 章节再次进行冲洗工作。当滑油变脏以至于透过玻璃窥镜不能确定它的油量时,应更换减速器滑油并清洁窥镜。

2. 燃油系统勤务

每天首次飞行前要从油滤和每个油箱的快速放油口放掉少量燃油,以便排出水分和灰尘污染。其次,检查燃油颜色。如果怀疑燃油受到污染,继续从油滤和油箱放油直到排除污染物。此外,燃油喷射部件很容易受到脏物和外来物的损坏,所以应使用可靠油源的燃油,注意保持燃料系统的清洁。根据海平面的不同,需要调节慢车混合比和转速,调整方法参看 R44 维修手册中的"慢车调整程序"部分。

3. 液压系统勤务

当直升机水平时,如果透过窥镜看不到油罐内的液压油,应卸下油箱顶部通气盖,根据需要添加罗宾逊直升机公司的件号为 A257-15 的液压油,达到正常读数。此外,当系统温度过高时,读数会增大,因此在冷系统中不能充过多的油。

4. 直升机外部清洗

清洗直升机时,需用中性肥皂水。粗糙的碱性肥皂水或清洁剂都可能划伤漆面或腐蚀金属材料。覆盖清洗剂容易损坏的部位,并按以下步骤进行清洗:

(1)用清水洗去浮尘。

(2)用软布、海绵或软毛刷蘸上洗涤液进行清洗。

(3)特别难洗的油垢和润滑脂可用布蘸石油精擦洗。

(4)彻底清洗所有表面。

(5)可使用高级汽车腊保护漆面。清洗或抛光时要用柔软的干净布或皮革,以防划伤。

(6)不要使用高压喷枪清洗直升机,也不要使用压缩空气吹主、尾桨桨尖的放水孔。

5. 风挡玻璃和窗户的维护

(1)用清水清洗外表的灰尘、泥土和其他脏物。

(2)用温的中性肥皂水或飞机专用清洗剂清洗,用软布或海绵前后擦拭,不要硬擦。

（3）可用布醮异丙醇或石脑油擦掉滑油和润滑脂。不要用汽油、其他的酒精、苯、四氯化碳、稀释剂、丙酮或玻璃窗喷雾清洁剂等。

（4）塑料表面清洗后，可打一薄层硬抛光蜡，用软布擦，不要转圈擦。

（5）塑料光面有较重刮伤的，可用珠红铁粉擦掉，然后用手使用抛光剂抛光。打磨时，采取"8字形"的方式。

6．座舱内饰的维护

（1）先用吸尘器或刷子清除浮尘，然后用湿布擦拭并立即晾干。

（2）舱内饰物的脏物可用相应材料的清洁剂清洗。按照制造厂家的说明操作，避免浸泡或硬擦。在一氧化碳传感器附近避免使用溶剂、清洁剂或喷雾剂。清洗舱内时，用胶带封上传感器的上、下开口。

（3）皮革用中性肥皂水或清水进行清洗。

（4）清洗地毯时可用小笤帚或吸尘器清除浮尘，特别脏的污点或不易去除的色斑可使用阻燃快干清洗液去除。

7.1　主旋翼齿轮箱的放油和清洗

主旋翼齿轮箱如果污染严重，或者在新的及翻修过后的主减速器上均需要进行放油和清洗工作，具体操作过程如下：

（1）以 60%～70% 转速地面运转直升机约 2～5 分钟，加热主旋翼齿轮箱滑油。

（2）在离屑探头约 10 英寸接头处解除屑探头导线的连接，剪断固定屑探头到主旋翼齿轮箱收油槽连接螺栓的保险丝（不适用于快卸屑探头）。

（3）卸下屑探头，不要卸下屑探头壳体。

备注：在拆下屑探头后，检查屑探头壳体有无渗油。渗油说明壳体有缺陷，必须更换。如果发生渗漏，要立刻安装主齿轮箱放油装置，以减少滑油溢出。

（4）屑探头壳体内装上放油阀放油并在机外接一软管放到容器里，在放油阀下装一楔子以打开阀门（见图 7－1）。

（5）卸下放油组件，剪断固定齿轮箱加油塞的保险丝并报废。

（6）按照窥镜附近标牌上注明的量，给齿轮箱注入 SAE30、SAE40、SAE50 或 SAE20W50 纯矿物发动机滑油。

（7）装上加油塞，拧紧，不打保险丝。

（8）以 60%～70% 转速地面运转直升机大约 5 分钟。

（9）停车后，用放油组件给齿轮箱放油。

（10）卸下放油组件，剪去屑探头壳体上的保险丝，卸下屑探头壳体并立即在齿轮箱下放一小容器接盛残余滑油。

（11）按照维修手册 1.115 章节用牙刷醮上溶剂清洁和刷洗屑探测器，可用高压空气或胶带去除碎屑，但是必须用溶液刷洗去除积碳，不要用磁铁去除碎屑，清洁并目视检查屑探测器壳体。

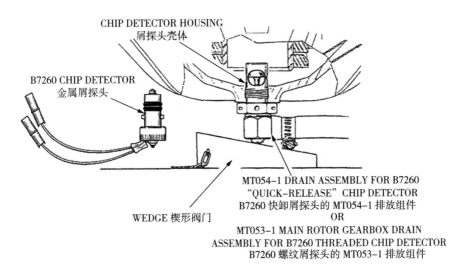

CHIP DETECTOR HOUSING
屑探头壳体

B7260 CHIP DETECTOR
金属屑探头

MT054-1 DRAIN ASSEMBLY FOR B7260
"QUICK-RELEASE" CHIP DETECTOR
B7260 快卸屑探头的 MT054-1 排放组件
OR
MT053-1 MAIN ROTOR GEARBOX DRAIN
ASSEMBLY FOR B7260 THREADED CHIP DETECTOR
B7260 螺纹屑探头的 MT053-1 排放组件

WEDGE 楔形阀门

图 7-1 主齿轮箱放油

(12)连接电气导线,检查屑探测器的功能。打开主电门,用屑探测器的中心磁头轻触水平防火墙。"MR CHIP"警告灯应亮,断开导线的连接。

(13)把屑探头壳体装进主齿轮箱内,按维修手册 1.330 章节规定的力矩拧紧,打保险丝。

(14)将屑探头装入壳体内,按维修手册 1.330 章节拧紧螺纹型屑探头并打力矩,打保险丝,连接屑探头导线并打绑带。

(15)根据需要拆下窥镜,用溶剂清洗。重装窥镜,按维修手册 1.330 章节拧力矩,打保险丝。

(16)卸下加油塞,按照标牌指示的量给齿轮箱加注罗宾逊 A257-2 润滑油。用手转动旋翼几圈,下拉尾锥几次,重新检查齿轮箱的滑油量,根据需要进行调整。

(17)按维修手册 1.330 章节拧紧加油塞并打力矩(不需要打保险丝)。

(18)打开主电门,将屑探头的中心接头接地,检查屑探头的工作情况。主金属屑警告灯应亮,关闭主电门。

7.2 液压系统的排气

当更换液压系统部件时,往往气体会进入液压系统。如果不进行任何处理,液压系统将出现气塞的现象,进而导致液压系统工作失常。所以在必要情况下,需进行液压系统的排气工作。液压系统的排气具体过程如下:

(1)解开 D500-1 液压泵压力管(后部)T 形接头上的盖,将 MT384 液压测试泵(或类似 0.8~1.2 加仑/每分钟流量的泵)压力管接上。压力管和吸油管接头有不同规格,以保证连接正确(见图 7-2)。

(2)卸下储油罐加油口通气塞,用手指堵住孔防止液压油流出。解开吸油管(前部)T 形

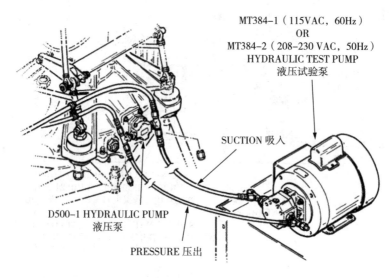

MT384-1（115VAC，60Hz）
OR
MT384-2（208-230 VAC，50Hz）
HYDRAULIC TEST PUMP
液压试验泵

SUCTION 吸入

D500-1 HYDRAULIC PUMP
液压泵

PRESSURE 压出

图 7-2　MT384 液压试验泵的安装

接头上的盖，将液压测试泵的吸油管接上，根据需要加油。

（3）打开液压测试泵，检查有无渗漏。

（4）同时将总距杆全抬起，驾驶杆全推向前。然后同时将总距杆放到底，驾驶杆拉向后。重复 10 次该动作。

警告：要避开飞行操纵系统的移动范围，液压系统产生的力也能对人造成伤害。

（5）同时将总距杆全抬起，驾驶杆全拉向后。然后同时将总距杆放到底，驾驶杆推向前。重复 10 次该动作。

（6）关闭液压测试泵。检查液压系统有无渗漏。

（7）用手指堵住孔防止液压油流出。解开 D500-1 泵前部 T 形接头与液压测试泵吸油管的连接，装上盖。按维修手册 1.330 章节拧紧盖并打上力矩线。

（8）解开 D500-1 液压泵后部 T 形接头与液压测试泵压力管的连接，装上盖。按维修手册 1.330 章节拧紧盖并打上力矩线。

（9）根据规定调整储油罐油量。装上加油口通气塞，按维修手册 1.330 章节拧紧。不需要打保险丝。

7.3　地面开车

7.3.1　地面检查

地面检查是飞行员飞行之前在地面进行的一项重要工作，具体检查程序如下：

（1）油门控制：总距杆在最高和最低位置时油门转动自如。

（2）油门超程弹簧：拧油门过慢车位置到超程止动，检查运动是否自如。松开油门，确保它能返回到正常慢车位置。

(3)混合比控制杆:检查操纵动作是否自如,有无卡滞。检查压按开锁钮的功能是否良好。检测混合比在富油位置时弹簧回弹 0.03～0.10 英寸。

(4)汽化器加温控制杆(只限 O－540):检查操纵是否平稳,有无卡滞。检查在全关闭位置,弹簧能回弹 0.03～0.10 英寸。

(5)驾驶杆操纵系统:配平电机(如果装有)在中立位置,解除摩擦,检查全行程操作是否自如。在加摩擦前,确保摩擦旋钮转 1/8 到 1 整圈。对于液压控制系统,在遇到阻力前有约 0.5 英寸的纵向和 1 英寸的横向自由间隙,正常的液压阻力在整个操作行程无卡滞或异常的感觉。

(6)总距控制系统:检查在增加和解除摩擦时,全行程操作是否自如。在无液压操纵的直升机上,在加摩擦前,确保摩擦旋钮可移动 0.3～0.6 英寸。对于液压控制系统,检查在遇到阻力前有约 0.5 英寸的自由间隙。锁住汽化器加温助力器(如果安装),完全关闭摩擦杆,检查 C334 摩擦(后座之间)在手柄处测量的拉力为 4～5 磅,完全打开摩擦杆,手柄处测得的拉力应为 18～22 磅。正常的液压阻力在整个操作行程无卡滞或异常的感觉。

(7)汽化器加温助力器(如果装有):总距杆放下,汽化器加温杆全拉出,全抬起总距杆,汽化器加温杆应关闭。全放下总距杆,汽化器加温杆应全打开,关闭总距摩擦,关闭汽化器加温,总距杆应留在最下位置。

(8)尾桨脚蹬:检查操作是否自如,无卡滞。

(9)可拆卸操纵机构:检查紧固件是否固定良好。

(10)照明和仪表:(打开主电门)

① 一氧化碳警告灯闪两次(如果安装)。

② 汽化器大气温度大致与外界温度相同。

③ 发电机(ALT)警告灯亮。

④ 滑油压力警告灯亮。

⑤ 副油泵警告灯亮(仅限 IO－540)。

⑥ 燃油量表－指示油量。

⑦ 导航和仪表板灯－检查功能。

⑧ 频闪灯－检查功能。

⑨ 着陆灯－检查功能(离合器必须接通,检查着陆灯)。

⑩ 地图灯－检查功能。

⑪ 安培表－指示放电。

⑫ 滑油温度表－在发动机冷机状态,指针应略有偏离。

⑬ 气缸头温度表－在发动机冷机状态,指针应略有偏离。

⑭ 主旋翼温度灯(MR TEMP)－当传感器短路或按下测试开关时,灯亮。

⑮ 主旋翼金属屑灯(MR CHIP)－当传感器短路或按下测试开关时,灯亮。

⑯ 发动机着火灯－当传感器短路或按下测试开关时,灯亮。

⑰ 尾金属屑灯－当传感器短路或按下测试开关时,灯亮。

⑱ 低油量灯－用干净的木棒按下油箱内低油量浮子或按下测试按钮时,灯亮(稍迟亮

属正常现象）。

⑲ 燃油滤灯－按下测试开关,灯亮。（只限 IO－540）

7.3.2 运转发动机

（1）执行《飞行员操作手册》第 4 章"飞行前"检查单。

（2）执行"发动机起动前"检查单。

（3）IO－540 发动机：注油时副油泵灯灭,注油后灯亮,确保燃油从阀门放出。

备注：在从放油阀放燃油前,可能需要注大量的油。在阀门停止放油后再起动发动机,因为放油时发动机起动不容易或会发生溢流。

（4）执行"起动发动机和试车"检查单。执行完步骤（3）,如果不超过 15 分钟,最少量或不注油。

（5）检查离合器啮合时间最多 70 秒。

（6）安培表指示充电,发电机灯灭。

（7）在 60% 转速,两个磁电机接地（瞬时关闭）。

（8）电瓶和发电机电门关闭,检查转速表工作。

（9）在工作范围内检查转速,应无轴承噪声（机械师在三角皮带附近听）,参见维修手册第 2.110 和 2.501～2.503 章节。

（10）设定转速在 75%,调速器打开。升高到 80%,松开油门,调速器升高转速到 101%～102%。增加转速到 104%,松开油门,调速器减小转速到 101%～102%。

（11）转速为 102% 时,发动机转速和旋翼转速指示相差不超过 1%。

（12）按照下列规定检查发电机电压：

① A942－3 发电机控制器：13.4～13.9vdc。

② A942－4 发电机控制器：27.75～29.25vdc。

（13）加温器工作正常。

（14）当在 118.00MHz,125.00MHz 和 136.975MHz 发送无线电时,调速器打开,转速表指针的跳动不能大于 2%。

（15）用手柄抬起总距杆 0.5 英寸,缓慢降低转速。转速在 97%～96% 时,低旋翼转速警告蜂鸣器鸣叫、灯亮,并保持到转速减小到慢车状态。

（16）在慢车进行暖机,离合器接通,油门关闭：

① O－540 发动机：53%～57%。

② IO－540 发动机：58%～62%。

（17）暖机时检查慢车混合比,离合器解除啮合,油门关闭：

① O－540 发动机：混合比杆慢慢拔出到慢车切断位置,转速上升 2%～4%。根据需要调整慢车混合比螺钉。如果达不到所升转速,从里向外拧 1/2～1 圈慢车混合比调整螺钉,根据需要调整到慢车平稳状态。

② IO－540 发动机：根据维修手册第 6.459 章节步骤 23,调整慢车混合比。

（18）检查液压系统（如果装有）的操作。利用驾驶杆上的液压电门,关闭液压系统。用一个小的纵向驾驶杆输入力,在感觉到系统有坚硬感和回跳前,应该有约 1.5 英寸的自由间隙。打开液压系统,控制系统应操作自如,无回跳或非指令移动。打开液压系统,进行飞行检查。

(19)空调系统:确保系统在高低位置都能吹入冷空气。确保其他仪表和系统没有 EMI/RFI,在空调打开飞行后,确保水能从机腹上的放水管放出(在干燥的情况下,可能无水或者少量水流出)。

7.3.3　停车

(1)检查刹车性能,旋翼刹车灯亮。

(2)按照《飞行员操作手册》检查单,完成停车。

7.4　IO-540 发动机慢车调整程序

工厂试飞时,慢车转速和混合比设定在海平面标准。在组装时,如果慢车和慢车关闭时油门性能不能令人满意,应按下列方法调整。

先把慢车转速设定在 58～62％,发动机暖机,啮合离合器。然后关闭发动机,断开燃油出口管的连接,连接测试管,在混合比富油、慢车油门、电气油泵打开(点火开关在注油位置)状态测量燃油控制出口处的燃油流量。根据需要调整慢车混合比,使油量达到 16～18 磅/小时(170～190cc/分钟)。顺时针转动慢车混合比调整轮(从飞机右侧看)使混合比富油,调整后重新检查慢车转速,根据需要重新调整直至转速和混合比在极限内。调整好后,转速从慢车到 102％应加速均匀,发动机不应有停顿,尾部排气管不应有烟。指针从 102％到慢车应分离平稳,发动机不抖动,转速平稳,慢车状态可接受。

注意:在海平面标准状态,16～18 磅/小时的油量应使慢车状态可接受,慢车关闭油门性能良好。在低温操作时,需要混合比更富油,高温操作需混合比更贫油。根据具体情况,使慢车状态和慢车关闭油门性能(加速均匀,指针平稳分离)良好,油量可能不是建议的 16～18 磅/小时。

复习思考题

1. 简述 R44 直升机主要勤务工作都有哪些。

2. 简述地面开车程序。

第 8 章 振动和噪声分析

8.1 主旋翼的锥体和振动调整

桨叶的平衡就是尽可能地将主桨旋转平面上的质量均等分布的过程。桨叶分为两种平衡过程,静平衡和动平衡。航空器一般在出厂前对桨毂和桨叶进行静平衡工作,即在每片主桨叶片上装有重量不同的配重以实现弦向和展向的平衡。通常主桨毂和尾桨毂安装在直升机前也要求进行静平衡,静平衡后的旋翼系统并不代表在旋转工作中能达到良好的动平衡。主旋翼系统的静平衡工作要有专门的平衡设备,R44 静平衡设备的型号是 MT524-1,是罗宾逊型号直升机旋翼系统的典型静平衡设备。

8.1.1 旋翼的静平衡

旋翼的静平衡主要涉及 3 个过程,分别是旋翼系统静平衡设备的安装、弦向静平衡及展向静平衡。

1. MT524-1 静平衡型架安装步骤如下(见图 8-1):

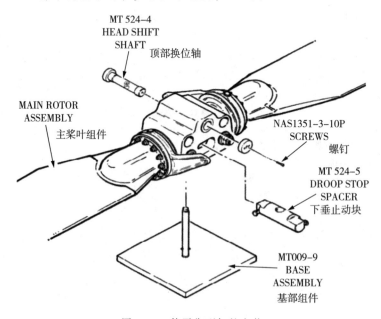

图 8-1 静平衡型架的安装

（1）记录部件的 S/N 号，包括桨叶 S/N、桨毂 S/N。

（2）在任意 C152-1 止推垫片和并列的 C648-1 轴承之间，选择两个 C106-7 锥型铰轴颈和一组 C117-8、-9、-10 或 11 的填隙片，将桨叶安装到旋翼桨毂上，使锥型铰轴间隙小于 0.005 英寸（如果是新桨毂，则小于 0.003 英寸），也不会产生轴承的预载荷。填隙片必须安装在轴颈和止推垫片之间，螺帽一侧。安装过程要保证与桨叶的接触面良好，并给桨叶加垫子以免损坏桨叶。

（3）用 A257-9 防粘剂润滑螺栓螺纹及 C189-14 螺帽，力矩为 240 英尺磅，保证每次抬起桨叶成锥形时主桨毂不动。

（4）按上图所示安装 MT524-5 下垂止动垫圈、旋翼偏移轴及垫片到桨毂。在桨毂上吊起旋翼组件，放在 MT009-9 基座上。检查以确保两个旋翼桨叶的变距角位置大致相等。

2. 旋翼系统的弦向静平衡

按照弦向方向在旋翼桨毂顶部放置一个气泡水平仪，调整 NAS1351-3-10P 螺钉设定弦向平衡，直到气泡位于中心，如图 8-2 所示。

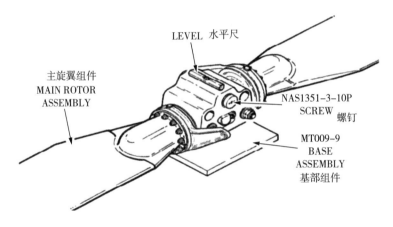

图 8-2　弦向静平衡

3. 旋翼系统的展向静平衡

（1）如图 8-3 所示，将桨尖盖板和连接件尽可能地靠近桨尖放置。将 C298 平衡条与 NAS1149F0332P 垫片加到较轻的桨尖上，直到气泡位于中心。最后平衡在一个 NAS1149F0332P 垫片之内。

（2）安装 C298 平衡条、NAS1149F0332P 垫片和 C722-3 螺钉，力矩为 55 英寸磅，安装 C300-2 桨尖盖和 MS24694 螺钉（C005-1 装配）或 C300-3 桨尖盖和 NAS1351N3 螺钉（C005-7 装配）。重新检查展向和弦向平衡。

（3）用深度千分尺测量 MT524-4 轴末端的孔的深度。若一端小于另一端，在主桨毂顶部做个记号用来指示摆动铰螺栓的安装方向。

（4）在桨毂上，桨叶变距摇臂上及锥型螺栓上用红色或蓝色的圆点标记旋翼组件（一边用同一种颜色），以便组装正确。

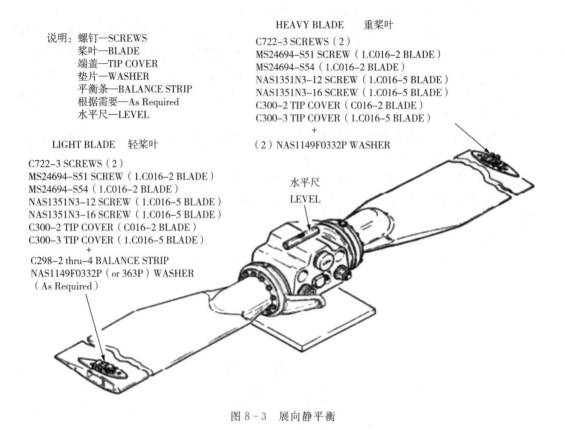

说明：螺钉—SCREWS
　　　桨叶—BLADE
　　　端盖—TIP COVER
　　　垫片—WASHER
　　　平衡条—BALANCE STRIP
　　　根据需要—As Required
　　　水平尺—LEVEL

HEAVY BLADE　　重桨叶
C722–3 SCREWS（2）
MS24694–S51 SCREW（1.C016–2 BLADE）
MS24694–S54（1.C016–2 BLADE）
NAS1351N3–12 SCREW（1.C016–5 BLADE）
NAS1351N3–16 SCREW（1.C016–5 BLADE）
C300–2 TIP COVER（C016–2 BLADE）
C300–3 TIP COVER（1.C016–5 BLADE）
＋
（2）NAS1149F0332P WASHER

LIGHT BLADE　　轻桨叶
C722–3 SCREWS（2）
MS24694–S51 SCREW（1.C016–2 BLADE）
MS24694–S54（1.C016–2 BLADE）
NAS1351N3–12 SCREW（1.C016–5 BLADE）
NAS1351N3–16 SCREW（1.C016–5 BLADE）
C300–2 TIP COVER（C016–2 BLADE）
C300–3 TIP COVER（1.C016–5 BLADE）
＋
C298–2 thru–4 BALANCE STRIP
NAS1149F0332P（or 363P）WASHER
（As Required）

水平尺
LEVEL

图 8 - 3　展向静平衡

8.1.2　旋翼的动平衡

直升机在飞行中的振动源主要来自主桨和尾桨,每片桨叶会产生一个固有频率1：1的振动。如果直升机有两片桨叶,就会产生固有频率2：1的振动,三片桨叶就会产生固有频率3：1的振动,以此类推。对于固有频率1：1的振动而言,即每旋转一周振动一次(1/rev)。直升机还有更典型的中频振动是4/rev或6/rev。

对于直升机振动而言,根据振动频率不同,通常分为三类,即低频振动、中频振动和高频振动。低频振动,通常为1/rev或2/rev类型的振动,主要来源于主桨系统;中频振动,通常为4/rev或6/rev类型的振动,主要来源于尾桨系统;而高频振动主要来源于发动机和高速旋转的传动轴。

对于低频振动而言,又分为垂直振动和横向振动。如果一片桨叶在给定点处的升力比另一片要大,将会导致1/rev的垂直振动。前飞中,飞行员通常感觉垂直振动多并且空速增加振动变得更大,导致一片桨叶随空速增加,升力大于另一片桨叶(爬升桨叶)。而桨叶的展向不平衡导致横向振动。展向不平衡是由于桨叶配重和桨叶重心(CG)的对准与展向轴不一样,影响到了弦向平衡或展向的不平衡。严格控制制造的过程和技术,排除所有桨叶之间细微的差异,使两片桨叶几乎相同是解决桨叶振动的关键。桨叶的细微差异会影响飞行,可通过调整主桨调整片或调节变距杆长度来消除差异。

　　旋翼的锥体表示旋翼的旋转轨迹是否合格,而旋翼的振动量不应该大于0.2IPS。一般在旋翼锥体合格的条件下,再进行旋翼振动的调整工作。旋翼动平衡和飞行轨迹的检查需要的设备如下:

　　(1)平衡仪,Chadwick-Helmuth指定型号。

　　(2)频闪仪,Chadwick-Helmuth指定型号。

　　(3)电线、加速仪/测速仪、探头和靶标,Chadwick-Helmuth指定型号。

　　(4)罗宾逊MT121-1磁探头托架。

　　(5)罗宾逊主旋翼图、尾桨图。

8.1.3　旋翼设备的安装

　　旋翼设备的具体安装如图8-4所示,并按下列步骤安装Chadwick-Helmuth设备:

　　(1)在上仪表板左侧固定螺钉下安装加速仪/测速仪,导线接头指向外。

　　(2)将MT121-1托架安装到倾斜盘右下部。

　　警告:确保螺栓扭矩加螺帽阻力为200英寸·磅,MT121-1托架保持安装状态以便做飞行中轨迹和平衡。

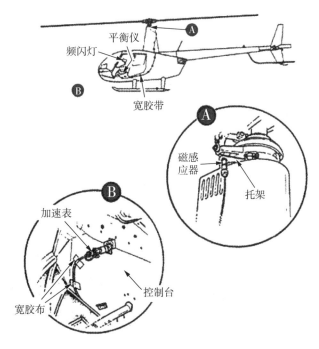

图8-4　旋翼平衡设备的安装

　　(3)将3030磁探头安装到MT121-1托架上,断续器探头间隙为(0.030±0.010)in。

　　(4)连接导线至磁探头,抬起总距杆到最上位置,驾驶杆置于最左边,用胶带将导线固定到主整流罩上,导线顺到左侧舱门的前下方,每12in间隔用胶带固定导线。

　　注意:导线必须固定紧,因为直升机将以最大允许速度飞行。

(5)将导线固定到由仪表板左前方螺钉固定的加速仪/测速仪上。

(6)将导线连接到平衡仪,并将多余的电线固定到左座椅前方的支架处。

(7)按图 8-5 将 4270 靶标贴到旋翼桨叶上。

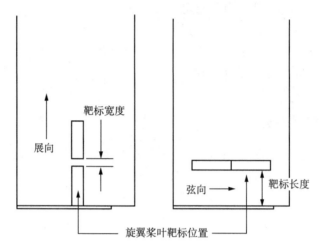

图 8-5 旋翼桨叶靶标位置

8.1.4 旋翼平衡的调整

可按照平衡图增加或减少配重来调整展向平衡,如图 8-6 所示。卸下桨尖盖,更换桨尖配重可改变重量。使用 AN960-10 或-110L 垫片或配平垫片可进行细致调整。

弦向平衡的粗调可按平衡图的指示通过偏移旋翼毂来完成。弦向平衡的精调可按平衡图的指示通过增加或减少 A255-1 或-2 弦向配重或 AN970-4 垫片来完成。

8.1.5 旋翼变距连杆的调整

当两个桨叶轨迹不一致以及自转转速过大或过小时,必须对主桨变距连杆进行调整。如图 8-7 所示,如果该轨迹在外场年度检查时经常看到,它的修正方法主要是缩短向上桨叶的变距连杆。通常,缩短或伸长杆头半圈可改变轨迹大约 0.25 英寸。进行细致调整时,缩短或伸长杆身一圈相当于杆头转半圈。部分调整杆身时,可以以六角平面转动数来计算。

旋翼变距连杆的调整分粗调、中调和细调。调整方法如下(见图 8-8):

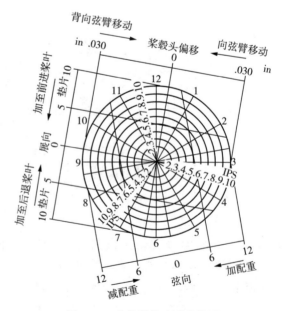

图 8-6 主旋翼轨迹平衡简图

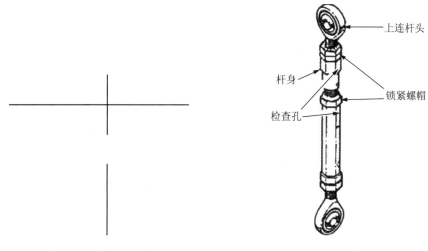

图 8-7　靶标十字线　　　　　　图 8-8　旋翼变距连杆

（1）长度粗调整是转动变距连杆的粗螺纹部位。从桨叶处解除上杆头的连接，只拧松变距连杆中部的锁紧螺帽。增大桨叶角的方法是从下部连杆处反拧 C258-2 接头。减小桨叶角则是向下部拧进接头。每拧满一周大致可改变桨叶角 0.88 度。

（2）中等长度的调整只需通过转动上部杆头。从桨叶上解除杆头的连接并松开杆头锁紧螺帽，从变距杆上反向拧杆端可增大桨叶角，将杆头拧入变距杆可减小桨叶角，杆头转一整圈可改变桨叶角大约 0.48 度。

（3）细调长度的调整只需通过转动 C258-2 接头，上部和下部杆头保持连接。松开上部杆头和变距杆中间的锁紧螺帽。从变距杆下段拧出杆身可增加桨叶角。将杆身拧入变距杆下段可减小桨叶角。杆身转一整圈可改变桨叶角大约 0.40 度。

在调整变距连杆后，确认直径为 0.020in 的保险丝不能穿过观察孔。

8.1.6　旋翼桨叶调整片的调整

旋翼桨叶调整片的调整需要用 MT526-1 调整片弯曲器和 MT352-1 调整片表，如图 8-9 所示。用记号笔穿过调整片顶部对准桨叶后缘画一条线，在这条线上标出三个等距离的测量点，将调整片测量表弦向放在桨叶上面和调整片后缘上，指针应停在测量点上，将指示设定为零。用同样的方法测量其他两个点，确保它们距第一个点的距离在 0.005in 内。

为了弯曲调整片，松开 MT526-1 调整片弯曲器上的螺栓，并将弯曲器放到调整片后缘上，距离前缘尽可能地远。弯曲器的单肋边接触到桨叶底面，向下弯曲调整片，反之亦然。拧紧螺栓，弯曲调整片。卡紧弯曲器使调整片足够弯曲，不要使用类似杆之类的工具，如图 8-10 所示。轻微向下弯曲调整片，除非万不得已，否则不要向上弯调整片，向上弯调整片会增加驾驶杆的抖动。调整片弯曲大约 0.015in 可移动桨尖约 0.2in。用 MT352-1 表重新测量调整片。根据需要调整弯曲度，使得三个测量点之间的距离在 0.005in 内。

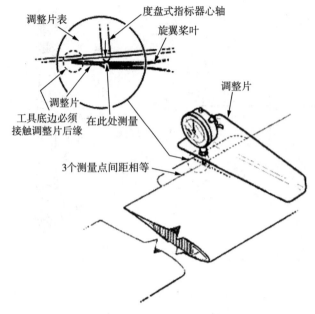

图 8 - 9　旋翼调整片表的使用

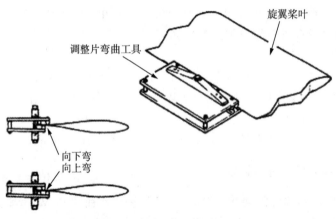

图 8 - 10　旋翼调整片的调整

8.2　尾桨的平衡和调整

8.2.1　尾桨设备的安装

（1）将加速仪/测速仪装到尾桨齿轮箱前上方输出密封垫壳体的螺栓上，加速表连接器的末端要指向上（见图 8 - 11）。

（2）如果使用带光电器的 Vibrex 2000 系列平衡仪，按图 8 - 11、图 8 - 12 在测速仪和测速仪支架之间安装光电器支架。

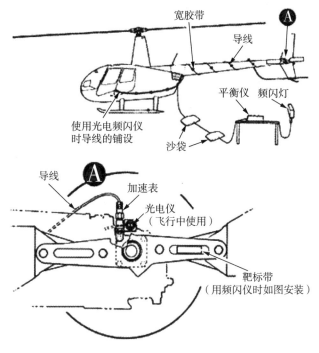

图 8-11　尾桨平衡设备的安装

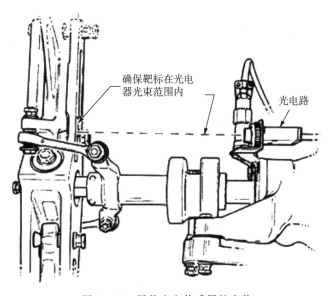

图 8-12　尾桨光电传感器的安装

（3）如果使用频闪仪得到时钟角，在尾桨毂的一个摇臂上展向装一个靶标带，靶标朝向外；如果使用光电器工具得到时钟角，在尾桨毂的一个摇臂上展向装一个靶标带，靶标朝向内。

（4）将导线连接到加速仪/测速仪和光电器（如果使用）上。导线要向前端缠绕尾锥几圈，用胶带固定导线。

注意：确保导线不能缠绕住尾桨。

（5）使用频闪仪得到时钟角，将导线放到距尾桨左侧约 20ft 的位置，用沙袋压住导线以防移动；如果使用光电器得到时钟角，需将导线放到座舱内，用胶带固定导线以防移动。

（6）将导线连接到平衡仪器。

8.2.2 尾桨的平衡和调整

（1）将平衡箱上的功能钮置于适当的频道，转速范围钮置于×10 刻度，转速置于 231，打开调速器，运行直升机，用频闪仪观察尾桨，观看靶带的同时调谐平衡器并调整平衡器上的转速刻度。将时钟角和振动率 IPS 记录在尾桨平衡图上，按要求调整直到平衡读数低于 0.2 IPS 为止（见图 8-13）。

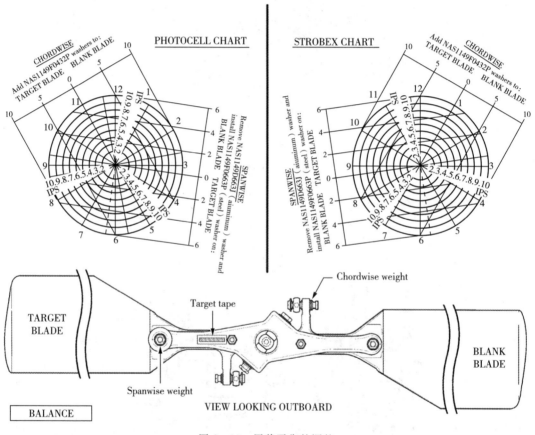

图 8-13 尾桨平衡的调整

（2）通过增加、减少或更换可卸翼尖盖下的配重可对 C029-1 方形翼尖桨叶做展向平衡的调整。改变配重可使用 C134-1 或-2 桨尖配重或者 AN960-8 或-8L 垫片，可修正-8L 垫片来做细致的调整。

（3）通过更换固定桨叶外侧螺栓螺帽下的垫片可做 C029-2 和 C029-3 圆形翼尖桨叶的展向平衡。螺栓有足够的长度可改变展向配重。按维修手册 1.320 章节拧紧螺栓，螺帽需露出 2～4 圈螺纹。

（4）通过增加、减少或更换固定桨叶变距连杆螺栓螺帽下的 A141-14、A214-3、

NAS1149F0462P/F0432P 或 NAS1149D0463J/D0432J 垫片可做弦向平衡的调整。根据需要改变变距连杆和螺栓的长度使得螺纹恰当地啮合,允许的长度见维修手册 1.310 章节和 IPC 手册。

8.3　自转转速的调整

如果不能正确地调整自转转速(转速过低)将妨碍直升机在轻载时达到正确的自转转速。在实施自转检查时,不要让旋翼超速。应逐渐伸长两根主旋翼变距连杆杆头直到完全放下总距杆达到旋翼不超速为止,具体操作步骤如下:

(1)在低于 1900 磅总重时实施自转转速检查,计算直升机的起飞总重,记录计时器上的时间。

(2)实施自转前,将高度表置于 29.92inHg(1012.2 毫巴),在 50 节空速且总距杆紧顶下止动时进入自转。

(3)在 500 至 1000 英尺高度之间最少取得 3 个转速读数,并记录飞行数据,旋翼转速参照图 8 - 14 查询。

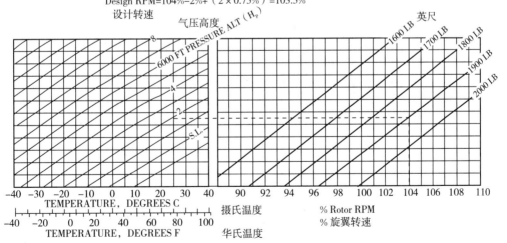

AUTOROTATION RPM　　自转转速
COLLECTIVE FULL DOWN　总距全放下
50 KIAS 50节　50节
(One full turn of rod ends=approximately $3\frac{1}{2}$ % RPM change)
杆头转一圈=转速改变约3 1/2%
(One full turn of rod ends=$1\frac{1}{6}$ turns of barrel)　　杆头转一圈=杆套1 1/6圈

NOTES:　　　重心在FS100.0前, 每英寸增加旋翼转速0.75%
1.Increase Rotor RPM 0.75% for every inch that CG is forward of FS 100.0.
2.Decrease Rotor RPM 2% for Model R44 Ⅱ.　　　R44 Ⅱ型减小旋翼转速2%

例　　外界大气温度　气压高度 英尺总重 磅 重心
Example:R44 Ⅱ, OAT=25℃, Hp=2000 ft, GW=1900 lb, CG=FS 98.0
Design RPM=104%-2%+(2×0.75%)=103.5%
设计转速

注:重心在机身站位 100.0 前部,每英寸增加旋翼转速 0.75%,R44 Ⅱ 型减小旋翼转速 2%。

图 8 - 14　旋翼转速的确定

（4）按 RPM 修正量的平均值调整变距连杆杆身。如果试飞转速大于图表转速，伸长两个变距连杆以减小转速，反之缩短变距连杆以增加转速。杆头转一整圈可改变转速 3−1/2%，确保两根变距连杆完全一样，以免影响轨迹。

（5）根据需要重复步骤（1）～（4），直至 RPM 修正量在图表转速的±1%之内。

8.4　风扇的平衡和振动调整

在使用恰特维克-赫尔穆斯型号 192 或 8500 系列风扇时，MicroVib（微震计）或等效设备的操作请参考设备的操作说明。下文风扇平衡过程是针对恰特维克-赫尔穆斯型号 8350 和 177 系列（Vibrex）设备的，具体操作步骤如下：

（1）将直升机迎风放置在一个平坦的地方，将分析仪（10−100−2020HR）放到驾驶舱。

（2）拆下发动机尾部整流罩。

（3）从后向前看，在风扇壳体 12 点钟的位置拆下一颗螺钉。用一个 1/4×28 英制螺钉将"L"形 0.25 英寸振动传感器安装座（22−430−0035）和光学转速传感器通用安装座（22−430−0066）固定在一起。将此组件用刚拆下来的螺钉安装在风扇壳体上或固定可选设备（R44FB）。将光学转速传感器（10−100−1773）装入安装座中，并拧紧螺帽。在与光学转速传感器对正的任意一个螺帽旁贴上一块反光胶带，如图 8−15 所示。

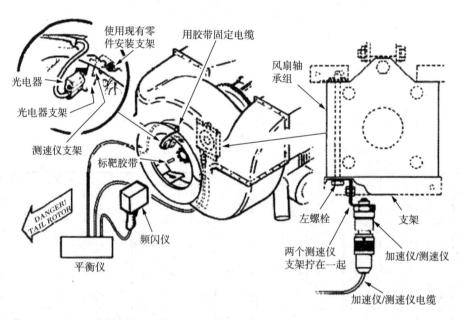

图 8−15　风扇的平衡（一）

（4）在风扇的下部拆下一根螺杆，并用螺杆将"Z"形 0.25 英寸振动传感器安装座（22−430−0037）固定好或固定可选设备二。安装 991D−1 振动传感器（69−100−0075），传感器的接头向下。

(5)将光学转速传感器 50 英尺电缆(10-320-0126)标有"TACH INTERFACE"的接头一端连接到光学转速传感器上。固定电缆以防止它阻碍其他部件,把申缆顺沿到驾驶舱内并将标有"ANALYZER"的接头一端连接到分析仪的"TACH1"通道上。

(6)把 25 英尺 991D-1 振动传感器电缆(10-320-0162)有 3 个孔的接头一端连接到 991D-1 振动传感器上。将传感器电缆标有"2020"接头的另一端连接到分析仪的"CHANNEL A"通道上。

注意:铺设电缆时,要确保远离热部件及旋转部分。

(7)起动发动机,啮合旋翼系统,打开调速器开关,在 102% 旋翼转速下运转直升机。

警告:在尾桨附近(工作)要特别小心。

(8)用 ACES 分析仪 ACES2020 检查风扇平衡的振动值最大为 0.2IPS,记录时钟角。
(9)关车。

注意:无论何时,用手转动风扇轮时确保点火开关关闭且钥匙不在开关内。

(10)如果平衡读数超过 0.2IPS,必须改变垫片以平衡散热风扇,转动风扇直到标靶到达步骤(8)所记录的位置,改变最靠近 1:00 位置的螺帽下的 AN960-10、A141-17 或 AN970-3 垫片,或是各把一半重量分别加到邻近的两个螺帽下,如图 8-16 所示。一个 AN970-10 垫片能够改变大约 0.05 IPS 平衡读数。一个 A141-17 垫片相当于两个 AN960-10 垫片。一个 AN970-3 垫片相当于四个 AN960-10 垫片。每个螺帽下需装四个垫片。为接近螺栓头,拆卸涡管下半部前侧的 D229-4 盖并根据需要转动风扇。不要拆下 NAS6603-6 螺栓或 NAS1149F0316P 垫片以防错位。按维修手册 1.330 章节拧紧 NAS6603-6 螺栓或 MS21042L3 螺帽。将 D229-4 盖子装至涡管下半部分。

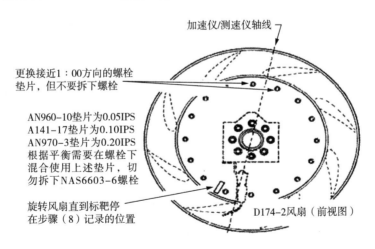

图 8-16　风扇的平衡(二)

(11)安装好垫片后,检查风扇平衡读数。调整垫片直至读数小于 0.2 IPS 为止。
(12)拆下加速仪和连接支架,安装发动机后整流罩。

8.5 主旋翼轨迹和平衡的常见故障和排除方法

主旋翼轨迹和平衡的常见故障和排除方法见表 8-1 所列。

表 8-1 主旋翼轨迹和平衡的常见故障和排除方法

常见故障	可能原因	故障排除/维修方法
驾驶杆过度振动	A205-5 叉组（上倾斜盘）粗糙或卡滞	更换或参照维修手册 MM 8.6 章节进行维护
	心轴有压痕（剧烈抖动）	将桨叶返回罗宾逊直升机公司或维修中心更换心轴
	桨叶表面油漆粗糙（有破裂缺口）	按照维修手册 MM 9.130 章节修理桨叶
	变距连杆粗糙或卡滞	更换变距连杆杆头
	旋翼保护套未对准	对准保护套或按维修手册 MM 9.113 和 MM 9.114 章节更换
	旋翼摆动铰或锥形铰卡滞	按照维修手册 MM 9.126 章节更换轴承
	旋翼桨叶配平调整片上弯	按维修手册 MM 10.233 章节均匀地向下弯曲调整片
	桨叶不匹配	将桨叶返回罗宾逊直升机公司更换
直升机过度振动	旋翼桨叶轨迹与平衡不合要求	轨迹与平衡参照维修手册 MM 10.230 章节调整
	旋翼摆动铰或锥形铰摩擦异常	按维修手册 MM 9.124 章节调整铰摩擦
	旋翼摆动铰或锥形铰卡滞	按维修手册 MM 9.126 章节更换轴承
驾驶杆杆力过大	心轴轴承有压痕（剧烈抖动）	将桨叶返回罗宾逊直升机公司或维修中心更换心轴
桨叶轨迹图间断	旋翼摆动铰或锥形铰摩擦异常	按照维修手册 MM 9.124 章节调整铰摩擦
	旋翼锥形铰卡滞	按照维修手册 MM 9.126 章节更换轴承
	旋翼摆动铰未磨合	按照维修手册 MM 10.230 章节调整轨迹和平衡，调整轨迹到最小误差
	心轴轴承有压痕（剧烈抖动）	将桨叶返回罗宾逊直升机公司或维修中心更换心轴轴承
驾驶杆配平发生跟本性变化	旋翼摆动铰轴承磨损	按照维修手册 MM 9.126 章节更换轴承
	心轴轴承有压痕	将桨叶返回罗宾逊直升机公司更换心轴轴承
直升机间断性横向振动	由于电嘴、点火导线、磁电机或发动机未磨合导致的发动机点火失败	参照德事隆·莱康明维修说明
每4秒前后振动	飞机重心不在极限范围内	在飞机重心范围内运转飞机
	主齿轮箱橡胶安装座老化或污染	更换主齿轮箱安装座

复习思考题

1. 旋翼和轨迹的平衡检查需要安装哪些设备？
2. 如何调整旋翼的平衡？
3. 如何调节变距连杆来调整旋翼的平衡？
4. 简述风扇的拆装程序。
5. 简述风扇的平衡程序。

第9章 标准施工

9.1 紧固件的力矩要求

在实际维护工作过程中,除非另有特别说明,紧固件的力矩应按维修手册 1.320 章节标准干力矩值执行。如果通过拧螺栓头施加力矩,应在螺杆和轴颈上使力矩提高 10％以增加摩擦。

例如,用于 NAS1305 螺栓和 NAS1068 薄板螺帽的力矩扳手设置计算如下:按维修手册 1.320 章节,NAS1305 螺栓(5 表示规格为 5/16 英寸)的干力矩为 240 英寸·磅。因为力矩必须用在螺栓头上,要加 10％(24 英寸·磅),所以力矩扳手的设置应为 264 英寸·磅。

所有重要紧固件要有辅助锁定机构。B330 冲压螺帽(薄板螺帽)是直升机上用得最多的辅助锁定机构,力矩值见维修手册 1.320 章节。零部件图册列出了专用紧固件的辅助锁定机制。

保证力矩正确很重要,一定要使用经过校准的扳手和无损坏、润滑过的(适用)零件。确保所有卡紧面清洁,只能在裸露的金属面或者涂过底漆的部位装卡箍,力矩不正确或者在脏的或者涂漆的部位装卡箍会导致卡不紧或者零部件损坏和故障。

重要紧固件是指该件被拆除或丢失时可危及飞行安全的紧固件,这些紧固件包括主要操纵系统中的各种接头,机体、起落架和驱动系统中构架上的无故障安全接头。此外,不能用 AN 螺栓代替 NAS 螺栓,NAS 螺栓有较高的抗拉强度。

所有关键紧固件在安装薄板螺帽后,都要使用力矩密封(油漆),从紧固件的裸露螺纹穿过双螺帽延伸到部件上,可指示螺帽或螺栓是否移动,允许的力矩密封漆参见维修手册 1.460 章节。由于操作不当造成的螺帽损坏或螺帽失去阻力,应及时更换。

警告:安装螺栓后,为了确保螺帽锁紧,至少要露出 2 圈螺纹。最多露出 4 圈,超过 4 圈螺帽会顶住螺栓杆,导致接头卡紧不牢。

对紧固件进行拧紧时,力矩要求如下:

(1)螺栓和螺帽要清洁和干燥,除非组装程序规定了要涂防粘剂或螺纹锁定化合物。

(2)如发出咔嗒声或不顺时,应退下重拧。

(3)如使用了能改变力矩扳手有效长度的特殊转接头时,应按图 9-1 公式计算最终的力矩值。

(4)正确的螺纹啮合需要超出自锁螺帽(薄板螺帽除外)2～4 个螺纹。

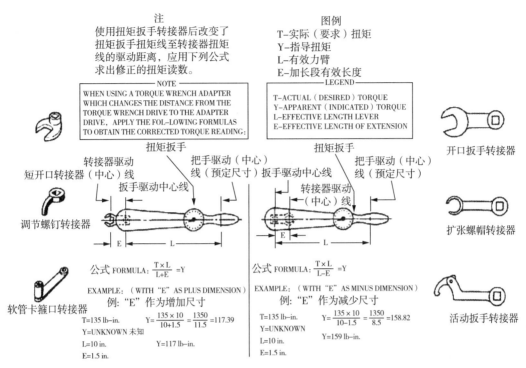

图 9-1 转接头力矩值的计算

（5）力矩扳手需每年做一次校正，如掉在地上或怀疑有误差，也需校正。标准力矩见表 9-1 所列。

表 9-1 标准力矩

紧固件系列	型号	紧固件件号	干力矩(IN. LB)	湿力矩(IN. LB)
NAS 1300 螺栓	10 - 32	NAS6603	50	无
NAS 6600 螺栓	1/4 - 28	NAS6604	120	无
NAS600 - 606 螺钉	5/16 - 24	NAS6605	240	无
NAS 623 螺钉	3/8 - 24	NAS6606	350	无
NAS 1351 螺钉	7/16 - 20	NAS6607	665	无
NAS 1352 螺钉	1/2 - 20	NAS6608	995	无
AN3 螺栓	10 - 32	AN3	37	无
AN4 螺栓	1/4 - 28	AN4	90	无
AN6 螺栓 AN8 螺栓	3/8 - 24	AN6	280	无
AN502 螺钉 AN503 螺钉 AN509 螺钉 AN525 螺钉 MS24694 螺钉 MS27039 螺钉	1/2 - 20	AN8	795	无

（续表）

紧固件系列	型号	紧固件件号	干力矩(IN.LB)	湿力矩(IN.LB)
冲压螺帽 （薄板螺帽）	10-32	B330-7(MS27151-7)	6～15	无
	1/4-28	B330-13(MS27151-13)	11～25	无
	5/16-24	B330-16(MS27151-26)	20～40	无
	3/8-24	B330-19(MS27151-19)	29～60	无
	7/16-20	B330-21(MS27151-21)	42～85	无
	1/2-20	B330-24(MS27151-24)	54～110	无
梯形管螺纹	1/8-27	无	60	无
	1/4-28	无	85	无
	3/8-18	无	110	无
	1/2-14	无	160	无
	3/4-14	无	230	无
杆头锁紧螺帽 （AN315 和 AN316）	10-32	AN315-3	15	无
	1/4-28	AN316-4	40	无
	5/16-24	AN316-5	80	无
	3/8-24	AN316-6	110	无

注：① 数值包括了螺帽自锁力矩。

② 如果拧螺栓头，需增加 10% 力矩。

③ 对于弯管接头和 T 形接头要求对正，拧至标明的数值，然后上紧至指定的位置。

④ 除另有规定的范围，数值为 ±10%。

⑤ 除非另有规定，规格为 8-32 或更小的螺纹不用在主要结构，不需要控制力矩。

⑥ 特殊力矩见维修手册 1.330 章节。

9.2 允许使用的材料清单

表 9-2～表 9-5 各项材料均可从注明的制造厂或它们的经销商处购得。应使用有关管理部门准许的底漆、溶剂、清洁剂、填充物、腻子、除漆剂和油漆。应按照产品制造厂的说明进行操作和贮存。

表 9-2 脱漆剂

产品	制造厂/供应商	适用范围
Cee-Bee 脱漆剂 A-292	见原文	金属部件，桨叶和挠性板除外
塑料喷砂装置	见原文	金属部件，桨叶和厚度不足 0.040 英寸的无支撑金属板除外

表9-3 溶剂和清洁剂

产品	制造厂/供应商	适用范围
QSOL 220	见原件	用于使用底漆、胶黏剂或密封剂之前的清洁和一般清洗
苯,1-Chloro-4(Trifluoromethyl)PCBTF	任何地方	同上
丙酮	任何地方	同上
Lacoline 脂肪烃(脂肪族烃)	任何地方	仅作丙烯酸树脂清洁剂
杜邦 Lacquer 和瓷器清洁剂 3939S 或 KwikClean 清洁剂 3949S *	见原件	打磨喷漆之前去除油污和清洁,打底漆或涂表层之前去除打磨的粉末
Presolve	LPS	仅清洁液压部件
四氯乙烯(全氯乙烯)	见原件	雾化去油脂
815 GD	见原件	浸没/超声波清洁

表9-4 润滑油

罗宾逊件号	制造厂件号	制造厂
A257-1	钼化润滑脂 101	南威斯特石油股份公司
A257-2	齿轮润滑油 201 齿轮油	伏特兹,得克萨斯南威斯特石油股份公司,得克萨斯
A257-3	航空壳牌 14/MIL-G-25537	壳牌石油公司胡斯顿,得克萨斯
A257-4	Dexron Ⅱ 或 Dexron Ⅱ/Mercon 或 Dexron Ⅲ/Mercon 机械传动液	见原件
A257-5	Sta-Lube 3120 防水润滑脂	见原件
A257-5	11402 防水润滑脂	见原件
A257-6	fuelube 抗燃油润滑脂	见原件
A257-6	EZ Turn	见原件
A257-7	润滑剂-镁类型 A 1040 CR 干膜润滑剂	见原件
A257-8	P-80 橡胶润滑剂	见原件
A257-9	防粘剂 767	见原件
A257-10	2612 电嘴螺纹润滑油	见原件
A257-10	T-556	见原件
A257-12	美孚 28 润滑脂	见原件
A257-15	Mil-H-5606 液压油	见原件
A257-16	M 型 20W-50,SAE J1899	见原件

（续表）

罗宾逊件号	制造厂件号	制造厂
A257－16	航空滑油 20W－50，SAE J1966	见原件
A257－18	55 O－型润滑油	见原件
A257－19	111 阀门润滑与密封剂	见原件
A257－20	SP－15 PAG 滑油	见原件
A257－21	P－16 凡士林润滑油	见原件

表 9－5　粘合剂和密封剂

罗宾逊件号	名　称	颜色	厂商厂件号	制造厂
B270－1	密封剂-多硫化合物，抗燃油（2-部分）	灰色	FS－8907 B－2	见原件
B270－1	密封剂-多硫化合物，抗燃油（2-部分）	灰色	AC－350 B2	见原件
B270－2	密封剂-金属（1-部分）	银色	2084	见原件
B270－4	密封剂-硅橡胶（1-部分）	半透明	SCS 1201	见原件
B270－5	密封剂-合成橡胶腻子（1-部分）	黑色	Q4－2805、94－031	见原件
B270－6	密封剂 & 润滑油，螺纹（1-部分）	奶油色	Titeseal 55	见原件
B270－7	黏合剂-泡沫 & 纤维（喷雾剂）	琥珀色	74	见原件
B270－8	黏合剂-腈橡胶/溶剂（1-部分）	棕色	C 160	见原件
B270－9	黏合剂，环氧树脂，结构，挠性（2-部分）	灰色	2216 B/A	见原件
B270－10	黏合剂/密封-螺纹-锁定（紧配合）（1-部分）	红色	271	见原件
B270－11	黏合剂/密封-螺纹-锁定（紧配合）（1-部分）	红色	277	见原件
B270－12	密封剂-电气密封（2-部分）	褐色	CS 3100	见原件
B270－13	密封剂-硅，使用在电子设备上（1-部分）	半透明	3145	见原件
B270－14	黏合剂-泡沫，氯丁橡胶/水（1-部分）	白淡紫色	100 Neutral 100 Lavender	3M
B270－15	黏合剂-塑料，用于乙烯基（1-部分）	透明	2262	3M

9.3　零件的互换性

零件是有替代号的，也就意味着零件可以进行互换。表 9－6 中所列的零部件均可以进行互换。除非另有注明，下文所涉及的任何一个部件，它的替代部件同样被认可。

表 9 - 6 部件互换表

部 件	叮互换
AN340 螺帽	MS35649 螺帽每个 NASM35649(除铜螺母外)
AN345 螺帽	MS35650 螺帽每个 NASM35650
N364 螺帽	MS21083 螺帽每个 NASM21083
AN507 螺丝	MS24693 螺丝每个 NASM24693
AN509 螺丝	MS24694 螺丝每个 NASM24694
AN515 螺丝	MS35206 螺丝每个 NASM35206
AN515C 螺丝	MS51957 螺丝
AN515UB 螺丝	B567 -___ 螺丝
AN525 和 AN526 螺丝	MS27039C 螺丝每个 NASM27039
AN814 和 MS24391 塞子	AS5169 塞子
AN815 和 MS24392 管接头	AS5174 管接头
AN819 和 MS20819 芯套	AS5176 芯套
AN822 和 MS20822 弯管接头	AS5195 弯管接头
AN823 和 MS20823 弯管接头	AS5196 弯管接头
AN825 和 MS20825 三通管件	AS5197 三通管件
AN826 和 MS20826 三通管件	AS5198 三通管件
AN894 和 MS24398 衬套	AS5173 衬套
AN900 密封垫	MS35769 密封垫每个 AS35769
AN924 螺帽和 MS24400 螺帽	AS5178 螺帽
AN931 锁环	MS35489 锁环
AN936 锁紧垫片	B332 -锁紧垫片
AN960 - 8L 垫片	NAS1149FN816P 垫片
AN960 - 8 垫片	NAS1149FN832P 垫片
AN960 - 10L 垫片	NAS1149F0332P 垫片
AN960 - 10 垫片	NAS1149F0363P 垫片
AN960 - 416L 垫片	NAS1149F0432P 垫片
AN960 - 416 垫片	NAS1149F0463P 垫片
AN960 - 516L 垫片	NAS1149F0532P 垫片
AN960 - 516 垫片	NAS1149F0563P 垫片
AN960 - 616L 垫片	NAS1149F0632P 垫片
AN960 - 616 垫片	NAS1149F0663P 垫片

（续表）

部　件	可互换
AVDEL1693 铆钉	AVDEL1691 铆钉
MS20604ML4W1 铆钉	MS20604M4W1 铆钉每个 NASM20604
MS21919DG 夹子	AS21919 夹子
NAS1291 螺帽	MS21042 螺帽每个 NASM21042
NAS1303 至 NAS1320 螺栓	NAS6603 至 NAS6620 螺栓 *
NAS487 仪表螺帽	MS33737 仪表螺帽每个 NASM33737
NAS679A_ 螺帽	NAS1291 - _ 螺帽
NAS679C_M 螺帽	NAS1291C_M 螺帽
NAS696 托板螺帽	MS21071 托板螺帽每个 NASM21071
NAS698 托板螺帽	MS21073 托板螺帽每个 NASM21073

注：* 下列螺栓必须只为 NAS1300 系列：NAS1304 - 28，- 35，- 37，- 38 和 NAS1305 - 35。

9.4　专用工具清单

本节内容可从罗宾逊直升机公司维修手册中查询，用于相关部件和系统的拆装和维护，具体专用工具清单见表 9 - 7 所列，工具示意图如图 9 - 2、图 9 - 3、图 9 - 4 所示。

表 9 - 7　专用工具清单

序号	件号	名称	规格	备注
1	MT548 - 1	发动机吊架		
2	MT525 - 1	旋翼装配架		
3	MT525 - 2	尾翼装配架		
4	MT122 - 6	旋翼桨毂螺栓拉伸测量工具		
5	MT053 - 1	旋翼齿轮箱放油阀工具		用于老型号 A7260 金属屑探头
6	MT054 - 1	旋翼齿轮箱放油阀工具		用于 B7260 快卸金属屑探头
7	MT526 - 1	旋翼桨叶修正片弯曲器		
8	MT091 - 1	发动机环形齿轮固定杆		
9	MT592 - 1	风扇拔具		含第 10 项
10	MT092 - 3	衬套		

（续表）

序号	件号	名称	规格	备注
11	MT121-1	支架-磁性拾音器		
12	MT146-2	倾斜盘装配块		一套 2 块；MT146-2 与 C198-1 倾斜盘配合使用，MT146-3 与 C198-2 倾斜盘配合使用
13	60297-10	发动机操作者手册		莱康明件号
14	MT173-5	扭力扳手伸长工具组-风扇螺帽		R22 和 R44；包括 15～19 项
15	MT173-6	扭力扳手焊接组		
16	9HT4441*	伸长杆	3/4"转动部分，8 英寸长	
17	MT173-7	套筒	3/4"传动部分，1-1/2"12pt.	9-47782*
18	MT173-4	套筒	3/4"传动部分，1-11/16"12pt.	9-47784*
19	MT173-8	套筒	3/4"传动部分，2"12pt.	9-47788*
20	MT147-1	放气工具-主桨心轴		
21	MT252-1	压轴承工具-尾桨毂		
22	MT549-2	平板		
23	MT549-1	衬套-心轴套调整		
24	MT527-1	直升机提升架		
25	MT527-5	套管		西尔斯/克莱福特门件号
26	MS16633-2018	卡环		对于 C038 总距弹簧组的安装或者拆卸需 3 个
27	MT544-2	弹簧护具-配平		
28	MT352-1	旋翼桨叶修正片测量表		
29	MT547-1	驾驶杆配平调谐盒		
30	MT357-46	方传动杆		斯奈宝件号：FABL8
31	MT357-8	夹紧卡盘		
32	MT357-5	力矩转接器		斯奈宝件号：FRDH101

（续表）

序号	件号	名称	规格	备注
33	MT357-6	开口扳手	3/8″和7/16″	44475*
34	MT357-7	套筒扳手	7/32″和1/4″	XDH78A**
35	MT516-1	阀门弹簧压缩工具		
36	MT559-1	主旋翼装配块		一套2块保持驾驶杆在中立位置
37	MT528-1	离合器轴承（C184）拆卸/安装工具		液压机使用
38	MT528-2	离合器轴承（C184）拆卸/安装工具		无液压机时使用
39	MT354-4	摆动力矩工具		
40	MT357-3	钼钢钻头	直径0.156英寸	
41	MT357-2	铰刀	直径0.375英寸	
42	MT206-6	尾桨驱动轴跳动指示套件		
43	MT331-4	皮带轮对准工具		
44	MT329-6	插头（桨毂轴承安装）		
45	MT643-1	支撑（桨毂轴承安装）		
46	MT359-1	弹簧秤		
47	MT556-11	支撑尾桨弹性体轴承的拆卸/安装工具		包含48～50项
48	MT556-15	支撑		
49	MT556-16	盖		
50	MT556-12	心轴		
51	AN6-34A	螺栓		

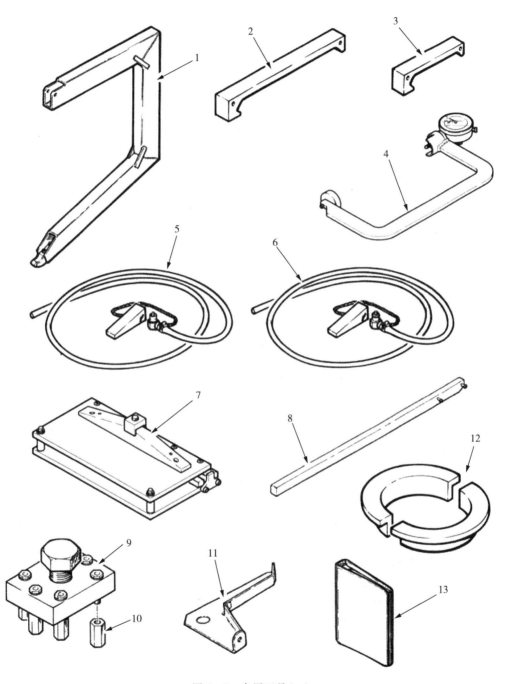

图 9 - 2　专用工具(一)

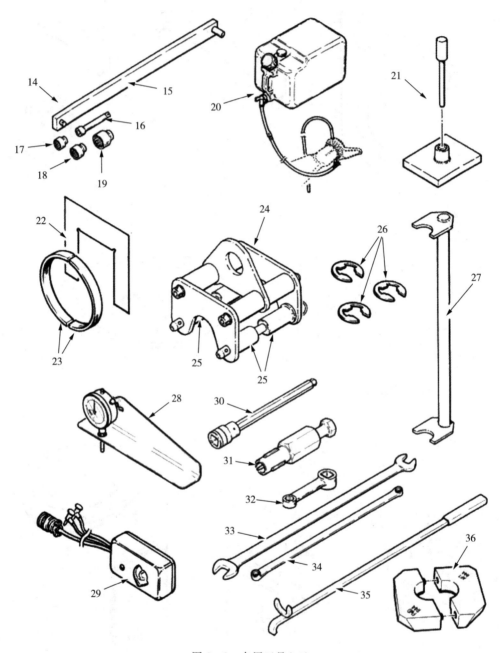

图 9-3 专用工具(二)

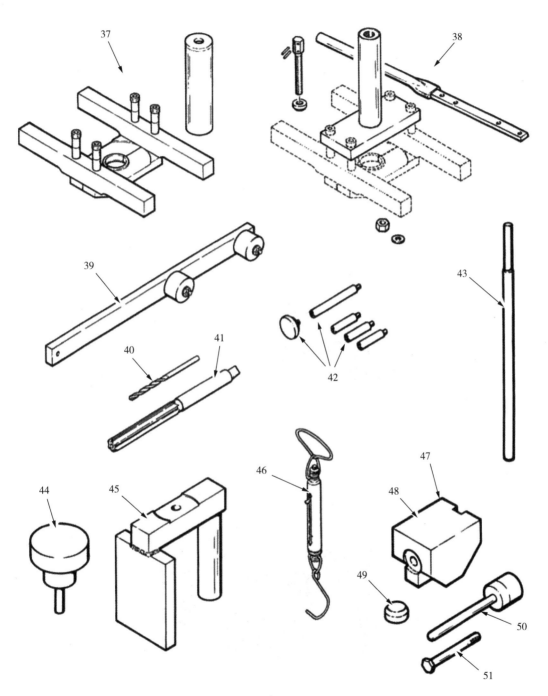

图 9 - 4　专用工具（三）

9.5　维护常用工具设备

主要维护工作除了用到专用工具以外,还经常需要配合专用设备使用,主要维护设备及示意图如下:

1. 滑油滤切割工具(CT-)

如图9-5所示,用于切割全金属流量滑油滤壳体,进而检查内部滤网是否存在金属屑杂质。如果存在大量金属屑,需要进一步检查并进行滑油光谱分析。

2. 电瓶充电器:TDMC90

如图9-6所示,用于给机载电瓶进行充电,保证电瓶的正常供电和使用寿命。

图9-5　滑油滤切割工具　　　　　　　　　图9-6　电瓶充电器

3. 活塞发动机测试套装

如图9-7所示,包括气缸压力测试表、点火定时灯、高压导线测试设备等。

图9-7　发动机测试套装

4. 点火高压电缆测试器

如图9-8所示,用于检查高压点火导线的通断性,判断点火导线的故障。具体使用测试方法见二维码。

5. 点火电嘴外场维护套装：SPK001

如图 9-9 所示，火花塞测试套装包括火花塞托架、火花塞点火间隙测量和调整工具、火花塞清洁设备以及其他配件等。

6. 火花塞间隙调节器和通止规

如图 9-10 所示，通止规用于测量火花塞电极之间的间隙，此过程不能用普通塞尺代替；间隙调整工具用于调整火花塞电极之间的间隙，保证点火良好可靠。

高压点火导线测试

图 9-8　点火导线测试仪

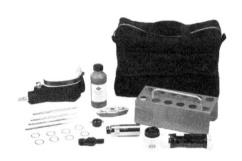

图 9-9　火花塞测试套装

7. 磁电机定时灯：E50

如图 9-11 所示，用于检查磁电机的外定时，设备共有三根连接线，其中两根红线分别用于连接两个磁电机的正极（电容接头），一根黑线用于接地，一般连接到无漆层的机体结构或接地线上。

图 9-10　火花塞间隙测量和调整工具

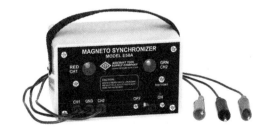

图 9-11　定时灯

8. 火花塞强度测试器：SPK-DX

如图 9-12 所示，此设备用于深度清洁火花塞以及进行火花塞跳火试验，确认其工作是否正常。测试仪包括吹沙、吹气、点火试验等多个功能。

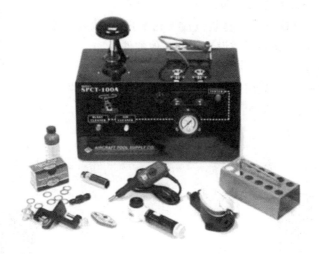

图 9-12　火花塞强度测试仪

9. 气缸压缩性测试器:E2A

如图 9-13 所示,用于检查气缸密封性的设备,其中有两根连接管路,一端连接到气缸火花塞,另一端连接外界气源,包括空气压缩机或氮气瓶等。此外,该设备有两块压力表,其中一个用于指示供气压力,另一个则指示气缸压力。

10. 气缸拆卸扳手:2882-5

如图 9-14 所示,用于拆卸发动机壳体与机匣之间的连接螺栓。

图 9-13　气缸压缩性测量工具

图 9-14　气缸拆卸扳手

复习思考题

R44 直升机标准施工项目主要有哪些?

第10章 空 调

10.1 空调系统的组成和原理

10.1.1 座舱加温和通风系统概述

座舱加温系统由消音器集热罩、防火隔板前面的控制阀、飞行员尾桨脚蹬前的输出格栅和各部件之间的连接导管组成,由发动机散热风扇供气。推拉位置位于仪表托架下面的加热控制手柄处,加热手柄驱动操纵阀,它可以引导热空气进入座舱或从座舱下部排出机外。

每个机门内和直升机机头都有通风口,仪表托架下面有一机头通风推拉手柄。

注意:R44 直升机内要求安装座舱加温设备,气流经过消音器罩,冷却消音器和发动机部件后再进入座舱,加热座舱内空气。

10.1.2 座舱加温和通风系统的工作原理

R44 直升机座舱加温和通风系统利用发动机引气与机外空气相混合,通过发动机排气总管上的热交换器加热,向座舱提供经过加热的空气流,以满足飞行机组人员及乘客的需要。

10.1.3 座舱加温系统的工作流程

R44 直升机根据机型的不同,加温系统略有差异,主要体现在加温气体出口的数量。有的为单一加温气体出口(见图 10-1),有的为多个加温气体出口(见图 10-2)。两者的工作原理和工作流程完全一致。

现以多出口的座舱加温系统为例来说明座舱加温系统的工作流程。空气气源由发动机冷却风扇提供。空气流经热交换器 16,在降低热交换器温度的同时,空气温度得以提升;通过软管 19 到达空气控制阀门组件 15。如果需要座舱加温,热空气流则通过控制阀门组件15,进入软管 12、热空气输送导管(硬管)11、软管总管 6,并在右侧加温格栅 3 之前进行分流;一路进入右侧加温格栅 3,另一路通过软管 4 进入左侧加温格栅 5;热空气经过座舱前部的正、副驾驶员脚蹬前部的加温格栅 3 和 5 进入座舱,对座舱内部进行加温。热空气从座舱下部的排气通道排出。

图 10-1 中各序号对应的件号和名称见表 10-1 所列。

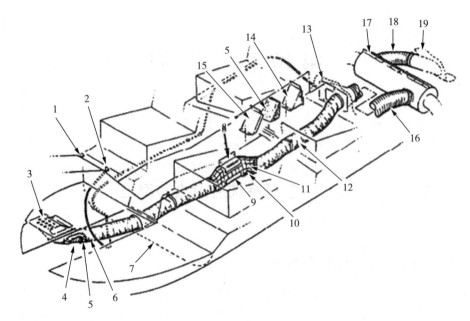

图 10-1　单一出口的座舱加温系统

表 10-1　单一出口的座舱加温系统中零部件序号对应的件号及名称

序号	件号	名称	序号	件号	名称
1	C522-5	座舱空气控制(参照)	10	D164-1	导管
2	A522-8	座舱加热器	11	C630-1	绝缘层
3	B164-1	加热器出口	12	A785-14	软管
4	A785-15	管道	13	A019-3	阀门
5	R111	绝缘层	14	C625-1	盒
6	A701-1	薄金属带(7 项前)	15	A753-1	盒
6	A701-2	薄金属带(7 项后)	16	A758-13	软管
7	D230-1	隔板(参照)	17	C169-2	罩组
8	C631-2	夹子	18	A785-12	软管
9	C631-1	夹子	19	C236	散热罩

图 10-2 中各序号对应的件号和名称见表 10-2 所列。

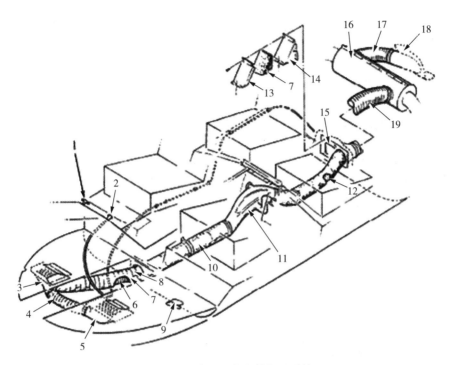

图 10-2 多出口的座舱加温系统

表 10-2 多路出口的座舱加温系统中零部件序号对应的件号及名称

序号	件号	名称	序号	件号	名称
1	C522-5	座舱空气控制(参照)	11	D164-2	导管
2	A522-8	座舱加热器	12	A785-14	软管
3	B164-1	加热器出口	13	C753-1	盖
4	A785-24	软管	14	C625-1	盖
5	R166-1	出口(左侧)	15	A019-1	阀门组
6	A7823	软管	16	C169-2	罩组
7	R111	绝缘层	17	A785-12	软管
8	A701-1	薄金属带(9项前)	18	C236	散热器
9	D230-1	隔板(参照)	19	A785-13	软管
10	A701-2	薄金属带(9项后)			

消音器集热罩放大图及工作原理如图 10-3 所示。

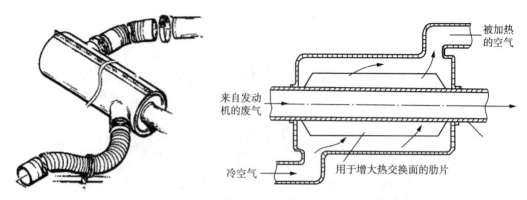

图 10-3　消音器集热罩放大图及工作原理

R44 直升机加温系统的引气口及出气口的位置如图 10-4 所示。

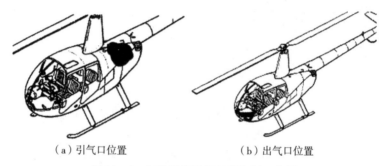

（a）引气口位置　　　　　（b）出气口位置

图 10-4　加温系统引气口及出气口位置

10.1.4　座舱通风系统

座舱通风可以通过推拉通风手柄实现,该手柄位于仪表面板中段左侧(见图 10-5),可使从机头通风口引进机身正前方的外界空气流进入座舱。在机头前部内侧,有两个进气活门,有三个位置可供选择:

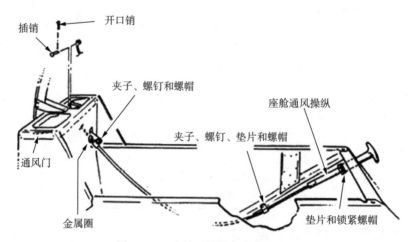

图 10-5　座舱通风设备安装示意图

（1）推进关闭通风；

（2）拉出开启通风；

（3）推进顺时针旋转锁定通风手柄,拉出顺时针旋转锁定通风手柄。

同时,也可以人工开启座舱门上风挡玻璃下方的小窗口盖,与外界大气进行空气交换。座舱通风系统中的每个机舱舱门上和直升机机头都有通风口,如图 10-6 所示,各舱舱门上的通风口盖是通过旋钮开关来打开的。

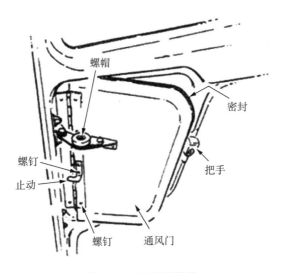

图 10-6　通风门结构

10.1.5　一氧化碳检测器

一氧化碳检测器检测一氧化碳(CO)的含量。CO 是无味、有毒的气体,存在于发动机排气中,能够导致头疼、瞌睡和神志不清。一氧化碳含量可能会由于泄漏或者由于过长时间的悬停期间排气再循环而上升。

一氧化碳检测器系统包括驾驶员加温出口上面的传感器和警告灯。每次通电后要进行系统检查(灯光闪两次),传感器每 4 秒出现持续闪烁就表示出现了故障。

如果警告灯亮起,根据需要打开机头和机门通风,关闭加温系统,给机舱通风。如果悬停、着陆或转场继续飞行中出现 CO 中毒症状(头疼、瞌睡、头昏眼花)同时伴随警告灯亮起,应马上着陆,且在下次起飞前检查排气系统。

很多化合物会破坏一氧化碳传感器,因此避免在传感器附近使用溶剂、清洁剂或者灭虫剂。清洁机舱内部时应打开传感器壳体顶部和底部的开口。

10.1.6　冷空调系统的组成

R44 直升机选装座舱空调系统如图 10-7 所示,该系统类似于通用汽车和轻型飞机系统,包括一个压缩机(位于发动机左整流罩内),一个冷凝器(安装在发动机散热风扇涡管左侧),一个蒸发器和风扇组件(安装在后座舱壁上),一个膨胀活门,一个头顶出口导管和内部连接的导管和软管,系统使用 R134a 冷却剂。另外,为了保障整个空调系统安全稳定地运转,还安装一个全油门切断跳开关、一个温度感应跳开关、两个温度探头和两个压力感应开关。

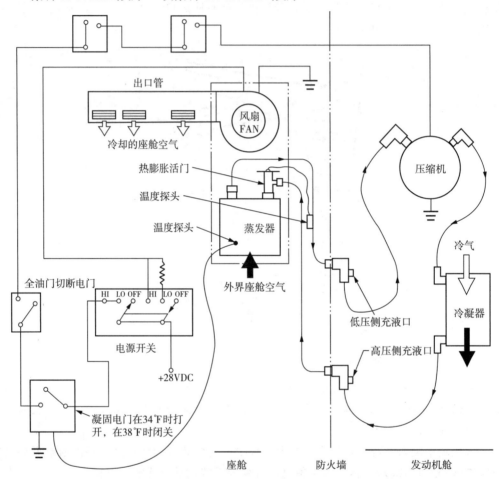

图 10－7　空调系统

空调系统由一个在头顶导管上的扳手开关控制,可选择关闭、低风和高风设置。通过开关打开风扇,压缩机自动啮合,当蒸发器温度下降到冷凝点以下时,温度(冷凝)开关解除压缩机啮合,如果发生过度的冷冻液泄露或者冷冻液压力过大,安全(压力)开关会解除压缩机啮合。当发动机接近全油门时,全油门开关会解除压缩机啮合以确保直升机性能不受到影响。压缩机离合器和风扇电路由空调保险电门保护。

1. 压缩机

压缩机是由发动机附件驱动齿轮箱上的皮带驱动,装有一个电磁离合器。当系统关闭时,压缩机离合器解除啮合,使得压缩机皮带轮无负荷自转。图 10－8 所示为压缩机驱动筒组件。

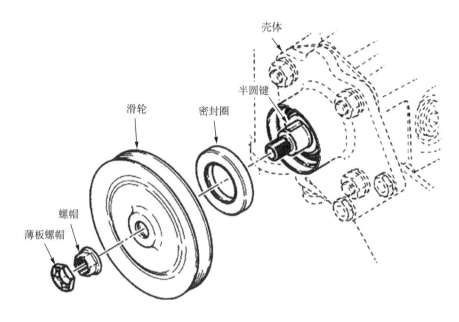

图 10-8　压缩机驱动筒组件

2. 蒸发器

蒸发器是利用氟利昂的相变来吸收座舱空气中的热量,它可使系统中的空气在进入座舱和设备舱之前显著地降低温度。它的冷却效率高,而且在地面停机的条件下有良好的冷却能力,飞行时有良好的经济性,节省燃油。

蒸发器风扇引入座舱内的空气,通过蒸发器进入气格栅,在冷凝器的作用下,空气得到冷却。经过冷却的空气到达座舱顶部的导管,在风扇的作用下,将冷空气送入座舱。

如图 10-9 所示,蒸发器放水系统的设计可以防止冷凝液回到蒸发器并渗入客舱,所有的部件一定要确保正确放水,放水管的堵塞或扭曲可导致水聚集,进而损坏蒸发器盒附近的座舱内部区域。

软管将冷凝液放到右后座椅靠背后边的 T 型管内。在 T 型管内,一根沉淀管向下伸出几英寸到一个插塞,沉淀管可以很好地处理掉污染物而不堵住主放水系统。定期检查沉淀管,如果 T 型接头附近有沉淀物,拆下端头,清洗管子。

T 型接头上方是一个球,装在上部软管内,正常情况下,少量的水会保留在由放水管和 T 型接头组成的圆环内。如果系统干燥,球会顶住 T 型头,并防止蒸发器风扇将空气吹入放水系统,直到水充入该区域。

硬的放水管沿着右后行李舱的内侧角后部伸到机腹,在潮湿的情况下,正常的系统操作应该有冷凝水从放水管滴出,在极其干燥的情况下,几乎没有冷凝水。定期检查蒸发器放水组件,确保其没有损坏或移位。

3. 冷凝器

冷凝器接收压缩机排出的高压过热制冷剂蒸气,变相并放出热量后,凝结成液体或过冷液体,也就是经过压缩机压缩后的高温高压氟利昂蒸气进行冷却散热。

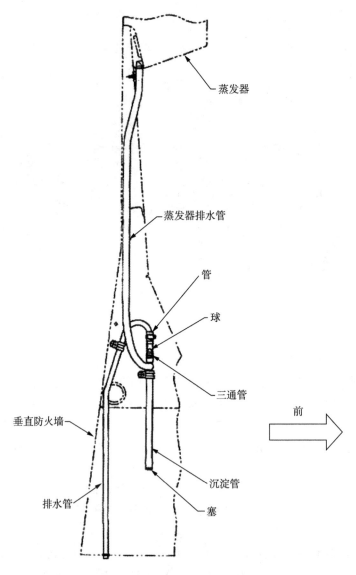

蒸发器

蒸发器排水管

管

球

三通管

前

垂直防火墙

沉淀管

排水管

塞

图 10 - 9　蒸发器放水系统

4. 膨胀活门

由于氟利昂的相变特性,对外放热而发生气/液态转换时氟利昂的压力和汽化温度都很高,因此,必须进行降压处理。膨胀活门就是起降压作用的,氟利昂经膨胀活门降压后,可以使低压液态的氟利昂进入蒸发器。

10.1.7　空调系统的工作原理

R44 直升机的空调系统,采用独立的冷却液以及冷凝器、蒸发器、压缩机等设备,利用制冷剂的相变特性,向座舱提供经过冷却降温的、合适温度的空气,以满足飞行机组人员及乘客的需要。

除压缩机是依靠发动机附件驱动盒上的皮带装置驱动外,其他整个空调系统的运行处于完全独立状态,与发动机、机体等各系统、部件和附件的工作没有任何关联。

当接通压缩机的工作电门时,蒸发器温度探头自动感应其温度的变化。空调系统开始工作,压缩机排出的高压过冷制冷剂蒸气进入冷凝器,变相并放出热量后,凝结成液体或过冷液体。这些过冷液体进入蒸发器,产生膨胀,与热空气产生冷热交换并吸收热量。外界座舱的空气经蒸发器,温度降低,并在风扇的作用下将冷却的空气送入座舱,对座舱进行冷却或降温。

1. 全油门切断开关

通过一个位于主控制通道内的油门推拉杆后端直角摇臂附近的微动开关,感受油门的位置,当感受到油门处于全开启状态时,全油门切断微动电门开始工作,自动切断整个空调系统的电力,终止空调系统的工作,以保障并满足发动机在全功率状态下的动力输出。燃调油门臂距离全油门止挡块间隙为 0.15～0.20in,在此标准范围内,进行油门推拉杆后端角摇臂附近的微动开关的调整,即全油门切断电门接通与关断时机的调整。

全油门切断开关(见图 10 - 10)可以解除压缩机离合器啮合,使其在全油门下方约 1inMAP(进气压力指示),这就保证了空调操作不会影响飞机在高度上的性能。全油门切断是通过一个位于主控制通道内的油门推拉杆后端的直角摇臂附近的微动开关控制。当按钮没有按下时,开关正常关闭,允许电流进入压缩机。压下按钮,直角摇臂组件上的一个凸轮打开油门附近的开关。

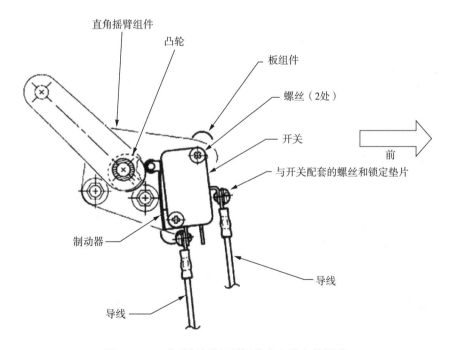

图 10 - 10 全油门切断开关(从中心线向外侧看)

当燃油控制器上的油门臂距离全开油门止动为 0.15～0.20in 时,应调整开关,使得按钮可以被凸轮压下。

2. 冷凝温度跳开关和温度探头

温度探头不是探测座舱内部温度,而是探测空调系统的温度,并将信号传递至冷凝温度感应跳开关。当冷凝温度在 34℉时,冷凝感应跳开关断开;当冷凝温度在 38℉时,冷凝感应跳开关闭合。这样就通过感受系统冷凝温度的高低,自动调节空调系统的冷凝温度,从而达到调节座舱温度的要求。

3. 压力感应开关

两个压力感应开关,一个高压感应开关,一个低压感应开关,均感受来自压缩机出口的制冷剂的压力。

(1)高压感应开关

① 当制冷剂的压力在 340~375LB/in^2 时,高压切断开关断开。

② 当制冷剂的压力在 240~260LB/in^2 时,高压切断开关开启。

③ 高压感应开关的功能在于保护压缩机在高压状态下安全稳定地工作。

(2)低压感应开关

① 当制冷剂的压力在 4~6LB/in^2 时,低压切断开关断开。

② 当制冷剂的压力在 32~34LB/in^2 时,低压切断开关开启。

③ 低压感应开关的功能在于保护压缩机在低压状态下安全稳定地工作。

另外,压缩机离合器与冷却风扇电气线路,是通过 A/C 线路上的断路器来进行保护的。

10.1.8 冷冻液

1. 冷冻液的恢复

在系统充过冷冻液后,如果有泄露或其他问题,在系统工作前,必须先恢复冷冻液。需要汽车型空调维护设备来恢复冷冻液,该设备可从汽车厂商买到,最低设备部件包括一个真空泵、容器、压力/真空表和相关的导管和接头。确保设备与 R134a 冷冻液兼容,由合格的技术人员对冷冻液进行恢复。

汽车型高风和低风系统维护端口在发动机左侧整流罩内的垂直防火墙上。将维护设备连接到系统维护端口,按照厂商说明恢复冷冻液。

2. 冷冻液的补充

需要汽车型空调维护设备给系统补充冷冻液,该设备可从汽车厂商买到,最低设备部件包括一个真空泵、压力泵、冷冻液供给器、测量冷冻液补充量的表、压力/真空表和相关的导管和接头。确保设备与 R134a 冷冻液兼容,由合格的技术人员对冷冻液进行补充。

汽车型高风和低风系统维护端口在发动机左侧整流罩内的垂直防火墙上。将维护设备连接到系统维护端口、真空系统,按照厂商说明补充 R134a 冷冻液。

注意事项:

① 需要使用合适的润滑剂以减小压缩机的磨损,在开始补充前,检查压缩机的滑油量。

② R44 空调系统没有配备传统的接收机-干燥机,在充液前,确保系统在全真空状态,以减少湿气进入。

③ 不要充液过量,如果怀疑有慢泄露,按照维修手册 11.323 章节找到故障并进行排

除,然后正确充液。

3. 冷冻液的泄露检查

可根据已有的设备,使用不同的方法来检查是否泄露。进行泄露检查时,不能运行飞机或系统,正在运行的系统压力和温度的改变会使得泄露更加难以发现。

真空系统在没有真空泵的帮助下,应能维持真空状态 20min 或更长。如果真空系统有了压力,可能发生了泄露。确认泄露发生在飞机系统,而不是真空设备或连接处。

要检查充过液的系统内是否有泄露,可以在怀疑的部位的导管和接头上涂抹肥皂水(有气泡说明有泄露),或者使用电子冷冻液探测器,按照厂商说明操作。如果地方安静,大的泄露可以听到,或在泄露区结霜。

很小的泄露可以通过给系统充氢气来发现,氢分子比 R134a 分子小,会更快泄露,给系统充最大 200LB/in^2 氢气,使用电子氢探测器或肥皂水来找到泄露点。

泄露很容易发生在硬导管和软导管之间的接头和弯曲的传送部位,要在这些部位集中精力做初始的泄露探测。如果所在环境比较安静,大的泄露可以听到,或在泄露区结霜。

注意:

① 结霜并不一定就是泄露,正常的系统操作或充液可能导致一些部件上形成霜。

② 系统压力也不是充液状态或泄露存在的可靠标志。因为 R134a 是液体/蒸汽的混合物,系统不工作时,随着更多液体的蒸发,压力会保持连续直到绝大多数的充液丢失。

10.2 空调系统的维护和故障分析

空调维护程序和需要的设备类似于标准 R134a 汽车系统。在美国,只有持有"清洁空气法案"609 章中规定的 EP 资格证的人员才能给系统补充冷冻液,或者才能在充填冷冻液后的系统工作,其他国家的要求可能会有所不同。

1. 维护人员的安全保护

氟利昂是无色无味但有毒的液体,且比空气重,应避免吸入,为此维护工作要在敞开通风处进行;由于氟利昂蒸发温度低,溅到皮肤或眼睛上会受到伤害,因此维护时应戴上护目镜、手套,穿上防护服等。

2. 及时灌充氟利昂

当系统的氟利昂液体指示器中出现气泡时,表明需要充加氟利昂。具体灌充程序和方法必须参考直升机维修手册的要求进行操作。

3. 保证蒸发器空气流量

蒸发器循环制冷系统工作时,必须保证蒸发器的空气流量充足,否则会在蒸发器上结霜,以至于影响制冷效果。

4. 空调压缩机滑油的添加

根据压缩机工作情况需要添加 A257-20 滑油,使蘸棒(滑油刻度尺)读数达到 8~10 刻槽,完全空的压缩机需要大约 2~3UKfldr(1UKfldr=2.8413CL)的滑油。一般情况压缩机运来时至少有一部分滑油。添加滑油后,应拧紧加注口盖,并实施 156LB·in 的力矩。压缩机滑油加注示意图如图 10 – 11 所示。

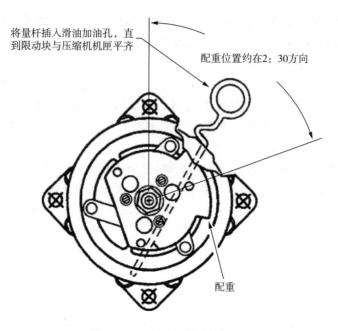

将量杆插入滑油加油孔,直到限动块与压缩机机匣平齐

配重位置约在2:30方向

配重

图 10 – 11　压缩机滑油的加注

5.压缩机皮带的更换

压缩机皮带的更换要根据皮带的状况,如果皮带有磨伤的边缘、过多的裂纹、热损坏或橡胶劣化,应更换。

更换皮带时,松开穿过 D782 – 3 调整臂槽的 NAS6604 螺栓,松开穿过压缩机接耳的所有 3 个 NAS6606 螺栓,根据需要向上向内转动压缩机,使皮带从压缩机或传动皮带轮上解除啮合,取下皮带。

将新的皮带放到两个皮带轮上,向下向外转动压缩机拉紧皮带,拉紧皮带施加中间展向 4.5～5.5LB 的力能产生 0.11～0.17in 的皮带偏转,拧紧压缩机安装座,调整零部件。

注意:不要转动压缩机太远,以免损坏冷冻液导管和接头,不要使用冷冻液导管或接头作为杠杆,小心处理压缩机或接耳。

6.空调系统的故障及排除方法

两个可能发生的系统故障如下:

(1)不能制冷,冷空气不能通过蒸发器和头顶导管。

(2)系统工作时,蒸发器盒内有过多的冷凝水。

不能制冷很可能是由冷冻液损失或者压缩机离合器动力供应中断导致。过多的冷凝水通常是由于组装不当或者蒸发器放水系统堵塞导致。在主要部件维护前,如果进行了仔细的故障排除,这两个问题不用太多的时间和精力就可以解决。

具体问题及排故方法见表 10 – 3 所列。

表 10 - 3 空调系统常见故障、原因及排除方法

常见故障	可能原因	故障排除/维修方法
空气不凉	冷冻液低/冻液泄露	按照维修手册 11.321 章节恢复冷冻液,有大约 0.75～1.25LB 冷冻液,系统应该工作正常; 如果恢复不到 0.75LB 冷冻液,按照维修手册 11.323 章节进行泄露测试,如果有泄露,修理泄露,并按照维修手册 11.323 章节补充冷冻液
	开关或导线问题中断了压缩机离合器电源	不运行飞机,打开主电门和头顶导管上(低风或高风都可以)的空调开关,让观察人员通过整流罩盖倾听并观察压缩机离合器,只要空调打开,离合器就应该啮合(咔嗒声并卡住皮带轮); 检查冷冻开关(在 D798 - 1 蒸发器组合后)、高压和低压开关(在左后椅靠背后)和全油门切断开关(在控制通道)的导线,修理损坏的导线或接头,做正确调整。通过每个开关检查连续性,在正确充过冷冻液的系统和飞机停止在地面时,所有开关应该关闭,更换任何有故障的开关
	压缩机皮带故障	检查皮带; 根据需要更换皮带
	凝汽室气流不足	检查凝汽室的安装(风扇涡管左侧),确保无堵塞,所有密封垫在位; 清除堵塞物,修理密封垫,确保气流畅通
	环境极端恶劣	极端的温度和湿度可导致制冷效果低于一般汽车,没有修正的方法
在蒸发器组件和头顶导管周围有过多的冷凝水	蒸发器放水管堵塞或扭曲	确保系统放水正常,在湿度大的情况下,打开空调,地面运行几分钟,会看到水从放水管内放出; 如果看不到放水,检查放水管,修正损坏或扭曲的导管,根据需要清洗放泄管。根据需要清洗沉淀物,确保检查球功能正常
	损坏的绝缘	确保蒸发器组件和导管组件安装正确,无损坏(见 R44 零部件图册); 修正绝缘故障
	湿度很大	在湿度很大的情况下,冷凝水不可避免; 确保所有新鲜空气口关闭,尽可能限制开关舱门,以限制湿气进入座舱

复习思考题

1. 简述座舱加温和通风系统的组成。
2. 简述座舱加温和通风系统的工作原理。
3. 简述座舱加温和通风系统的操纵方法。
4. 简述空调系统的组成。
5. 简述空调系统的工作原理。
6. R44 直升机上空调系统常见的故障是什么? 引起的原因及排故的方法又是什么?

第11章 通 信

11.1 通信系统概述

R44 型直升机上的无线电设备有:一套音频控制系统;两套甚高频通信设备;一套 GPS 导航设备;一套空中交通管制应答机;一套紧急定位发射机;可选装一套甚高频导航系统和一套指点信标机。这些设备由于采用大规模集成电路和印刷电路板等先进技术,设备体积小、重量轻,它们的接收机或发射机都与其控制显示面板组装在一起,集中安装在中央控制台上。如图 11-1 所示。

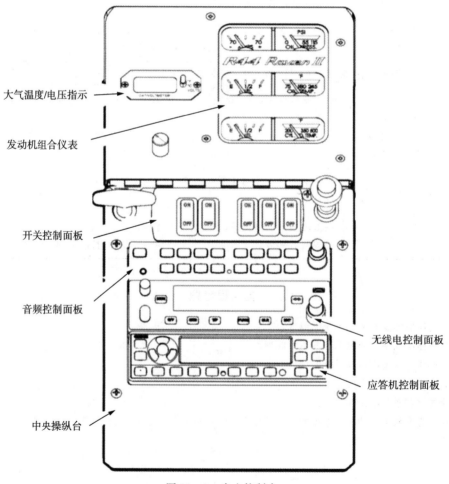

图 11-1 中央控制台

11.2　音频控制系统

所有通信电台的基本通信线路包括一个可以提供声音起动的内部通话系统和飞行员及副驾驶操纵杆开关。另外,两个后座分别有一个内部通话开关,通过该开关也可以启动内部通话功能。

飞行员和副驾驶单独的耳机架固定在顶棚,在头部后边。后边乘客的耳机架装在一个位于座舱顶棚后部的通信盒里。飞行员可以使用飞行员隔离开关与内部通话汇流条隔离,以便不受干扰地通过电台进行交流。

R44 直升机安装的音频控制系统位于无线电设备架的第一层,如图 11-2 所示,可对甚高频通信收发机、导航接收机、自动定向机、测距机、指点标接收机等进行音频控制,实际R44 型直升机并未安装自动定向仪和测距机等设备。

图 11-2　音频控制板

音频接收通过接收选择开关控制,可接收 COM1,COM2,COM3,MKR,NAV,ADF 和DME 的音频信号。不同的 R44 直升机,选装的收发机数量和导航设备不同。三个接收选择开关为三位开关,其中间位是断开状态,即不进行任何连接。接收音频信号可由相应的接收选择开关置于下位来确定。收发机的音频信号可由相应的接收选择开关置于上位来确定,或者由发射选择开关来确定。由发射选择开关确定收发机,同时自动选择为收发机接收音频输入。

发送选择开关是一个四位的旋转开关,用于切换三个收发机和旅客广播。对于不同的R44 型直升机,选装两部型号不同的收发机,同时无旅客广播设备。当选择了相应的收发机并按下发射按钮,麦克风和收发机相连并进行发射。在发射过程中音频板上的信号灯会指示绿色,同时除了侧音以外的所有音频信号和导航台音频信号都将被屏蔽。在发射功能上,机长比副驾驶拥有更高的优先级。

音频板上的信号指示灯是一个双色的 LED,用于指示通信系统的状态。当有音频信号输入时,LED 灯为红色;当发射按钮按下但没有音频信号输入时,LED 灯为绿色;当发射按钮按下同时有音频信号输入时,两色的 LED 灯同时点亮指示为琥珀色。

声音抑制开关和音量开关为同一个旋钮,外圈为声音抑制开关,内圈为音量开关。声音抑制开关提供三种模式:"LIVE ICS""KEYED ICS"和"VOX ICS"。当声音抑制开关顺时针旋转到底,则为"VOX ICS"模式,只有当内话按钮被按下时,麦克风接收到的声音信号才会被处理。当声音抑制开关逆时针旋转到底,则为"LIVE ICS"模式,麦克风接收到的任何声音信号都将被送入内话系统处理。

　　飞行员隔离开关为一个红色的两位开关。当开关置于"NORM"模式时,所有成员均能通话和收听音频。当开关置于"PILOT ISO"位时,机长和内话系统隔离,并可单独使用收发机进行通信,副驾驶和乘客只有内话功能。

11.3　甚高频通信

　　甚高频通信(VHF)天线前后排列安装于尾梁上,主要用于空空/空地间视距通信联络,有多个件号可供选装,其中有的天线内部组合了 GPS 天线,有的天线为单独的通信天线,如图 11-3 所示。

图 11-3　R44 直升机甚高频天线

　　无线电设备架的第二层和第三层安装甚高频收发机,可以选装的型号为 GNC420W[图 11-4(a)]和 GNS430,其在 R44 直升机的安装位置如图 11-4(b)所示,也可以选装 KY196A 型号甚高频设备,如图 11-5 所示,具体操作模式和步骤如下。

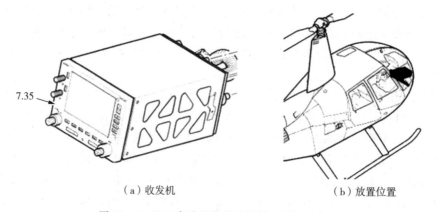

　　　(a)收发机　　　　　　　　　　　　　(b)放置位置

图 11-4　R44 直升机收发机控制盒及放置位置

图 11-5　KY196A 型控制面板

（1）频率设置

① 启动超短波电台后,超短波电台自动进入频率模式。

② 顺时针转动频率调节旋钮的大旋钮,备用频率以 1MHz 的间隔增加;逆时针转动,以 1MHz 的间隔减小。

③ 向外拔且顺时针转动频率调节旋钮的小旋钮,备用频率以 25kHz 的间隔增加;逆时针转动,以 25kHz 的间隔减小。

④ 向内推且顺时针转动频率调节旋钮的小旋钮,备用频率以 50kHz 的间隔增加;逆时针转动,以 50kHz 的间隔减小。

⑤ 旋转频率调节旋钮改变备用频率,按压转换键,备用频率和工作频率应相互转换。

⑥ 飞行员可利用驾驶杆上的无线电发射按钮进行通信。

（2）波道模式

① 按压波道键,进入波道模式,波道显示区和备用频率显示区显示上一次使用的波道号和该波道预设的频率信息,工作频率显示区显示上一次的工作频率。当该电台没有预设波道时,波道显示区默认出现"1"波道,备用频率显示区出现"————"标识。

② 转动频率调节旋钮,可以改变波道号。

③ 设置好波道信息后,短按转换键,所选波道的频率显示在工作频率显示区,原工作频率显示在备用频率显示区,飞行员可利用操纵杆上的无线电发射按钮进行通信。当电台处于波道模式时,5 秒内无任何操作或 5 秒内按波道键,电台会进入频率模式。

（3）预置模式

① 按压波道键 2 秒以上,进入预置模式,波道显示区显示上一次使用的波道号,波道号不断闪烁。备用频率显示区出现该波道预制的频率信息,工作频率显示区显示上一次的工作频率。

② 转动频率调节旋钮可以改变闪烁波道号,短按转换键,此时与该波道相关联的预制频率出现闪烁,当出现"————"标识时,表示该波道预先没有设置频率。调整好预置频率后,短按转换键,此时波道号会出现闪烁,表示该波道预制频率设置完毕,可以设置下一个波道号的预制频率。

③ 当电台处于波道预置模式时,按波道键,电台会进入频率模式。

（4）直接调谐模式

在频率模式或波道模式下,按住转换键 2 秒以上,电台进入直接调谐模式;工作频率显示区出现上次工作频率信息,备用频率显示区和波道显示区无显示,此时可利用频率调节旋钮设置频率。设置好频率信息后,飞行员可按压操纵杆上的无线电发射按钮进行通信。

11.4 应答机

应答机属于空中交通管制雷达系统(ATCRBS)的机载设备,与地面二次雷达配合工作,向地面管制中心报告飞机的识别代码、飞机的气压高度和一些特殊代码等。应答机分为 A 模式、A/C 模式和 S 模式三种。A/C 模式应答机的地面设备是航管二次雷达系统,S 模式应答机的地面设备是离散选址信标系统。

R44 直升机装备一部 A/C 模式应答机。应答机与控制板组合在一起,天线位于机身机腹下。应答机接收地面二次雷达询问信号的频率为 1030MHz,发射代表飞机代号和高度的脉冲应答信号的频率为 1090MHz。

应答机位于无线电设备架的第四层,如图 11-6 所示,具体操作模式和功能如下。

图 11-6 应答机

"OFF":该按钮用于关闭应答机。

"STBY":该按钮用于将应答机置于供电准备状态。在该状态下,应答机不能回答任何询问。

"ON":用于选择 A 模式,在 A 模式下可对 A 模式和 C 模式的询问进行回答,但是回答不包含高度信息。

"ALT":用于选择正常工作状态,可以报告飞机高度和代码。

"IDENT":按压该按钮用于触发 18s 的 SPI 脉冲信号。

"VFR":按压该按钮可将应答机的代码设置为预存的 VFR 代码,用于表明航空器按照目视飞行规则飞行。VFR 代码可在配置模式下进行更改,出厂时的默认代码为 1200。

"FUNC":用于更改屏幕右侧的显示内容页面,显示的内容包括气压高度、飞行时间、计时器和倒计时器。在配置模式下,向前翻页。

"START/STOP":用于起动和停止飞行时间、计时器和倒计时器。在配置模式下,向后翻页。

"CRSR":用于在倒计时器中输入初始时间和取消应答机代码的输入。在配置模式下用于选择可更换的选项。

"CLR":用于复位计时器、倒计时器和飞行时间。

"8":用于降低屏幕的对比度和背光亮度。

"9":用于提高屏幕的对比度和背光亮度。

应答机参数配置一般是在安装时完成。如果浏览或者更改配置参数,需要进入应答机的配置模式。首先按压"FUNC"键并保持,然后通过"STBY"、"ON"或者"ALT"键完成开机即进入配置模式。按压"FUNC"键可以向前翻页,按压"START/STOP"键可以向后翻页。按压"CRSR"键可突出显示每个页面可更改的内容。当可更改内容被高度显示后,使用"8"和"9"进行内容更改或使用"0"到"9"输入数据。按压"CRSR"键可确认选项。

11.5 紧急定位发射机(ELT)

紧急定位发射机的作用是飞机发生事故时,生还人员使用它发出呼救信号,以便能够得到救援。如在飞机发生意外着陆和落入水中之后,紧急定位发射机帮助搜救人员查找飞机的下落。根据 CCAR91.435R2 的要求,在 2008 年 7 月 1 日以后,任何批准载客 19 人以上的飞机必须至少装备一台自动应急定位发射机或两台任何类型的应急定位发射机(根据 CCAR - 121 规章规定,如果执行跨水航班必须安装救生型 ELT)。

飞机上有两种类型的 ELT。第一种类型是一种固定的发射机,它安装于飞机后部的上方。第二种类型是便携式的发射机,它位于客舱天花板靠近救生艇的部位。

便携式 ELT 有两个国际上规定的紧急频率发射无线电信号。一个信号是 VHF 频段的 121.5MHz,另一个信号是 UHF 频段的 243MHz。两个无线电信号都用扫频音调信号调制。UHF 和 VHF 频率的接收范围大约为 200n mile,所以,如果飞机在这一范围内失事,营救人员就可以找到飞机。

在一些飞机上装有固定式 ELT,它通过靠近垂直安定面的小天线向外发射 121.5MHz 和 243MHz 的信号。另外,它还发射一个 406MHz 的附加信号,这一信号卫星可以收到,它可以在全球范围内确定飞机的位置。该信号包括飞机的型号、尾翼上的标识信息和失事前的位置。

ELT 的电源是一个自备的干电池,能供电 48h。电池的更换日期必须标在发射机外部。对于新电池在初次安装 5 年后做实验台/电池检查,以后每隔 2 年进行一次。

当电池落入水中或电池线脱开时,便携式 ELT 工作。

当内部"g 开关"探测到飞机纵轴的加速度大于 5g 时,固定 ELT 将自动激励。另外,它还可以通过驾驶舱顶板的控制板人工起动。

ELT 的工作频率为 121.5MHz、243MHz(民用警告频率)和 406MHz。日常维护工作中进行 ELT 测试之前,需要严格按照有关规定进行申报,在得到批准后,方可按照批准的时间、地点和有关程序测试 ELT。

在测试期间,当 VHF 通信系统调谐在 121.5MHz 时,可以听到扫频音调信号。

在测试时应该注意:在一个小时的第一个 5min 内,只能接通 ELT 开关最多 15s。否则,产生的任何发射信号都将立刻起动搜索和营救工作。R44 的 ELT 在飞机上的位置如图 11 - 7 所示。

图 11-7　ELT 位置

R44 型直升机安装了一套自动接通的 ELT 系统(见图 11-8)。接通时该系统可在国际遇险频率上发射全向无线电信号,帮助寻找失事飞机。发射机组件安装于主减舱内。远控开关安装在中央控制台上,共有三个位置,即断开位(OFF)、自动位(ARM)以及接通位(ON)。天线组件安装在尾梁前部。

图 11-8　紧急定位发射机 ELT

11.6　通信系统故障分析

所有通信电台的基本通信线路包括一个可以提供声音起动的 N.A.T 内部通话系统和飞行员及副驾驶操纵杆开关。另外,两个后座分别有一个内部通话开关也可以起动内部通话。

飞行员和副驾驶单独的耳机架固定在顶棚,在头部后边。后边乘客的耳机架装在一个位于座舱顶棚后部的通讯盒里。飞行员可以使用飞行员隔离开关使之与内部通话汇流条隔离,它可以不受干扰地通过电台进行交流。如图 11-9~图 11-11 所示是几种收发机电路原理图,可根据电路图寻找通信系统故障来源。

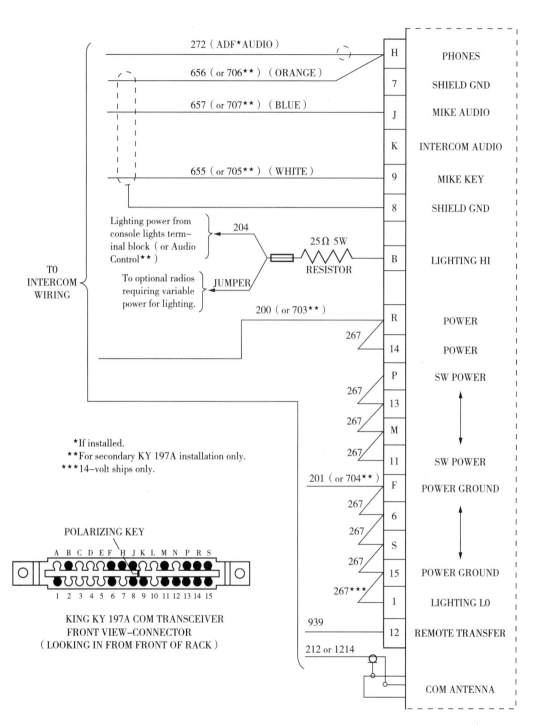

图 11-9 本迪克斯/金 KY197A 通信收发机

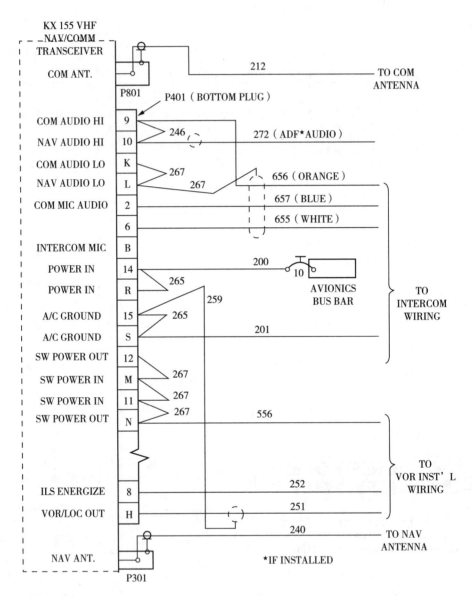

图 11-10　本迪克斯/金 KX155 甚高频导航/通信收发机

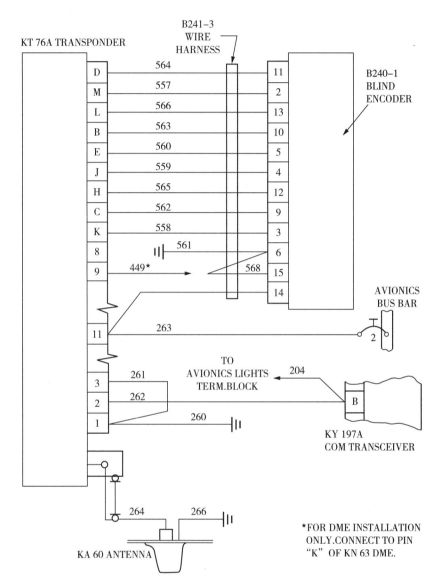

图 11-11 本迪克斯/金 KT76A 应答机及盲编码器

复习思考题

1. R44 直升机的通信设备有哪些?

2. 简述 ELT 安装位置、天线安装位置,发射信号的频率、功能。

3. 简述 R44 直升机音频控制板的安装位置,其上面的按键的功能及操作。

4. 简述甚高频通信系统的组成、位置、功能。

5. 简述应答机的功能、工作过程、安装位置。

6. 简述紧急定位发射机 ELT 的功能、类型及频率。

7. 如何测试紧急定位发射机?

第12章 电 源

12.1 电源系统概述

罗宾逊 R44Ⅱ型直升机为 28V 交-直流电源系统。其电气设备包括一个 28V、70A 发电机(持续电流输出能力为 64A)、发电机控制器、一个 24V 的电瓶和电瓶继电器。其主要用电设备的载荷见表 12-1 所列,电源系统组成如图 12-1 所示。

表 12-1 电气设备载荷表

设备	载荷/A	连续工作	间断工作
起动机	150.00		√
起动机继电器	4.50		√
电瓶继电器	0.75	√	
皮带张力作动器	1.20		√
警告灯	每个 0.08		√
航行仪	2.20	√	
仪表灯	每个 0.08	√	
着陆灯	每个 8.30		√
防撞灯	3.20	√	
发动机仪表	0.50	√	
低速转警告和继电器	0.35		√
数字式外界大气温度表	0.13	√	
通信设备(发送时)	3.66		√
通信设备(接收时)	0.70	√	
地图灯	0.58		√

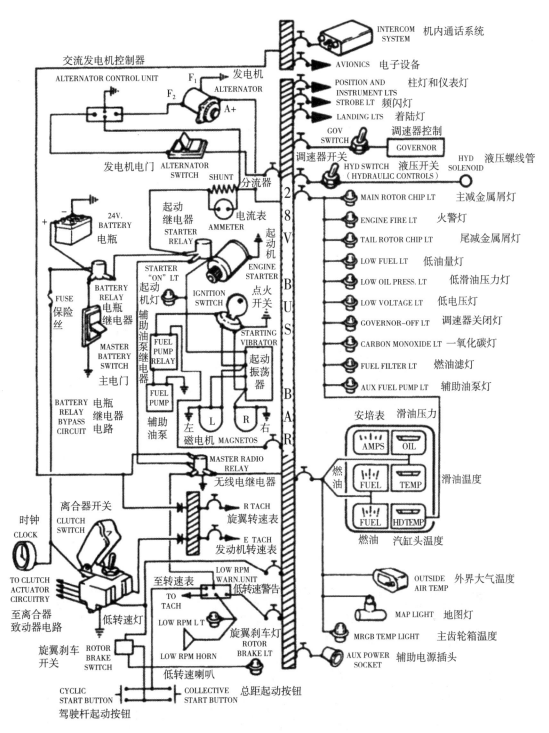

图 12－1 R44 电源系统组成

12.1.1 系统概述

电源系统的功用：①为电子设备供电；②将飞机电能转换为机械能（如驱动起动机）；③照明。

12.1.2 系统组成

飞机电源形式分为直流电源和交流电源两种。

14V 电气设备包括一个 14V、70A 的发电机（限制到连续 50A），电瓶继电器，发电机控制器和一个 12V 的电瓶。

28V 电气设备包括一个 28V、70A 的发电机（限制到连续 64A），电瓶继电器，发电机控制器和一个 24V 的电瓶。130A 的发电机（限制到连续 85A）是警用机的标准配置。

电瓶置于下左钢管机架上的一个玻璃纤维盒内，在上部仪表板下的机头内或者在左前行李舱内。警用机和新闻机的电瓶挂在尾锥上。电瓶主要为发动机起动提供电源，其次为交流发电机提供额定电压，且一旦交流发电机出现故障，也可运行电气系统。除了转速表和时钟外，仪表板上的主控开关可切断电瓶与所有电路的连接，机载电瓶和电瓶开关如图 12-2 所示。

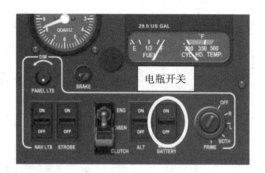

图 12-2 机载电瓶和电瓶开关

电气断路器位于前左座椅的前方，断路器上标有功能和安培数，为按下-重置型开关，断路器面板如图 12-3 所示。

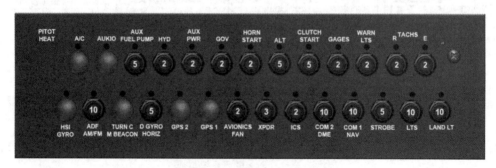

图 12-3 断路器面板

主电门位于仪表板上,控制电瓶继电器,可解除所有线路与电瓶的连接,除了转速表和时钟。转速表和时钟通过离合器开关直接接受电瓶供电。

主电瓶开关控制电瓶继电器,可切断电瓶与电气系统的连接。一根由电瓶旁边的保险丝保护的小导线经过电瓶继电器。在主电瓶开关关闭时,旁通导线使转速表和时钟持续接收电瓶电源。发电机控制装置在电压过高时对电器设备起保护作用。安培表指示电瓶电流,"—"表示放电。正常飞行期间如果发电机灯亮或安培表指示放电时,应关掉所有不必要的电气设备,关发电机电门,停 1 秒钟后再开。如果发电机灯亮安培表仍指示放电,应按实际情况尽快终止飞行。如果充电系统功能不正常,仍坚持飞行,可能损坏电子转速表,造成危险飞行。

发电机位于发动机舱后部,安装位置如图 12 - 4 所示。正常工作期间交流发电机是电气系统的主要电源,电源调节器保护过压情况下的电气系统;如果交流发电机故障,电瓶将放电且不再给转速表提供电流。仪表板上有发电机开关、安培表、发电机低压警告灯等,如图 12 - 5 所示。

图 12 - 4　交流发电机

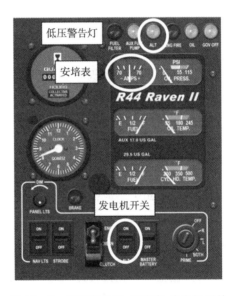

图 12 - 5　低压警告灯、安培表、发电机开关

发电机控制器(ACU)通过一个遥控传感器感受分流器上的系统电压,如图 12 - 6 所示。14V 的 ACU 有三个功能:调节发电机的输出电压,保持电瓶电压在 13.7～13.9V;如果电压降低到 12.55～12.95V,它通过 ALT 灯亮警告低电压;如果电压超过 15.75～16.25V,它可关闭发电机以防止超电压。28V 的 ACU 也有三个功能:如果电压降低到 24.00～26.00V,它通过 ALT 灯亮警告低电压;如果电压超过 32.00～33.40V,它可关闭发电机以防止超压;它通过在 28.25～28.75V 调制电流 0.25～1.00A 来调节发电机的输出电压,使得发电机的输出更接近于电流载荷需要,减少电压波动。

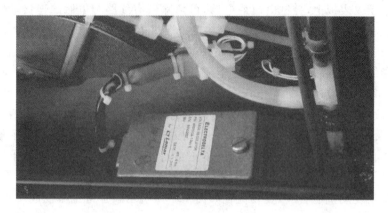

图 12-6 发电机控制器

12.2 电 瓶

电瓶安装在一个玻璃纤维制成的箱内,位于上部仪表板下机头或者左前行李舱内的左下钢管机架。警用机和新闻机的电瓶则挂在尾锥上,作为机体纵向平衡的设计。有关电瓶的维修程序以及持续适航,可参看 Concorde Battery Corporation's 用户和操作者手册和用法说明。此外,为了保证放电风险最小化,当断开电瓶时,首先断开电瓶上的负线(地线),然后断开正线。当连接电瓶时,首先将正线接到电瓶,然后接电瓶负线(地线)。

12.2.1 镍镉电瓶的充电

镍镉电瓶应采用恒流或恒压的充电方法充电,也可用其他电瓶生产厂家批准的、利用特殊设计的充电器/分析器的充电方法充电。

12.2.2 电瓶的维修方法

在维修过程中,电瓶的格的外部只能用清水冲洗干净,不能用钢刷清洁安装在电瓶上的注液电池连接器。充电区域通风条件要好,可以较好地释放潜在爆炸气体氢气和氧气。此外,注液电池连接器终端螺钉应按生产厂家规定的力矩拧紧。

12.2.3 电解液

镍镉电瓶的电解液 30% 是氢氧化钾(KOH),70% 是蒸馏水。检查电瓶的液体量只能在充满电并且充电电路还通过电池格时检查。充电过程中,电解液通过极板置换并且充满电后在最高处。调整电解液只能加蒸馏水,除非电解液从格中溢出。电解液规定的比重是1.300,在正常环境温度时,比重在 1.240~1.320 之间变化是可接受的范围。使用对数刻度比重计或特殊注射器等安全工具套件检查电解液的比重。此外,在任何情况下不要使用一种比重计,其可能会用在其他液体量比重,污染的电解液会损伤电池格。测定电解液的比重并不能表明充电状态,它只能作为化学结构正确的判断标准。

12.3　电路自动保险电门

电路自动保险电门位于左前座椅前方,各保险电门都标有功能和安培数,且为推动式开关。主电瓶电门在仪表板上,它控制电瓶继电器,除了转速表和时钟除外,可切断电瓶与所有电路的连接,而转速表和时钟可通过离合器电门直接接收电瓶电源。除电路自动保险电门外,离合器致动器配有一个低安培保险丝,以防电路自动保险电门跳闸时电机超载,并提前关闭离合器灯,防止过长的电机过载导致的电机烧毁。

延时继电器可以延长致动器弹簧开关的寿命,防止由于过度振动引起的弹簧开关导致的过压。延时继电器只有在啮合周期内影响齿轮电机的工作,它不影响离合器灯的工作,在解除啮合周期内不起作用。延时继电器允许齿轮电机在电路完成后(离合器灯亮)工作 0.25秒。电流中断(离合器灯熄灭)时,需要重新设置延时继电器。

12.4　供电原理图

12.4.1　整机电源

如图 12 - 7 所示,接通主电瓶的电源开关(BATTERY SWITCH),电瓶的正极经电瓶继电器(BATTERY RELAY)的线圈,经二极管(A15AD10DE)通过 65 号线,再经过主电源开关,经 30 号线入地,到电瓶的负极形成通路。电瓶继电器(BATTERY RELAY)工作将触点接通,电瓶的电源通过 581 号线和 580 号线经过分流器(SHUNT)由 14 号线输入到汇流条,再经过汇流条向整机供电。

12.4.2　启动电路

启动电路如图 12 - 8 所示,启动电路分析如下:

(1)当磁电机点火开关(A661 - 1 IGNITION SWITCH)扳到启动位置时,电源由汇流条5A 的保险电门供给,经 470 号线到旋翼刹车开关(ROTOR BRAKE SWITCH)的上接点,经 31 号线输入到磁电机点火开关,整机启动电路开始工作。

注意:旋翼刹车开关解除时磁电机点火开关才能工作,旋翼刹车没有解除时磁电机点火开关不工作。

(2)启动继电器的电源是通过无线电继电器(A999MASTER)提供的,该电路是由汇流条2A 的保险电门经 29 号线输入到无线电继电器(此时无线电继电器是工作的)7 号接点。正因为无线电继电器是工作的,因此触点下吸接通 5 号节点,经过 582 号线输入到启动继电器(RELAY)的线圈,经过起动机外壳接地形成通路,启动继电器工作。触点下吸,主电瓶电源经518 号线给起动机供电。同时当起动机工作时电源通过 591 号线输入到启动警告指示灯。

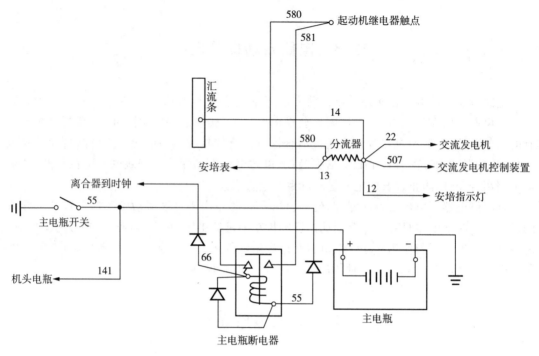

图 12-7 整机供电电路图

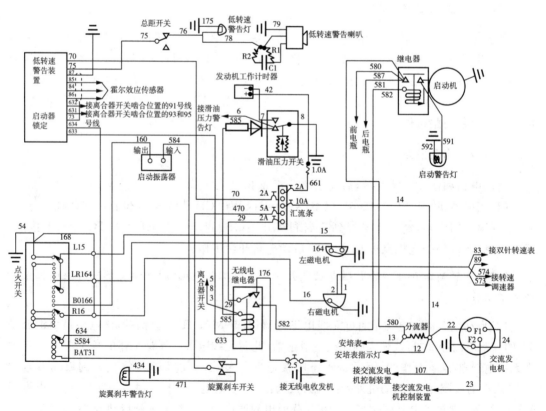

图 12-8 启动线路图

（3）当旋翼刹车工作时,通过刹车开关断开了磁电器点火开关的启动电源,起动机因电源断开而不工作。此时的电源通过旋翼刹车开关 471 号线输入到旋翼刹车警告指示灯入地,因此旋翼刹车指示灯亮。

注意:电路这样设置,起到了保护旋翼刹车片与离合器轴的作用。

（4）磁电器点火开关的 15 号线（L）到左磁电机。164 号线（LR）是左右磁电机的公共线。166 号线（BO）到启动振荡器的输入端。16 号线（R）是到右磁电机。634 号线和 584 号线（IS）两条线,634 号线到启动锁定控制器,584 号线到启动振荡器的输入端。31 号线（BAT）是电源输入线。

12.4.3　交流发电机电路

R22 直升机装有 12V 或 14V 60A 标准发电机（可选 70A 发电机）,R44 直升机装有 28V 70A 发电机,当发动机工作的时候带动发电机工作。发电机工作时不通过分流器,有 3 路输出。第一路是经过 14 号线输入到安培表的指示信号灯;第二路是经过 12 号线输入安培表的指示灯;第三路是通过 507 号线输入到交流发电机控制装置（ACU）中。通过分流器有 2 路输出:第一路是经过 580 号线输入到启动机继电器的输入触点,另一路经过 13 号线输入到安培表指示器。交流发电器控制装置的作用是监控和调整交流发电机在工作时发电量的不稳定性。通过交流发电机开关时,电源从汇流条上的 5A 保险电门经 19 号线通过开关触点到 18 号线输入到交流发电机控制装置,经过 33 号线入地,交流发电机控制装置工作。23 号线是监控和调整交流发电机的发电量。

低电压警告灯的作用是监控交流发电机发电量是否正常,电压低时指示灯亮。低电压警告指示灯的电源是经过终端线柱 198 号线,通过灯丝经 199 号线到交流发电机控制装置入地,起到监控作用。分流器的作用主要是用来分配发电机输出的发电量,如图 12 - 9 所示。

12.4.4　制动器电路

在发动机起动后,由逐渐升高上部传动皮带轮进行旋翼传动系统耦合而使得三角皮带拉紧。一台位于传动皮带轮之间的电子致动器,在飞行员接通离合器电门后升起上皮带轮。致动器感受压力载荷（皮带张力）,在三角皮带达到合适的张力时,电门关闭。离合器警示灯亮,无论何时致动器电路是通的,包括连接、脱离、重新拉伸皮带等状态。警示灯一直亮,直到皮带达到合适的拉力或彻底脱离。

在发动机起动时,皮带松紧度应当已经调整过,接通离合器 5 秒之内,桨叶开始旋转。但是皮带的过分松弛将会导致在起动过程中皮带跳出皮带轮槽。机务人员需要对皮带磨损进行维护并且定期重新调整。

位于测试电门板上或附近有一个保险管,以防致动器电机超负荷使得电路断路器跳闸。如果保险管吹了,致动器电机停止动作,而且离合器警示灯一直亮。拔出电路断路器,电机和灯就没有电了。拔出电路断路器,皮带拉伸将不会发生,并且警示灯无功能指示异常情况。离合器电路简图如图 12 - 10 所示。

注意：不要接通直升机的离合器电门。转速表电源与离合器连接，接通将使电瓶放电。

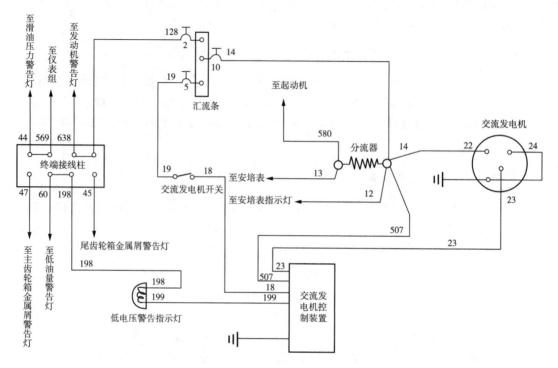

图 12-9　交流发电机线路图

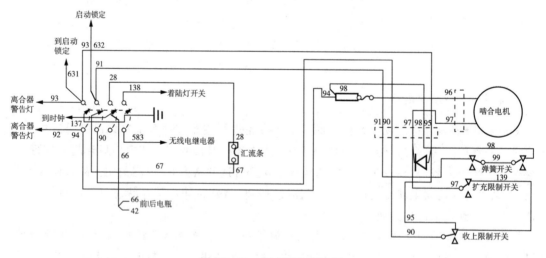

图 12-10　离合器电路简图

如图 12-11 所示，离合器制动器有 3 路电源输入。第一路是接电瓶的，由电瓶直接供电，经制动器开关输入到时钟；第二路由汇流条经 28 号线在啮合状态下输入到时钟；第三路由汇流条 5A 保险丝经 67 号线输入到制动器开关，在啮合状态下接通 91 号线到弹簧开关，经 98 号线通过 3A 保险丝输入到啮合电机，再由 97 号线输出通过扩充限制开关和收缩限制开关,经 95 号线再输入到制动器的 88 号线入地形成通路。按维修手册要求,离合器制动器在啮合时的啮合时间应在 60～100s 之间。离合器制动器指示灯的电压是从 94 号线输入的,经 92 号线到灯丝通过 93 号线到 88 号线入地形成回路。当离合器解除啮合时,67 号线与 90 号线接通经过收缩限制开关到扩充限制开关,经 97 号线输入到啮合电机,通过 96 号线 3A 的保险丝和 94 号线经 88 号线入地形成通路。啮合电机工作在解除啮合时制动器的指示灯电压是从 95 号线输入,经过 93 号线到灯丝,通过 92 号线到 88 号线入地形成回路,解除啮合时的工作时间与啮合时的工作时间是一致的,为 60～100s。但是在实际工作中,解除啮合的时间比啮合的时间要少 4～5s 左右。

注意: 离合器制动器有一个独立的保险电门,配有一只低安培保险丝,以防止电路自动保险电门跳闸时电机超载并提前关闭离合器灯。

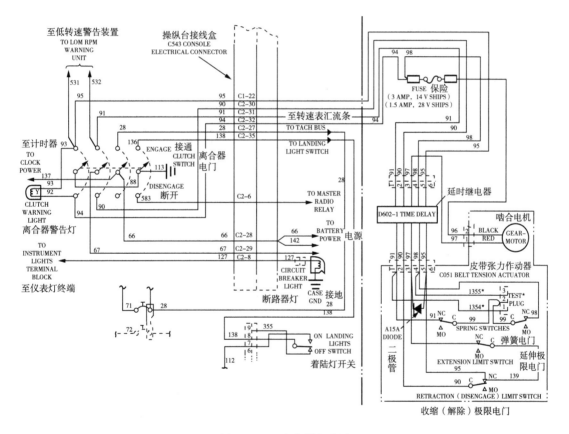

图 12-11　离合器电路图

12.5　电源系统的故障分析

电源系统故障原因及排除方法见表 12-2 所列。

表 12-2　电源系统故障原因及排除方法

故障	可能的原因	排除方法
无电源	电瓶接头腐蚀 接地不良或未接地 自动保险电门跳闸 电瓶电压低 发电机输出电压低或无电压 导线或接头不良	清洗接头 清洁接地线路 检查电路,如果电路良好,重设保险电门 检查电瓶,必要时充电 检查发电机皮带张力、导线和发电机控制器 更换
发动机转动慢,但是不启动	电瓶电压低 驱动皮带偏转不足 电瓶或起动器接头腐蚀或脏 起动机继电器、导线或接头损坏	维护或更换电瓶 调整致动器下限螺钉 清洗接头 更换故障部件
发动机转动,但是不启动	钥匙开关在关闭位置(IO-540) 点火开关损坏 起动振荡器损坏 延时定时不正确	将开关放在 BOTH(双)位置 调整致动器下限螺钉 清洗接头 更换故障部件
起动机不工作	旋翼刹车啮合 电瓶电量低 保险电门跳闸 致动器不能完全啮合 接头松 导线故障 起动器电机线圈烧坏或电刷损坏 A569 低转速警告器故障	释放旋翼刹车 检查,必要时充电 重设蜂鸣器起动和离合器起动保险电门 瞬时啮合致动器,然后完全解除啮合 检查所有导线(见电路图) 检查所有导线(见电路图) 修理或更换起动机 按照维修手册 14.405 章节检查该装置
电瓶放电	电瓶烧坏 充电速度设置不正确 停放时间太长	更换 检查发电机控制器输出,如果低于 13.4 伏特,更换 如果留在不用的直升机内 4 周或更长,拆下来进行充电
起动机-曲轴转速低	与表内"起动机工作故障"相同的电气原因	和表内那些故障同样的修理方法
电瓶寿命短	电解液有杂质 充电率低	更换电瓶 检查 ACU 输出,如果低于 13.4 伏更换装置
电瓶电解液溢出	电瓶加水过多 充电率过高	放水且保持电瓶在正确的液平面和比重 检查 ACU 输出电压,如有必要时更换
容器内电解液过度消耗	过满溢出 通气管渗漏或堵塞 充电率过高	小心加水 修理或清洁 检查 ACU 输出电压,如有必要时更换

（续表）

故障	可能的原因	排除方法
电瓶耗水过量	充电率过高 （如所有单元内都是这样）	检查交流发电机组输出电压,如有必要时更换此装置
发动机工作时,交流发电机不提供充电电流	交流发电机组损坏,场线路电线开路	检查交流发电机输出电压,必要时更换;修理或更换场线路电线
起动时,起动机倒转（可能导致起动机或者起动机环形齿轮断裂）	左侧磁电机内延迟断电器接头被拔出,或者导线和磁电机接头之间没有连接 点火振子电线连接不当 点火电门不良 点火振子不良 左磁电机内延迟断电器定时不当 点火振子电线线路内有开路	测量延迟断电器导线连接,导线接头应为(0.609±0.10)英寸,当连接器放到磁电机内时应有小量回弹 排查从点火电门至磁电机点火振子线路 更换点火电门 更换点火振子 按需要纠正,查阅 TCM 飞机产品文献 修理或更换点火振子线路

复习思考题

简述 R44 电源系统的功用。

第 13 章　设备和装饰

本章内容为机内设备拆卸、安装、更换和维护的必要工序。每个座位下都设有一个行李舱,底座设有铰链,向上掀开底座即可进入行李舱,每个座舱都设有组合的座带和惯性卷筒肩带。

13.1　座　带

早期 R44 直升机座带为四点式,使用不方便,因此后期均改为三点式安全带。

13.1.1　座带的拆卸

(1)后乘客的惯性卷筒用 4 个螺钉通过座舱垂直隔板固定到永久性的托板螺帽上;前惯性卷筒由 4 个螺钉和螺帽固定,每根带子具有一个导扣,导扣用螺栓固定在机架上。

(2)卸下座带搭接部分每个端部的螺栓,便可卸下座带。

13.1.2　座带的安装(见图 13 - 1)

连接器的识别件号如下:

C628 - 1　左前

C628 - 1　右前

C628 - 3　两后侧

C628 - 4　扣(箍)组(全部)

用 4 个螺钉将惯性卷筒和导扣固定到机体上。按维修手册 1.320 拧紧 NAS6604 螺栓。端接头必须装在托架内侧,需要使用填隙片,填隙片两面要加垫片。

(1)螺栓头必须装在内侧,拧紧至 100 英寸·磅加锁紧扭矩。

(2)扣组件必须安装在拉桩固定耳片内侧,需加填隙片,填隙片两边都要加一个垫片,螺栓头必须指向内侧。转动扣组件的力在扣壳的槽缝内是 1.5～2.5 磅。A130 - 52 填隙片的长度可按需要用砂纸锉短(填隙片短需要力大)。

警告:滚花锁杆或闩板周围不允许有锐边或毛刺。

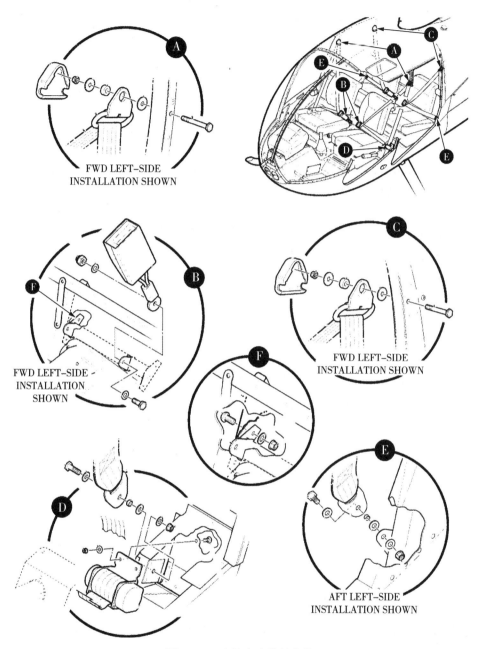

图 13 - 1　座椅安全带的安装

13.2　座椅组件

13.2.1　底座组件的拆卸和安装

(1)卸下铰链处的 7 个固定螺帽和螺钉。

（2）从直升机上卸下底座。安装底座时，先将其放到位，对准铰链。安装并拧紧固定螺钉。

13.2.2　靠背组件的拆卸和安装

拆卸后座靠背：

（1）卸下靠背同边的 MS27039C08 螺钉。

（2）卸下靠背。

安装靠背时，用 MS27039C08 固定螺钉安装左右后座靠背。用 MS27039C08 固定螺钉安装中央垂直检查门板。需要更换靠背垫时，应将新靠背安装到靠背板上。

（1）从直升机上卸下后座靠背。

（2）小心地钻出将垫子固定到靠背板上的 8 个铆钉，注意不要拉长或扩大铆钉孔。

（3）使需要更换的垫子紧挨着靠背板，利用现有的靠背板上的♯30 孔，在垫子上打标记并钻孔，使其与靠背板匹配。

（4）用 AVDEL 铆钉(1693-0414 铆钉，每块板 8 个)将垫子安装到靠背板上。

（5）安装靠背组件。

如前座需要更换靠背垫时，按下述步骤进行：

① 钻出将垫子固定到靠背板的 12 个铆钉。

② 将垫子放到靠背板上并到位，垫子要放在周边的中央。

③ 利用靠背板现有的♯30 孔，在垫子上做标记并钻孔，使垫子与靠背板匹配。

④ 用 AVDEL 铆钉(1693-0414 铆钉，每块板 12 个)将垫子安装到靠背板上。

⑤ 用 B270-7,-8 或-14 胶将垫子上部黏合到前座靠背横管周围。

13.3　灭火器

R44 灭火器是选装设备，可以按需进行选购。对于 R44 直升机而言，灭火器应每个月称重一次。

13.3.1　灭火器支架的拆卸

（1）钻掉固定搭接带的铆钉，注意不要加长加大铆钉孔。

（2）在龙骨板处卸下固定装饰带的铆钉。

13.3.2　灭火器支架的安装

（1）将座组件放在龙骨板的孔眼上，用针形工具对准搭接带和龙骨的铆钉孔上。

（2）用 AVDEL-1693-0414 铆钉将座组件铆在龙骨板上。铆钉头下挨着座组件处要放 AN960-6L 垫片，从外面向龙骨板打铆钉。

（3）搭接片组件的安装方法与座组件相同。

13.4 地 毯

13.4.1 地毯的拆卸

(1)装地毯时必须用胶粘住,卸下准备再用的地毯时要特别小心;

(2)用预溶剂(prep‐sol)松动地毯胶质,然后慢慢后拉地毯,可利用刮刀帮助脱胶。

13.4.2 地毯的安装

(1)使用 B270‐7、‐8 或‐14 胶将地毯固定在座舱底板上组件;

(2)检查地毯是否相配,需要时可稍作修正组件;

(3)把胶涂在地板和地毯的底面,然后仔细的安装,不要让多余的胶留在黏合区组件;

(4)要确保贴好地毯,保证胶干后不起皱。

13.5 泡沫壁

13.5.1 泡沫壁的清除

(1)泡沫壁也是胶粘安装的,拆下的泡沫材料不宜再使用。在拆卸操作时不要损坏机体结构,用手剥离泡沫,尽量剥下大块组件;

(2)用刮胡刀片小心地除去残留泡沫组件;

(3)用腻子刀片去除剩余的泡沫。

13.5.2 泡沫壁的安装

(1)用 B270‐7、‐8 或‐14 胶将泡沫材料贴到机体结构上组件;

(2)检查泡沫是否合适,根据需要进行修正;

(3)将胶涂到机体有关部分和泡沫的背面,然后小心地贴,注意不要让多余的胶贴在接合区组件;

(4)在粘胶固定前,确保表面光滑、无皱纹。

复习思考题

1. 简述驾驶舱内的设备。

2. R44 直升机座位数有几个? 主驾驶员位于哪个座位? 为什么?

3. 简述 R44 直升机上灭火设备的使用方法。

第14章 燃油系统

14.1 燃油系统的组成与功用

14.1.1 燃油系统组成

R44 的燃油系统包括燃油箱(主、副各一个)、油滤、燃油关断阀、油量表、通气管、导管、压力电门和防火开关等。R44 的燃油系统如图 14 - 1 所示。

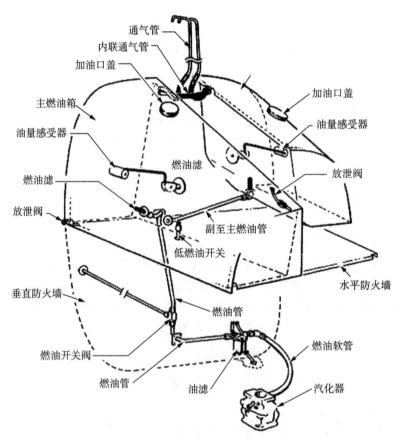

图 14 - 1 R44 燃油系统

R44Ⅱ型的燃油系统的基本工作流程为:燃油箱→燃油箱油滤→燃油关断活门→主燃油滤→电动增压泵→驱动油泵→燃油调节器→油量分配器→发动机各气缸燃油喷嘴。

1. 燃油

R44 燃油系统允许使用的汽油品级为 100LL 级航空汽油或 100/130 级航空汽油。根据罗宾逊服务通告 R44SB-78B(R44SB-R78B),凡是安装的全铝燃油箱要在 2013 年 4 月 30 日前全部改装成囊式燃油箱,囊式油箱油量见表 14-1 所列。其中序号为 S/N 0001-2064 的 R44 型直升机和序号为 S/N 10001-12890 的 R44 Ⅱ型直升机之前已完成,则不再执行该通告。

表 14-1 囊式油箱油量

燃油箱	囊式油箱		
	容量(加仑)	可用(加仑)	不可用(加仑)
主油箱	30.5	29.5	1.0
副油箱	17.2	17.0	0.2

2. 囊式燃油箱

软式油囊或囊式油箱实际上是一个加强的橡胶袋,袋子放置在非密封的铝制的且依据飞机结构设计的油箱内。囊式燃油箱包括通气孔、放油口、油量指示器等部件,油箱结构如图 14-2 所示。

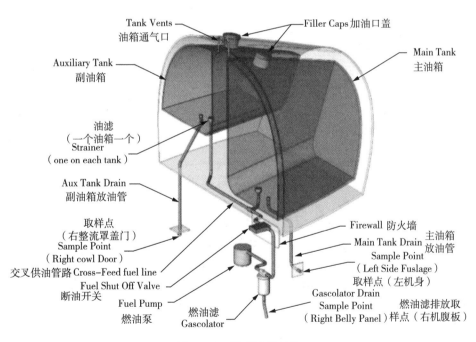

图 14-2 囊式油箱结构

两个油箱通过一根共用管子相连,可以通大气,但是每个油箱均有单独通气管且安置在旋翼主轴整流罩内。如果其中一根通气管阻塞时,由于有油箱通气管互联,从而可使通气管堵塞的油箱与外界大气相通。

R44 和 R44 Ⅱ型直升机的每个燃油箱集油槽处都有一个柱塞式放油阀。主油箱底部放油口连接着一根长的放油管,它的放油阀位于右侧整流舱门内的副油箱下部,与副油箱放油管并排放置。上推柱塞上延长的塑料管即可放燃油沉淀。

　　机务人员需要在每天飞行前和加注燃油后排放全部三个位置（包括燃油滤）的燃油沉淀，并且检查燃油中有无污染和水分，检查所加燃油品级是否正确。由于副油箱位置比主油箱稍高，并且通过一根内连接软管给主油箱注油。副油箱的燃油首先"空"时，主油箱还有剩余燃油。燃油切断阀门控制两个油箱的燃油流向发动机。

浮子式燃油量传感器

　　3. 浮子式油量传感器和低油量电门

　　电动燃油量表指示的油量是由油箱中的浮子式传感器测量出来的。在主油箱内除浮子传感器外还装有低油量电门，当燃油量表指针指"E"时，说明油箱除了还有小量的不可用燃油外是"空"的。这时位于主油箱底部的单独的低油量电门打开低油量警告灯。

　　浮子式传感器本身是一个滑动变阻器，随着油箱油位的降低，浮子的输出电阻增大，这样输出电压会相应地减小，油量表指示跟着下降。反之，油箱油位的升高，浮子的输出电阻减小，这样输出电压会相应地加大，油量表指示跟着升高，传感器结构如图 14 - 3 所示，其中 12 为低油量电门，14 为浮子式油量传感器，20 为电线，21 是传感器插头。

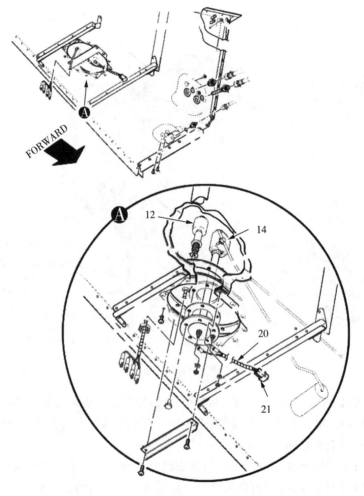

图 14 - 3　浮子式油量传感器和低油量电门

4. 燃油滤组件

燃油滤由顶盖、铜滤网、密封垫、油杯、柱塞放油阀、锁圈组成,如图 14 - 4 所示。它位于防火墙右侧最下部,上推露出机腹的塑料管即可放油或放沉淀。R44 Ⅱ型燃油滤上有一个压力电门,如果滤网堵塞,燃油滤警告灯燃亮。

5. 燃油机械泵

R44 燃油系统是重力供油(无燃油泵)系统,R44 Ⅱ型燃油系统是压力式燃油系统,它是由一台由发动机驱动的燃油泵、一台辅助(电动)燃油泵和一根燃油回油管组成,它允许超出发动机需求的多余油量返回燃油箱,燃油机械泵如图 14 - 5 所示。

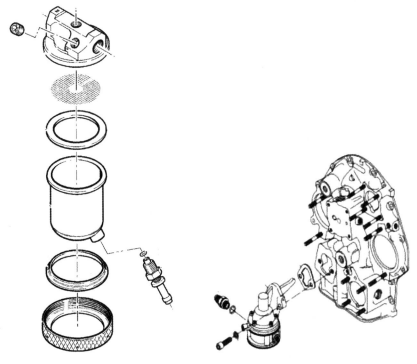

图 14 - 4　燃油滤组件　　　　　图 14 - 5　燃油机械泵

由发动机驱动的燃油泵安装在发动机附件机匣后盖的专用安装孔上。判断机械燃油泵功能是否正常,应该在发动机起动后,离合器电门接通前发动机能保证正常运转,并且在离合器电门解除连接时,发动机停车前也可以正常运转。

6. 电动泵

在 R44 Ⅱ型直升机上的电动辅助燃油泵,安装在燃油滤燃油出口处。在起动时向发动机注油并且在飞行中运转以提供富余油量。在发动机起动前,点火电门在"PRIME"(注油)位置启动辅助燃油泵注油。启动发动机后,只要发动机有滑油压力,离合器(CLUTCH)开关啮合,辅助燃油泵就会持续工作。如果需要排故,拉辅助燃油泵跳开关,进行地面检查。

辅助燃油泵是一个 30 加仑/小时的正向位移泵,并能在所有操作状态下,供应比发动机需求更多的燃油。断开离合器电门时,辅助油泵关闭,但辅助燃油泵警告灯亮。如果辅助燃油泵输出压力低于 23psi,泵上部的压力电门将触发"AUX FUEL PUMP"(辅助燃油泵)警告灯燃亮。

7. 燃油通气活门

R44 燃油通气活门内含一个黄铜球。在正常情况下,空气从囊式扩展空间向黄铜球周围流动。

如果无意中燃油过满或飞行中燃油晃动情况下,黄铜球将漂浮并塞住通气管。如果飞机翻转,黄铜球将密封通气管,使漏油最小化。

14.1.2 燃油系统功用

(1)燃油箱内存储完成飞行任务所需要的全部燃油,包括紧急复飞和着陆用的备用燃油。

(2)燃油系统保证在各种规定的飞行状态和工作条件下安全可靠地将燃油供向发动机。

(3)燃油可作为冷却介质,冷却滑油、液压油和其他附件。R44 II 型直升机没有装配相应的燃/滑油热交换器,因此,在该直升机上燃油不具备作为冷却介质的条件。

14.2 R44 和 R44 II 两机型燃油系统的差异

R44 和 R44 II 两机型的燃油系统总体结构基本相同。主油箱容量为 31.6UKgal(1UKgal＝4.54609L),其中 30.6UKgal 为可用油量。副油箱容量为 18.5UKgal,其中 18.3UKgal 为可用油量。每个油箱出口处都有一个燃油滤。副油箱燃油供给主油箱,燃油从主油箱出口通过垂直防火墙前面的开关阀,穿过防火墙进入燃油滤。开关阀由前座椅之间的旋钮控制。每个油箱的电子燃油传感器连接到仪表板的油量表。上仪表板上的低油量警告灯由主油箱内的浮动电门驱动。

在 R44 上,燃油从燃油滤出来,通过一根燃油软管至汽化器进口,进口处有一个滤网。

在 R44 II 型直升机上,燃油系统(见图 14 - 6)中增加了一个电动增压泵,燃油滤也增加一个压力开关,结构如图 14 - 7 所示。

14.2.1 压力开关

如果滤网阻塞,油路的压力降低,压力开关作动,通过电缆激活油滤警告灯。燃油通过从油滤到达电动燃油泵,再到发动机驱动油泵、燃调、油量分配器。如果电动燃油泵输出压力低于 $23LB/in^2$,电动燃油泵的压力开关使得辅助油泵警告灯燃亮。电动燃油泵流量为 30UKgal/h,在正常工作情况下,能提供多于发动机需要的油量。从燃调进口到副油箱的回路管使得过量的燃油再循环,冷却燃调上的部件。在发动机处于慢车状态时,几乎所有电动燃油泵的输出经过再循环,使部件冷却,大大提高了慢车的性能。再循环由水平防火墙上的压力释放活门控制。释放活门控制着回油路,使得燃调至进口的压力保持在 $28LB/in^2$。在正常工作情况下,发动机驱动油泵也能供给多于发动机需要的油量,但输出压力仅为 $22LB/in^2$。因此,如果电动燃油泵不在工作状态,发动机将正常运行,但是 $28LB/in^2$ 的活门不会打开,燃油也不会再循环。

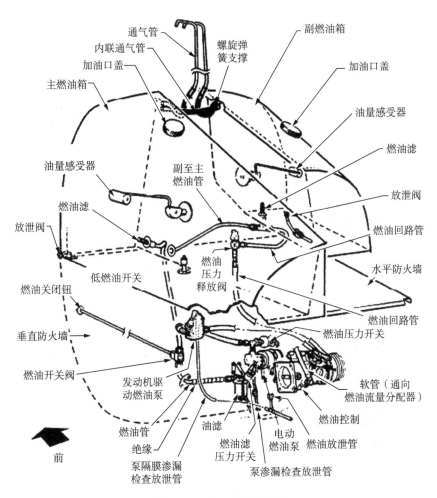

图 14-6 R44Ⅱ燃油系统

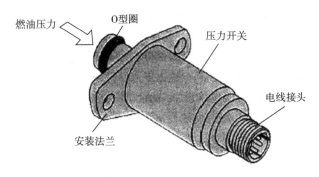

图 14-7 压力开关结构

　　R44Ⅱ型直升机只有在发动机起动(注油)时才打开电动燃油泵,在飞行中使用电动燃油泵可提供富余的油量。在发动机起动之前,将点火开关置于注油(即时)位置开始注油。起动后,只要发动机滑油压力正常,离合器开关已啮合,电动燃油泵可连续运行。在电动燃油泵或发动机驱动油泵工作时或两个油泵都在工作,发动机可正常运行。离合器啮合前,发动机起动后,如果发动机工作正常,说明驱动油泵在起作用;在离合器解除啮合时,发动机停车前,如果发动机工作正常,说明驱动油泵在起作用。

14.2.2 燃油滤

燃油滤由壳体、滤芯、上盖及旁通活门组件、托架以及管接头等组成,安装结构如图 14-8 所示。油箱油滤为网状粗滤,主、副油箱各一个,主要用于过滤油箱中较大颗/片杂质。油滤中起过滤作用的元件为滤芯,是油液中的机械屏蔽层,这种机械屏蔽层是由重叠的小孔组成的。当油液流过的时候,能把油液中的固体颗粒物滞留在油滤内,保证油液在规定的清洁标准范围内,工作原理见二维码。

主燃油滤

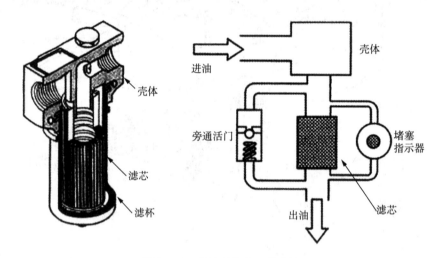

图 14-8 油滤结构与工作原理

当油滤工作一定时间后,滤网上的杂质会越来越多,供油管路近乎堵塞,导致发动机的供油量下降,严重时会导致发动机空中停车。为了提高供油可靠度,燃油滤还设置了旁通活门。当油滤堵塞时,燃油会在油滤的进、出口形成一个压力差,当压力差达到旁通活门开启所需要压力时,旁通活门打开,油液绕过滤芯,以应急方式直接供向发动机,以保证发动机的正常工作。

如果出现油滤阻塞,燃油旁通后,飞机应尽快落地,查明原因并进行排故。如果确认是油滤堵塞,则应按如下程序对油滤进行清洗,油滤安装如图 14-9 所示。

(1)卸下发动机右整流罩,拆下进气软管。

(2)关闭燃油阀门。

(3)剪断燃油滤壳体的保险丝,然后拧松壳体并卸下。

(4)清洗壳体,去除沉淀物和附着物,确认垫圈无变形。

(5)卸下壳体内燃油滤滤网,并清洗。

(6)如果燃油滤盒由带螺纹的环和垫圈固定,用 A257-6 润滑脂轻涂螺纹和垫圈,然后再装上;如果燃油滤盒没有带垫圈,则直接由带螺纹的环固定,然后再装上。

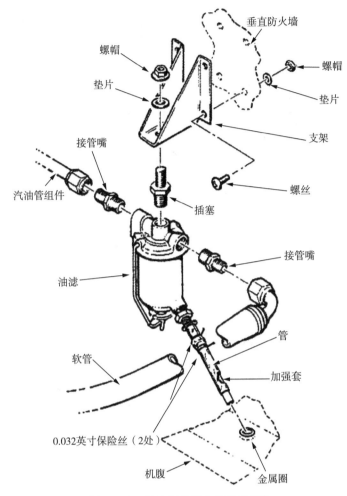

图 14 - 9 R44 直升机上油滤的安装

（7）检查放油阀的固定情况，打开燃油阀，检查是否渗漏。

（8）用 0.032in 保险丝保险壳体，打力矩线。

（9）安装整流罩，连接进气软管。

14.3 燃油箱及电动增压泵

主油箱位于主旋翼的左下前方，其位置和结构如图 14 - 10 所示。

副油箱位于主旋翼的右下前方，副燃油箱通过管路和阀门与主燃油箱连接。其位置和结构如图 14 - 11 所示。

14.3.1 燃油箱的通气系统

主、副油箱的通气孔在旋翼主轴整流罩内，在主轴整流罩内与外界大气相通。如果通气孔堵塞，油箱内部还有扩展空间。

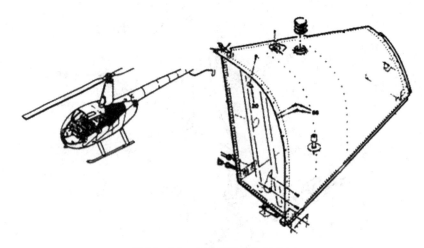

图 14-10　主油箱位置和结构图

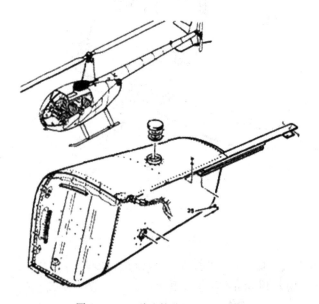

图 14-11　副油箱位置和结构图

当燃油箱向发动机供油时,燃油箱油面会随之下降,若燃油箱封闭,燃油箱内会形成负压。这种负压不仅会导致吸油困难,造成供油中断,还会造成燃油箱外部大气压力大于油箱内气压而使油箱箱体受到挤压,最终导致结构损坏。通过油箱通气系统为油箱内部通气,可以避免上述现象和故障的出现。燃油通气系统不仅能将燃油与外界大气相通,还可防止直升机因姿态改变时,燃油从通气口溢出而引起燃油泄漏的问题。因此油箱通气系统应具有以下三个作用:

(1)平衡油箱内外气体压力,确保加油和供油工作的正常进行。

(2)避免油箱内外产生过大的压差造成油箱结构损坏。

(3)对于高空的工作环境,通过增压确保高空供油的可靠性(R44Ⅱ型直升机没有配置增压油箱)。

14.3.2　燃油箱的检查

检查油箱内部防晃密封材料是否有剥落的迹象,如发现有此情况,按照厂家说明将油箱用 B270-3 密封胶再次密封。塞住所有通气孔和接头,对油箱进行压力检查,加压至 1LB/in^2 进行试验。用中性肥皂水涂抹所有缝隙检查是否有渗漏。重新密封后,要保证所有通气孔都畅通。安装低油量警告电门,然后装好油箱进行流量检查。

汽油阀是汽油管路的控制装置,其基本功能是接通或切断管路汽油的流通,改变汽油的流通及流动方向,调节汽油的压力和流量,保护管路设备的正常运行,其位置见二维码。

R44 油箱上汽油阀的组成如图 14-12 所示,图中各组件的件号及名称见表 14-1 所列。

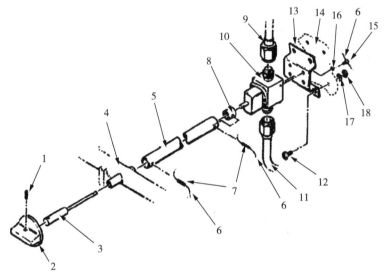

图 14-12　汽油阀的组成　　　　　　　　　　汽油阀位置

表 14-1　汽油阀各组件的件号及名称

编号	件号	名称	编号	件号	名称
1	MS16562-5	滚销	10	C670-1	燃油阀
2	C449-1	旋钮	11	C741-1	燃油导管
3	C791-3	轴	12	MS27039C806	螺丝
4	C348-1	锚桩	13	C798-1	支架
5	C791-2	管	14	—	垂直防火墙
6	—	0.032in 保险丝	15	AN500A4-3	螺丝
7	MS16562-16	滚销	16	NAS620-4	垫片
8	C791-4	垫圈	17	AN960-8	垫片
9	C726-2	燃油导管	18	NAS679A08	螺帽

14.3.3 燃油放泄阀

在主、副油箱上各有一个燃油放泄阀门。在每次飞行前,通过带顶销的油杯按压放泄阀门芯对油箱燃油进行采样,检查燃油品质;飞机长期停放后,通过此放泄阀门放泄燃油箱中存在的水分和其他杂质;通过拆卸放泄阀门,也可以排空燃油箱内的燃油。

14.3.4 电动增压泵

电动增压泵作为辅助燃油泵,用以提高燃油供给的可靠性。其泵体依靠自身的直流电机带动,如图 14-13 所示。如果电动增压泵的输出压力低于 $23LB/in^2$,则增压泵上的压力电门将触发仪表板上的"辅助燃油泵警告灯",使其燃亮。该增压泵可提供 30UKgal/h 的燃油量,在发动机正常工作的状态下,电动增压泵可以为发动机提供过量燃油。因此,从燃调的燃油进口处有一根回油软管,与辅助燃油箱的 T 形接头相连接,以使过量的燃油循环使用。同时,也可以为燃调上风处的部件进行冷却散热。这种细微的冷却,可以为发动机在低功率,如发动机慢车时,提高慢车性能。在辅助燃油箱 T 形接头处,安装有一个燃油油量均衡活门,以感受主燃油箱油量压力来自主均衡主、副燃油箱的燃油量。

图 14-13　电动增压泵

14.4　燃油量指示系统

　　燃油量指示系统包括油箱传感器、低油量警告传感器(见图 14-14)及油量表。油量表指示的是主、副燃油箱内的燃油存量。它接收来自可变电阻式浮子机构的信号,共有三个浮子式传感机构,即主、副燃油箱各有一个燃油量浮子式传感器,主燃油箱底部还装有一个最低油量浮子式传感器。油量传感器安装在油箱底部的固定座上,油量表则安装在座舱仪表面板上,一个指示主燃油箱内的存油量,一个指示副燃油箱内的存油量。

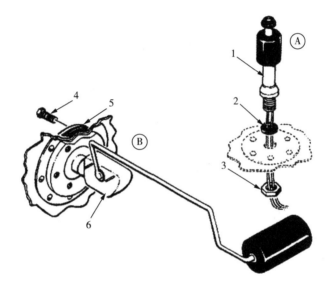

图 14-14　油量传感器和低油量传感器

　　油箱内的浮子油量传感器,主要用于采集油量信号,采集来的信号经过模/数转换及量化后,通过油量表显示剩余油量。双指针分别指示左、右油箱剩余油量,也可在多功能显示器发动机默认页面参数显示区以带状方式显示剩余油量,单位为加仑(UKgal),以红线和零来表示空油箱,此时油箱内剩余大约 1.2UKgal 的不可用燃油。

　　图 14-14 中 A 为低油量传感器,B 为油量传感器,图中各组件的件号及名称见表 14-2 所列。

表 14-2　各组件件号及名称

编号	件号	名称	编号	件号	名称
1	A058-9	低油量电门	5	7740-15-423	密封垫
2	MS29512-5	密封垫	6	C550-1	传感器(主油箱)
3	AN924-5D	螺帽		A550-1	传感器(副油箱)
4	B289-1	螺栓			

14.4.1 油量传感器的校正

油量传感器拆卸时必须关闭主电门,其校正方法如下:

(1)汽化器端燃油滤处解除油管连接,彻底放油。

(2)关闭燃油阀。

(3)向主油箱内加 9.25UKgal(55LB)干净油,包括约 1UKgal 通过内连管进入副油箱的油量和放掉的无用燃油。等待 5min 使燃油通过内连管。

(4)打开主电(瓶)门,看油量表指示。油量表应指 0.5～1 个指针宽度,低于 1/4 且满半个指针宽度(见图 14-15)。

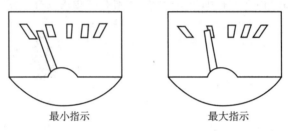

最小指示　　　　　　最大指示

图 14-15　油量传感器校正

14.5　油箱通气单向阀门

单向阀是流体只能沿进口流动,出口流体却无法回流的装置。所以液压单向阀也可以称为止回阀。

如图 14-16 所示是一个可控的单向阀,当 A 压力大于 B 时,压力推动单向阀芯克服弹簧作用力,介质可以由 A 流向 B。而当 B 压力大于 A 时,在介质压力和弹簧共同作用下,单向阀芯只会紧闭,介质无法由 B 流向 A。

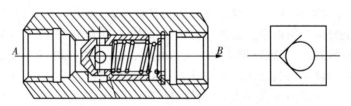

图 14-16　油箱通气单向阀门工作原理

14.6　燃油系统的维护和故障分析

14.6.1　油箱通气单向阀门工作原理与维护注意事项

1. 工作原理

当油箱内的压力升高时,压力通过单向阀门体上的 A、B 旁通孔与外界大气相通;当油箱内的压力降低时,由于外界大气压力与油箱内压力存在压差,单向阀门被打开,油箱与外界大气相通,同时外界大气通过单向阀门体上的 A、B 旁通孔以及燃油箱加油口盖单向阀门进入油箱。

2. 维护注意事项

(1)如果油箱通气检查显示旁通孔堵塞,必须更换油箱通气单向阀门。

(2)安装时,油箱通气单向阀门体上的旁通小孔必须朝向油箱顶部。

14.6.2　燃油流量检查

燃油管路或通气管路有障碍物时可减小流量,检查油量是否适当时,也要检查通气孔。检查通气孔时,要打开主旋翼整流罩,将一根软管接到其中的一根通气管上,盖上加油盖,向软管内吹气,然后感受气流流出其他通气管的情况,切记不要使用压缩空气,压力大了会损坏油箱。如气流受限制,检查通气管路或油箱中的障碍物。

在满载油或最小载油时均可实施流量检查,最小载油量检查时,要向每个空油箱加入 2Ukgal 燃油,按下述步骤检查油量是否适当:

(1)取一只已知容量的容器(1UKgal(美)、1UKgal(英)或 4L),还要准备一个备用油箱。

(2)关上油阀,在汽化器处解除油管连接。

(3)打开油阀放油,让油流几秒钟以消除系统中空气,然后流满容器,并记录流满容器的时间。

(4)对照表 14-3 检查放油时间。

(5)如果燃油流量不足,应检查油滤、燃油管、燃油阀或燃油箱过滤器中的障碍物。

表 14-3　放油时间

容器容积	流满容器最长时间	
	满油量	最少油量
1UKgal(美)	1min12s	1min30s
1UKgal(英)	1min24s	1min48s
4L	1min16s	1min35s

14.6.3　低油量检查

低油量警告灯应在低油量传感器浮子下垂时指示,测试传感器时可打开主电(瓶)门,或者放油使浮子降下,也可以用一根木棒通过加油口轻压浮子。按压试验按钮时如果警告灯不指示,则按维修手册 12.240 章节检查更换传感器。

14.6.4　燃油系统故障分析

直升机燃油系统常见故障及排故方法见表 14-4 所列。

表 14-4　燃油系统故障分析

故障	可能的原因	排除方法
飞行中燃油滤警告灯亮	燃油系统污染	检查燃油滤和燃油控制进口滤网有无污染。检查燃油系统有无阻塞或碎屑,并校正起因。按照维修手册 12.710 章节执行流量分配器检查
	真空开关污染	更换真空开关
飞行中辅助燃油泵警告灯亮	辅助燃油泵供油不足	按照 MM12.500 章节更换辅助燃油泵
	卸压活门组件故障	按照 MM12.730 章节执行卸压活门渗漏检查
燃油从进气总管"吸气",放油活门漏油	流量分配器打开位置阻塞	按照 MM12.710 章节执行流量分配器检查
燃油从电动(辅助)燃油泵排放处漏油	辅助燃油泵密封失效	更换辅助燃油泵或将辅助燃油泵返回到 RHC 修理
滑油从发动机驱动(机械)燃油泵排放处漏油	隔膜漏油	更换发动机驱动燃油泵

复习思考题

1. 简述油箱通气系统常见故障与排除方法。
2. 简述燃油系统的组成。
3. 简述燃油系统的工作流程。
4. 简述燃油系统的作用。
5. 简述油滤的作用。
6. 油滤附件的旁通活门的作用是什么？在什么时候旁通活门会打开？
7. 燃油系统通气孔的位置在哪里？通气系统的作用是什么？
8. 燃油放泄阀的作用是什么？为什么在每次飞行前都要放油采样？
9. 简述燃油电动增压泵的作用。
10. 简述燃油关断活门的作用。
11. 简述燃油通气单向阀的工作原理。

第 15 章 液压系统

15.1 液压系统的组成和工作原理

R44 液压系统采用一种单级、容积式齿轮泵。该泵的传动轴是用花键连接一个小齿轮并由主齿轮箱环形齿轮传动。该泵的传动轴被设计成如果泵运转不畅，可剪切以保护主齿轮箱。双油封可避免齿轮箱和液压油交叉污染。在油封之间的通气孔如有油放出，说明两个油封损坏。图 15-1、图 15-2 分别为液压系统组成与工作原理图。

液压系统工作原理

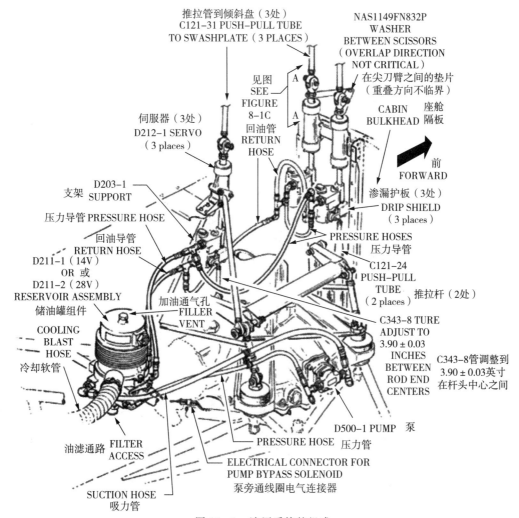

图 15-1 液压系统的组成

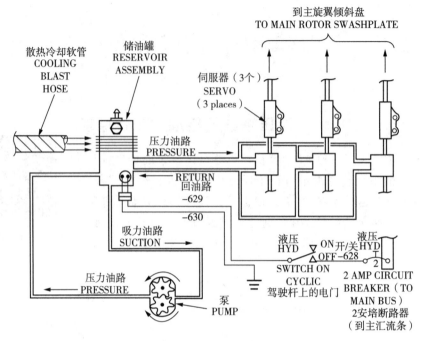

图 15-2　液压系统工作原理

　　图 15-3 所示为旋翼主轴上的液压助力器。R44 雷鸟 1 和 2 使用的液压助力系统和贝尔的 JetRanger 比较类似，整个系统没有反馈，所以从旋翼桨毂通过周期变距和总距杆都没有反馈。与倾斜盘上连接的三个输入杆每个都带有一个助力器，而尾桨操纵不带助力器。

图 15-3　液压助力器

　　图 15-4 所示为液压油箱，液压油储存在液压油箱内，工作时被泵出，经过液压助力器，然后再回到液压油箱内。

图 15-4　液压油箱

15.1.1　液压储油罐

液压储油罐组件包括一个油滤、压力放泄阀、油泵旁通线圈、回油切断阀和从泵来到泵去以及从伺服器来到伺服器去的管路。储油罐的容量为 1.3 品脱,一个窥镜作为飞行前检查油量所用,还可连同一个可拆卸的加油口,允许加注液压油。一个 1.25 英寸直径的软管将由发动机驱动风扇带来的冷气通过并直接吹到储油罐的散热片上。

过滤器是一个过滤率为 10 微米的筒(P/N AN6235-1A),将所有从液压泵来的油液进行全流量过滤,该过滤器每 300 小时检查时要更换。

液压油箱加注罗宾逊直升机公司提供的件号为 A257-15(MIL-PRF-5606)的液压油。如果直升机固定在水平线上,液压油储油罐窥镜没有看到油液时必须添加,慢慢加到窥镜中心即可。窥镜读数较高与系统过热有关,液压系统常用参数见表 15-1 所列。

表 15-1　R44 直升机液压系统参数

项目/特征	R44 系列
储油箱容量	1.3 品脱＝0.65 夸脱
释压阀调节系统压力	450～500psi(磅/平方英寸)
液压油过滤器过滤率	10 微米
工作温度	−65℉～160℉
液压油牌号	A257-15
伺服器输入允许的总行程	0.040 英寸

压力放泄阀调节系统压力到 450～500psi(磅/平方英寸)。在剧烈的飞行状态过程中,液压泵提供足够的流量来满足伺服器的需要,正常飞行状态的超流量是可以的。这个超液体流量通过压力放泄阀直接返回储油罐。

液压泵旁通线圈可让飞行员关掉伺服器的液体压力。关闭飞行员驾驶杆给予线圈的电压,打开到储油罐的阀门,解除系统压力。电源仅仅是将系统关闭,不影响系统工作,线圈阀门主要是让飞行员进行液压控制关闭的训练。除了液压系统检查期间之外,在直升机停车和起动时,开关应在打开位置。

注:需要用液压电源来关闭液压系统。拉出液压自动保险电门,不会关闭液压系统,只会使液压开关失灵。

无论何时系统压力掉至低于 80 psi,回油切断阀关闭来自致动器的回油。为避免从伺服器来的液压油压力丧失,该阀门保证了致动器功能正常工作不可逆转的特点。此阀门具有热量释放的特点,以避免由于液压油热膨胀产生过高的压力。

15.1.2　液压伺服器

伺服器的用途是在没有传送主旋翼反应力给飞行员操作时,保证输出动作和飞行员的输入动作同步。在输入端的 U 形夹有一个额外的孔,让飞行员输入来移动控制阀门,同时,如果液体压力丧失,还提供直接机械连接。当液体压力降低,在伺服器输出前,伺服器输入

U 形夹允许有 0.040 英寸的总行程（自由间隙），具体调整位置如图 15-5 所示。40 微米的过滤器位于压力口处，要避免维修过程中的污染。压力口和回油口规格不同，要避免液压导管安装错误。

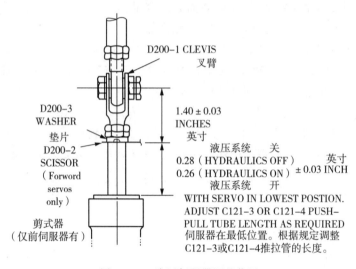

图 15-5　液压伺服器调整位置

15.1.3　液压泵

R44 液压系统用的液压泵是一种单级、容积式齿轮泵，实物如图 15-6 所示。该泵的传动轴是用花键连接一个小齿轮并由主齿轮箱环形齿轮驱动。该泵的传动轴被设计成如果泵运转不畅，可剪切以保护主齿轮箱。此外，采用双油封可避免齿轮箱滑油和液压油交叉污染。在油封之间的通气孔如有油放出，说明两个油封均损坏。

图 15-6　液压泵

15.2　液压系统的维护和故障分析

15.2.1　液压油罐油滤的更换

保持液压油的清洁对系统的工作至关重要。只能用密封良好的容器内的液压油，防止来自漏斗、导管的污染。发现铁质碎片说明液压泵可能损坏，应在飞行一个小时后再更换油滤。

（1）拆下油滤盖的保险丝并报废，从液压油箱底部拆下过滤盖。

（2）拆下油滤检查。如发现有碎屑，用磁铁检查其是铁质还是非铁质的。如果发现大量铁屑,按维修手册第 8 章更换液压泵并且按维修手册 1.180 清洗液压系统。

(3)清洁油滤盖,更换 MS28778 - 14 O 形圈。

(4)用 A257 - 15 液压油润滑新的 AN6235 - 1A 油滤中的 O 形圈。用 A257 - 15 液压油润滑新的 O 形圈(见维修手册 1.470 章节)。将油滤装进油罐,装上油滤盖,按维修手册 1.330 章节拧紧并打保险丝。

(5)根据需要调整油罐油量。装上加油口通气塞,按维修手册 1.330 章节拧紧,不需要给通气塞打保险丝。

15.2.2　液压系统的放油和清洗

保持液压油的清洁对系统的工作至关重要。只能用密封良好的容器内的液压油,防止来自漏斗、导管的污染。如果液压油变黑或发出怪味,要放掉液压油并清洗系统。

(1)卸下储油罐加油口通气塞。

(2)对于污染的液压油,将一个 1 升的容器放在主齿轮箱处的 D500 - 1 液压泵下。从吸油和压力 T 型接头处卸下堵盖,让液压油通过吸油管放入容器内。给储油罐加注少量的 A257 - 15 液压油(见维修手册 1.470 章节)清洗吸油管。去下油滤盖后,卸掉后压力管,按以下步骤给压力管放油。

(3)按维修手册 1.170 章节更换储油罐油滤。

(4)如图 15 - 7 所示,在 D500 - 1 油泵上的 T 形接头连接一台 MT384(或类似的)0.8～1.2 gpm(每分钟加仑)的液压测试泵。接头规格不同,以确保连接正确。

(5)丢掉放出的、已污染的液压油,给储油罐加注 A257 - 15 液压油。

(6)在油罐前部弯管处解除伺服器回油管的连接,将油管端放入空容器,使用油泵的 T 形接头盖好储油罐弯管。

(7)打开液压测试泵,检查液压系统是否渗漏。

(8)同时将总距杆全抬起,驾驶杆全推向前。然后同时将总距杆放到底,驾驶杆全拉向后。观察储油罐油量,根据需要加注。重复以上程序,直到回油管流进容器的液压油干净为止。

警告:要避开飞行操纵系统的移动范围,液压系统产生的力也能伤害人。

(9)同时将总距杆全抬起,驾驶杆全拉向后,然后同时将总距杆放到底,驾驶杆全推向前,观察储油罐油量,根据需要加注。重复以上程序,直到回油管流进容器的液压油干净为止。

(10)将伺服器回油管连接到储油罐前弯管。按维修手册 1.330 章节拧紧 B 形螺帽,打力矩线。

(11)按维修手册 1.190 章节对液压系统放气。

(12)拆下油滤并检查。如果发现有碎片,重复放油和清洗程序。如果油滤清洁,按维修手册 1.170 章节的步骤 4 和 5 重新装上油滤。

15.2.3　液压系统的放气

操作设备的连接如图 15 - 7 所示,要避开飞行操纵系统的移动范围,液压系统产生的力也能对人造成伤害。

(1)解开 D500-1 液压泵压力管(后部)T 形接头上的盖,将 MT384 液压测试泵(或类似 0.8～1.2 加仑/每分钟流量的泵)压力管接上。压力管和吸油管接头有不同规格,以保证连接正确。

(2)卸下储油罐加油口通气塞,用手指堵住孔防止液压油流出。解开吸油管(前部)T 形接头上的盖,将液压测试泵的吸油管接上,根据需要加油。

(3)打开液压测试泵,检查有无渗漏。

(4)同时将总距杆全抬起,驾驶杆全推向前。然后同时将总距杆放到底,驾驶杆全拉向后,重复 10 次该动作。

(5)同时将总距杆全抬起,驾驶杆全拉向后。然后同时将总距杆放到底,驾驶杆全推向前,重复 10 次该动作。

(6)关闭液压测试泵。检查液压系统有无渗漏。

(7)用手指堵住孔防止液压油流出。解开 D500-1 泵前部 T 形接头与液压测试泵吸油管的连接,装上盖。按维修手册 1.330 章节拧紧盖并打上力矩线。

(8)解开 D500-1 液压泵后部 T 形接头与液压测试泵压力管的连接,装上盖。按维修手册 1.330 章节拧紧盖并打上力矩线。

(9)根据规定调整储油罐油量。装上加油口通气塞,按维修手册 1.330 章节拧紧,不需要打保险丝。

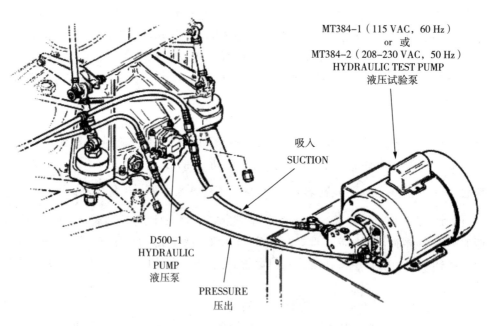

图 15-7　MT384 液压试验泵的连接

复习思考题

1. 简述液压系统的组成。
2. R44 直升机上的助力器有几个? 作用是什么?
3. 简述液压系统的工作原理。

第16章　指示/记录系统

16.1　系统概述

在直升机的驾驶舱中可以看到许多仪表,它们用于显示、监视和控制与直升机飞行、发动机及其他系统有关的参数,为飞行和维护人员提供各种有关参数的目视指示。因此,根据所显示和控制的目的不同,航空仪表分为飞行仪表、发动机仪表和其他系统仪表三类。R44型直升机驾驶舱仪表如图16-1所示。

标准飞行仪表包括空速表、发动机和旋翼双针转速表、高度表、进气压力表和磁罗盘。发动机仪表群包括安培表、滑油压力表、滑油温度表、气缸头温度表和主副油箱的燃油量表。此外,还有标配的时钟、汽化器温度表和数字式外界温度表。计时器位于正驾驶座的总距杆致动盒处,可以用于记录直升机飞行时间,旧型号的R44的计时器是由滑油压力致动的。仪表板上的电子飞行显示器,具备一块P/N D327滤光器,主要用于减少夜间挡风玻璃的反光。滤光器经过裁剪安装在显示器的前方,给予驾驶员一定的判断力。

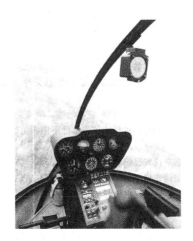

图16-1　驾驶舱仪表

动-静压系统给空速表、高度表和升降速度表提供工作气压。皮托管位于座舱上方的主整流罩前缘,静压口位于整流门铰链内侧的后整流罩内。从座舱底部的检查板处拆下塑料放水塞,可放掉动-静压管内的积水。只有在空速表和高度表系统指示出现误差时才需要放水。此外,应经常检查动-静压口是否有飞虫或其他障碍物进入。

发动机仪表是指发动机工作系统中的各种参数测量仪表,一般位于中央仪表板上。如转速表(螺旋桨转速表、低压涡轮和高压涡轮转速表)、进气压力表、汽缸头温度表、扭矩表、排气温度表、燃油压力表和滑油压力表等。R44型直升机的发动机仪表包括双针转速表(该转速表既用于指示发动机转速也用于指示旋翼转速)、进气压力表、滑油温度表、气缸头温度表和燃油油量表(R44型直升机的燃油油量表为航空汽油油量表,分为主燃油箱油量表和副燃油箱油量表两个)。

在飞机其他系统或设备中使用的测量仪表,包括汽化器温度表、时钟、数字式外界大气温度表、安培表等，发动机滑油压力计时器位于飞行员座椅右侧。此外，R44 型直升机安装了电流表、时钟和飞行小时计时器。

16.1.1　仪表布局-七孔仪表板

R44 型直升机的七孔仪表板分为上部仪表板和下部仪表板，其中上部仪表板有七个孔，下部仪表板上有三个孔。上部仪表布局如图 16-2 所示。

图 16-2　上部仪表板布局

上部仪表板的安装孔分为上、下两排，其中上排有四个安装孔，从左到右分别为升降速度表、地平仪、空速表和双针转速表；下排三个从左到右分别为高度表、航向仪和发动机进气压力表。

下部仪表板安装了外部大气温度指示器、安培表、时钟和各发动机仪表，如图 16-3(a) 所示，下部中央操纵台上安装了通信与导航设备和控制开关，如图 16-3(b) 所示。

（a）　　　　　　　　　　　　（b）

图 16-3　下部仪表板及中央操纵台

R44 型直升机的仪表多数采用模拟式测量仪表，通过指针在刻度盘上的连续指示得到测量参数值。飞行员如果想得到仪表指示的具体值，需要连续观察一段时间，通过指针在刻度上的位置进行计算。模拟测量仪表具有获得准确数值慢、变化趋势快的特点。

16.1.2　R44Ⅱ型直升机驾驶舱电子仪表系统总体布局

R44Ⅱ型直升机的仪表及操纵台如图 16-4 所示，主飞行显示器(PFD)左侧分别是升降速度表、空速表、航迹偏离指示器、高度表、时钟；主飞行显示器(PFD)右侧分别是发动机-旋翼转速表（双针转速表）、进气压力表。

下部操纵台的布局如下：上部左侧是温度仪表，右侧是发动机仪表，主要包括滑油压力表、滑油温度表、气缸头温度表、燃油油量表；中间是转换开关；下部电子系统面板依次为音频控制板、通信控制板、应答机面板。

上述仪表和控制面板共同完成飞机安全飞行的指示和通信引导。飞机通信系统主要用于飞机与地面之间、飞机与飞机之间的相互通信，也用于进行机内通话、旅客广播、记录话音信号以及向旅客提供视听娱乐信号。航空仪表系统用于监视和控制航空器的飞行、发动机及其他系统的有关参数，为飞行和维护人员提供目视指示。

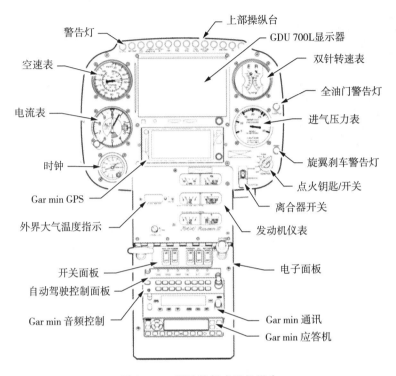

图 16-4　驾驶舱仪表及操纵台

16.2　仪表系统的组成和原理

16.2.1　大气数据仪表

1. 气压式高度表

根据大气层的组成及特点，大气的静压 P 随着高度增加而减小。通过测量气压，间接测量高度，就是气压式高度表的工作原理，这种高度表实质上是测量绝对压力的压力表。图 16-5 所示是一种典型的气压式高度表，其指示刻度盘为均匀刻度。

当气压基准被正确设定时，高度表提供航空器相对于基准面的高度信息。通过检查高度表读数是否对准机场标高，可校准高度表的指示，其误差应该在 70ft 范围内。

如图 16-6 所示，将高度表壳密封，空气压力为 P。静压由传压管送入高度表内腔。高度增加，表内压力减小，置于表壳内的真空膜盒（内腔抽真空后密封）随之膨胀而产生变形，膜盒中心的位移经传动机构传送、变换和放大后，带动指针沿刻度面移动，指示出与气压 P_H 相对应的气压高度数值。

在盘面的下部，有个小窗口，其示数是基准面的气压值，可通过调整旋钮调节。测量标准气压高度时,窗口内的示值应为 760mmHg。当测量与机场的相对高度时,其示数是机场地面的气压值。

图 16-5 R44 直升机气压式高度表

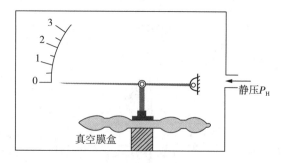

图 16-6 气压式高度表原理图

2. 升降速度表

升降速度表用来测量飞机爬升和下降时的升降速度,辅助地平仪判断飞机是否平飞。飞机在飞行中,高度会发生变化,例如飞机爬升或下降。高度的变化率是单位时间内飞机高度的变化量,也可称为"升降速度"、"垂直速度"或"升降率"。测量高度变化率的方法很多,这里只讨论通过测量气压变化来反映高度变化率的升降速度表。

(1)升降速度表原理

当飞机高度变化时,气压也随之变化。气压变化的快慢,可以表示飞机高度变化的快慢,即升降速度的大小。因此,只要测量出气压变化的快慢,就能表示飞机的升降速度。这就是升降速度表的基本工作原理,如图 16-7 所示。

在密封表壳内,装有一个压力膜盒,又称开口膜盒。用一根内径较大的导管使膜盒内部与静压源连通,而用内径较小的玻璃毛细管把静压源和表壳接通。当飞机水平飞行时,膜盒内外压力和大气静压相等,膜盒没有膨胀和压缩,仪表指示为零。飞机爬高时,随着高度的增加,膜盒内部的压力也随之减小,毛细管内径很小,对空

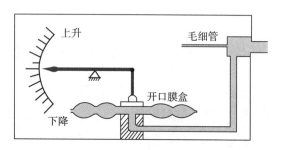

图 16-7 升降速度表原理图

气的阻滞作用较大,表壳内的压力(即膜盒外部压力)大于膜盒内部压力而形成压力差,膜盒压缩,经过传动放大机构带动仪表指针转动,指示出飞机的上升速度。

同理,飞机下降时产生与此相反的指示。当飞机转入水平飞行时,飞机外部的大气静压不发生变化,表壳内的压力通过毛细管逐渐恢复到与飞机外部的大气静压相等,指针也逐渐回到零。升降速度表所用的膜盒灵敏而性能稳定,表盘的刻度上下对称。为了对小升降速度给出高精度的指示,同时又可指示大升降速度值,表盘标刻成渐缩形式,这可用止动弹簧片或止动膜片来实现。表内装有一套调零机构,起飞前转动手柄可使指针处于零点,调整后须将手柄拧紧,保证表壳密封。

（2）升降速度表指示器

如图 16 8 所示，升降速度表的指针指"0"表示飞机在平飞，表的指针指"0"以上表示爬升，"0"以下表示下降。刻度盘上每小格表示 100ft/min，图 16-8 所示表示飞机在平飞。指示出现故障时，故障旗"OFF"出现。飞机平飞，膜盒内外没有压力差，仪表指示为零。飞机上升，由于毛细管阻滞作用，膜盒外压力大于内压力，指示上升，飞机下降时则相反。

3. 空速表

空速表是用来测量飞机空速的仪表，空速是指飞机在纵轴对称面内相对于气流的运动速度。飞行员根据空速的大小可判断作用在飞机上的空气动力情况，以便正确地操纵飞机。

飞机在空气中飞行，可以相对地认为飞机不动，空气流过飞机的速度，其大小等于飞机在空气中飞行的速度，即等于空速。因此，测量空速，也就是测量空气流过飞机的速度。

真空速是指飞机相对于空气运动的真实速度。指示空速是按海平面标准大气条件下动压与空速的关系得到的空速，又称表速。

（1）空速表测量原理

空速表的测量原理如图 16-9 所示，利用开口膜盒等敏感元件，通过测量空速管（见图 16-10）处的总压与静压的压差，并把它转换为标准海平面状态下的速度单位，间接测出空速。它实质上是一个动压测量仪表，在标准海平面状态下它所指示的空速（表速）值与真实空速相吻合，非标准状态下或海平面以上，指示空速将偏离真实空速。高度越高，偏差越大。迎角一定时，升力和阻力的大小直接取决于动压，因此指示空速对保证安全飞行、防止失速具有重大的意义，尤其是在起飞和着陆阶段。

图 16-8 R44 直升机升降速度表

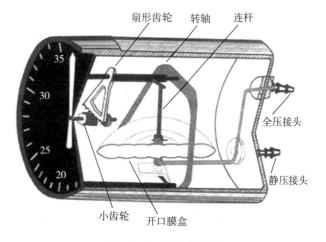

图 16-9 空速表原理

机外获取动静压的装置叫作空速管。空速管也叫皮托管、总压管。空速管测量飞机速度的原理：当飞机向前飞行时，气流便冲进空速管，在管子末端的感应器会感受到气流的冲击力量，即动压。飞机飞得越快，动压就越大。R44 型直升机的空速管如图 16-11 所示。

将空气静止时的压力（静压）和动压相比就可以知道冲进来的空气有多快，也就是飞机飞得有多快。比较两种压力的工具是膜盒，膜盒是密封的，但有一根管子与空速管相连。如果飞机速度快，动压便增大，膜盒内压力增加，膜盒会鼓起来。用一个由小杠杆和

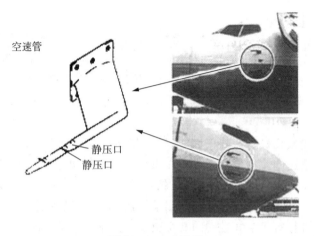

空速管

静压口
静压口

图 16 - 10　空速管

齿轮等组成的装置可以将膜盒的变形测量出来并用指针显示。现代的空速管除了正前方开孔外,还在管的四周开有很多小孔,并用另一根管子通到空速表内来测量静止大气压力,这一压力称静压。空速表内膜盒的变形大小就是由膜盒外的静压与膜盒内动压的差别决定的。

空速管是飞机上极为重要的测量工具。它的安装位置一定要在飞机外面且气流较少受到飞机影响的区域,一般在机头正前方,垂尾或翼尖前方。同时为了保险起见,一架飞机通常安装 2 副以上空速管。而我国歼-20 隐形战斗机采用的是分布式压力传感器来取代空速管以保证隐身性。但是后者需要大量的数据采集比对才能保证稳定、可靠。机头空速管的作用就是用来采集数据以便与压力传感器数据比对,保证其算法的准确可靠。这种测压方法使用压力传感器阵列加上算法修正,只需要开孔,而不需要安装外置的结构。有的飞机在机身两侧有 2 根小的空速管。美国隐身战斗机 F - 117 在机头最前方安装了 4 根全向大气数据探管,因此

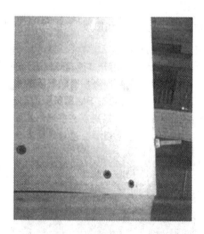

图 16 - 11　R44 直升机空速管

该机不但可以测大气动压、静压,而且还可以测量飞机的侧滑角和迎角。有的飞机上的空速管外侧还装有几片小叶片,也可以起到类似作用;垂直安装的叶片用来测量飞机侧滑角,水平安装的叶片可测量飞机迎角。

空速管测量出来的速度并非飞机真正相对于地面的速度,而只是相对于大气的速度,所以称为空速。如果有风,飞机相对地面的速度(称地速)还应加上风速(顺风飞行)或减去风速(逆风飞行)。另外空速管测速原理利用到动压,而动压和大气密度有关。同样的相对气流速度,如果大气密度低,动压便小,空速表中的膜盒变形就小。所以相同的空速,在高空指示值比在低空小。这种空速一般称为“表速”。现代的空速表上都有两根指针,一根比较细,一根比较粗。粗的指针指示“表速”,而细的一根指示的是经过各种修正的相当于地面大气

压力时的空速,称为"实速"。

为了防止空速管前端小孔在飞行中结冰堵塞,一般飞机上的空速管都有电加温装置。

(2)空速表指示

绿区代表飞行的安全速度区,绿区的上限是飞机的最大平飞速度,也就是在襟翼全放下的情况下,如果速度在绿区就不会失速。

白区代表襟翼操作的安全区,如果速度在白区,可以放下或收起襟翼,但是一旦速度超过白区,襟翼就不能处于全放的状态了。这个白区一般是在只有简单襟翼的飞机上才会这么表示,白区划到最终段的最大限速。

黄区是飞机接近设计最大速度的警告区,一旦飞机速度到了黄区,那么必须时刻注意不要超过现在的速度,一旦超过了限定速度,飞机就极有可能空中解体。空速表的读数是根据指针在表盘的位置直接读数,空速表单位以节和海里/小时表示,单位默认是节(kn)。空速表只在前飞时工作,后退或横飞时不指示正确的空速。R44 的空速表指示向前空速达到最大 130kn(红线),如图 16－12 所示。

4. 外界大气温度表

外界大气温度表有一个伸出机腹下部的不锈钢探头,如图 16－13 所示,并通过一根校准长度的导线连接。

注:不允许剪切或拼接 OAT 探针导线。

图 16－12　R44 直升机空速表　　　　　　图 16－13　温度探头和温度表

在高空飞行时,空气中的水分由于低温可能结冰堵塞全温探头的进气孔或排气孔,因此,全温探头内设置了由加温电阻组成的防冰加温元件。在飞行期间,加热元件不会影响测量的温度值;但飞机停留在地面时,由于没有气流流动,如果不关闭加热元件,就会影响温度的测量。

在地面或飞行速度较低时,可以利用小流量的发动机引气流动,在全温探头腔体内形成的负压,使进入腔体的气流顺畅流动,同时还能将加温元件的热量带出,使全温测量值准确。

全温探头测量到的大气全温可以直接用于发动机推力计算。大气静温不能通过直接测量得到,它是由大气数据计算机计算出来的。简而言之,大气静温等于大气全温减去冲压引起的动温。

无论在地面对加温电路测试,还是拆卸时都要注意探头的温度。拆卸时,拔掉探头的电插头,断开发动机引气,维修人员不要触摸探头以免被烫伤。

16.3 全/静压系统

全/静压系统是用来收集气流的全压和静压,并把它们输送给需要全/静压的仪表及有关设备,如空速表、高度表和升降速度表。如图 16-14 所示,全/静压系统是否准确和迅速地收集和输送全/静压,这将直接影响全/静压系统仪表指示的准确性。高度表、升降速度表、空速表都是基于测量全/静压而工作的仪表,因此我们有必要学习全/静压系统的相关知识。

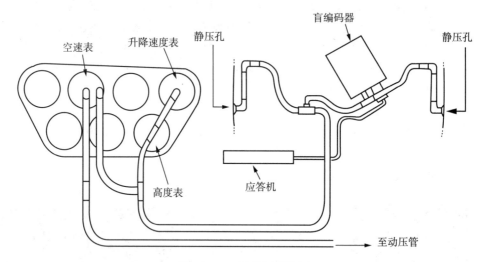

图 16-14　全静压系统图

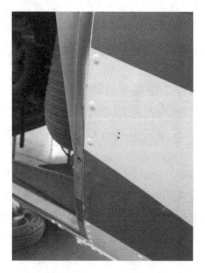

图 16-15　静压孔

1. 静压系统

高度表、升降速度表、空速表都需要获得静压,才能输出正确数值。这些仪表通过管路连接到静压孔。静压孔穿过机身蒙皮使飞机外部的静压进入到机内静压管路。双静压孔位于乘客门的后部,分别位于座舱两侧。在孔周围喷有一圈红漆,其下面标有注意事项。要求保持圈内的清洁和平滑,并且,静压孔上的小孔不能变形或堵塞,如图 16-15 所示。

2. 全压系统

全压系统应用于空速表中,全压等于动压与静压之和,它通过全压管测得。全压管将测得的全压加到空速表上。

全压管位于座舱之上主整流罩之前,全压管的前端应保持良好的环境,不能影响气流的流动,如图 16-16 所示。

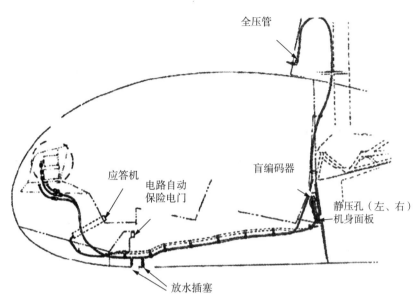

图 16 - 16　R44 全压系统

在管子内有一个挡板，它的作用是防止水或外来物进入全压管路。在管子的最低点有个排泄孔，它可以将水和灰尘颗粒排到外面。全压孔必须保持畅通，只有这样才能保证仪表给出 R44 直升机系统正确的指示。

电加温探头可以防止飞机在飞行期间结冰引起全压管堵塞。如果飞机在地面上接通加热开关，会对管子加温，并且温度很高，触摸时可导致严重烫伤。如果飞机长时间停在地面，全压管必须用专用护盖罩上，以防止水和其他外来物进入。护盖上带有明显标志，警告机械员或驾驶员在下次飞行前必须摘掉护盖。

3. 故障分析

可以拆卸塑料防水堵塞对全静压管路放水，可通过拆卸座舱下部的检查盖板来接近，只有在空速表或高度表装置工作不稳定时才需要对全/静压管路放水，全/静压出口需时常打开，检查有无小虫或其他堵塞。

(1)全压管堵塞

全压管堵塞只影响空速表，共有两种堵塞情况。如果进气口堵塞，排水口依然畅通，空速指示为"0"，因为全压和静压相等，所以动压为 0。这种情况一般是全压管进气口结冰产生的。如果进气口和排水口都堵塞，空速指示平飞时不变，爬升时增加，下降时减少。因为全压被封闭在全压管内，全压不变，爬升时静压减少，动压增加，下降时静压增加，动压减少，此时空速表相当于高度表。

(2)静压管堵塞

静压管堵塞，三个仪表都受影响。空速表指示错误，垂直升降表指示为"0"（气压改变为0），高度表指针指示不变。大多数飞机都有备用静压源，通常选用备用静压源后，高度表指示会高于实际高度，空速表指示会快于实际空速升降速度表会出现短暂爬升，因为备用静压源受旋翼尾流的影响压力有所减少。

16.4 地平仪

垂直陀螺可以作为飞机姿态指示的基准,也称为地平仪,提供俯仰和倾斜信息。地平仪是摇摆的地垂性修正陀螺,利用陀螺的稳定性建立稳定的人工地垂线,从而根据飞机和陀螺的关系测量飞机的俯仰角和倾斜角。

航空器的俯仰角由指示器上小飞机和人工地平线之间的相对位置反映;航空器的倾斜角由顶部的三角指针指示。垂直陀螺安装在小型飞机的姿态指示器中,它必须在各种情况下都能正常工作。R44型直升机安装一个电动地平仪,由汇流条供给 28V 直流电,并且在地平仪上选装了一个侧滑仪,如图 16-17 所示。

在电源接通之后,为了使陀螺快速直立,可以拉动快速直立手柄,此时,万向支架被锁定,并且稳定在正常位置。

注意:在锁定万向支架时,请确认陀螺处于全速旋转或完全停止状态,否则,可能损坏陀螺。

图 16-17 R44 直升机地平仪

16.5 航向仪表

图 16-18 R44 直升机电动航向仪

16.5.1 航向仪

航空器的航向是指飞机机头方向,航向是飞机导航所需要的基本参数之一,它显示在直读式磁罗盘或远读式磁罗盘上。磁罗盘通过感受航空器所在地的磁场测量航空器的磁航向。R44 型直升机在驾驶舱挡风玻璃中央安装一个垂直磁罗盘,如图 16-18 所示,也称为电动航向仪。

航向:飞机纵轴方向(即航标线)与北极方向之间的夹角。

真航向:以地理北极为基准(TN),顺时针旋转到飞机纵轴所围成的角度。

磁航向:以磁北为基准(MN),顺时针旋转到飞机纵轴所围成的角度。

实际上,磁极的位置是随时间漂移的,但所有导航设备和跑道方向以及航图上的信息都是以磁航向为基准的。所以,磁北基准必须每隔几年更新一次。

16.5.2　水平状态指示器

水平状态指示器是罗盘系统指示器,能够指示直升机的航向,偏离预定 VOR 方位的情况,偏离 ILS 航道和下滑道的情况。如图 16-19 所示为 R44 型直升机水平状态指示器。

16.5.3　转弯侧滑仪

转弯侧滑仪用来指示飞机转弯方向和快慢程度,该仪表由转弯仪和侧滑仪组合而成。其功能有:

① 指示飞机转弯或盘旋的方向;

② 粗略反映转弯的快慢程度;

③ 指示飞机在某一真空速时无侧滑转弯的坡度或倾斜角。

如果仪表上的小飞机处于水平状态,说明直升机没有转弯;如果小飞机处于左倾状态,则说明向左转弯;如果小飞机处于右倾状态,则说明向右转弯。小飞机的倾角越大,则说明转弯角度越大。侧滑仪可指示直升机有无侧滑,如图 16-20 所示。

图 16-19　R44 直升机水平状态指示器　　　图 16-20　R44 直升机转弯侧滑仪

侧滑仪用来指示飞机有无侧滑和侧滑方向。如图中的小球部分,当小飞机翼尖或指针对准“L”或“R”标线时,表示飞机以标准角速度(3°/s)转弯。若无侧滑,飞机转 360°需要 2min 时间,这就是转弯侧滑仪表面上标有“2MIN”字样的含义。

16.6　仪表系统的故障分析

仪表故障是直升机常见的故障,仪表故障会影响驾驶员的正常驾驶,威胁着直升机的安全。因此,掌握仪表故障类型及排除方法显得尤为重要。仪表故障判断总表见表 16-1、表 16-2 所列。

表 16 - 1　飞行仪表故障判断总表

仪表	故障现象	可能原因
空速表	不指示	皮托管堵塞
		皮托管未连接好
		上仪表下皮托管弯曲
		仪表本身缺陷
	指示误差大	动静压管线连接松动
		皮托管破裂
		动静压系统中有水
		仪表本身缺陷
高度表	不指示	静压管堵塞
		仪表本身缺陷
	指示误差大	静压管线路内有水
升降速度表	平飞时指示爬升	静压管堵塞
	指示不回零	静压系统内有水
		仪表本身缺陷
	指示不稳定	仪表本身缺陷

备注：电动仪表故障判断方法见维修手册第 9 章。

表 16 - 2　发动机仪表故障判断总表

故障	可能的原因	排除方法
发动机仪表不指示	线路自动保险电门跳闸；没电或没接地；传感器或电线不良；仪表不良	检查电路，如电路没有问题，重置线路自动保险电门；检查动力线和接地线；用新传感器检查，必要时更换传感器或电线用新传感器检查，必要时更换
仪表误指示或指示反复无常	动力线、接地线或传感器电线松动；电瓶接头松动	检查所有 3 项，交流发电机电门关闭时如电瓶连接不良，转速表也能误指示
仪表指示过高或过低	仪表不良；搭线或电线短路	用新仪表检查；检查电路

复习思考题

1. R44 直升机上的全/静压系统给哪些仪表提供气压？提供动压还是静压？

2. 简述气压式高度表的原理及安装位置。

3. R44 直升机的飞行仪表有哪些？

4. R44 直升机的其他仪表有哪些？

5. 如何进行全/静压系统测试？

6. 如何识别地平仪、转弯侧滑仪和磁罗盘。

7. 简述仪表系统的故障排除方法。

8. 简述 R44 直升机七孔仪表板布局。

9. 简述升降速度表的原理及安装位置。

10. 简述空速表的原理、表盘颜色代表的含义。

11. 简述全静压系统的故障分析。

12. 简述温度探头安装位置及功能。

13. 简述备用地平仪的功用、工作原理和指示。

14. 简述磁罗盘安装位置、功用、读数。

15. 简述水平状态指示仪的功用、安装位置及拆卸步骤。

16. 怎样判读转弯侧滑仪？ 2MIN 的含义是什么？

17. 简述双针转速表安装位置、其传感器的工作过程、电源工作情况。

18. 直升机其他仪表有哪些？分别位于哪里？

第 17 章　起落架

17.1　概　述

除了轮式起落架外，飞机上常见的起落架形式还有滑橇式起落架和浮筒式起落架。

17.1.1　滑橇式起落架

滑橇式起落架(见图 17-1)适用于冰雪机场、松软土质跑道和草坪，它主要用于轻型直升机。滑橇式起落架相比轮式起落架重量轻很多，尤其对于可收放式轮式起落架而言，液压、收放和支柱等系统要占据很大的重量，这对自重仅数吨级的轻型直升机来说是相当重的，而减重对大型直升机则是次要的。所以重量轻和结构简单是决定滑橇式起落架使用的根本原因。

图 17-1　滑橇式起落架布局示意图

17.1.2　浮筒式起落架

浮筒式起落架(见图 17-2)常应用于水陆两栖飞机上，由于水陆两栖飞机需要能够安全降落在水上和陆上，因此浮筒式起落架除了设有普通可收放机轮外，还设有专在水上降落、不能收回的浮筒。

图 17-2　浮筒式起落架布局示意图

浮筒式起落架的机轮是收回在浮筒之内的，为了方便在水面转向，有些浮筒的尾端还装有尾舵。

安装于飞机上的浮筒也有两种形式。一种是不可折叠的浮筒，也称为硬式浮筒。它可以代替滑橇式起落架，在水面和陆地起降时使用，这种形式一般用于轻型直升机或固定翼飞机上；另一种是可折叠式浮筒，也称为软式浮筒或应急浮筒。在正常的飞行或起降过程中，它被折叠在一定位置(一般在起落架附近)。当飞机在水面飞行遇到紧急情况时，通过高压气瓶快速充气可以让飞机迫降在水面上等待救援。折叠式浮筒一般安装在执行水上飞行任务的中型直升机或固定翼飞机上。

17.2 起落架的结构

对于 R44 直升机而言,机上装的起落架为滑橇式起落架,也可安装浮筒式起落架。

17.2.1 滑橇式起落架的组成与拆装

R44 标准起落架由 2 根铝制橇管、4 根钢支柱、2 根铝制横管和 4 根锻造铝弯管组成。起落架的每个弯管连接机身,空气动力整流罩安装在每根支柱上。前机身右侧固定座为钩环铆合,使起落架横管具有挠性,钢管机架与右后起落架固定座也是挠性结合,使横管具有挠性。橇瓦由具有耐磨表面的 4130 钢组成,在着陆过程中,保护橇管的下部。其结构及零件图如图 17-3 所示,图中序号对应零件的件号及名称见表 17-1 所列。其中,横管的高度决定了机腹距离地面的高度。如果后横管发生变形,尾橇离地距离不足 30in 时,需更换后横管。当滑橇底部磨损,使其最薄点达到 0.05in 时,必须更换橇瓦。

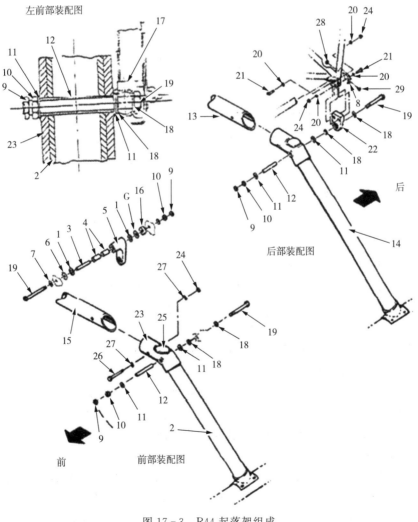

图 17-3 R44 起落架组成

表 17 - 1　零件的件号及名称

序号	件号	名称	序号	件号	名称
1	A214 - 10	垫片	15	C241 - 2	横管(前)
2	C014 - 10	支柱组(前)	16	C141 - 6	垫片
3	C105 - 1	轴颈	17	C294 - 2	轴承组
4	LJS - 1016	轴承	18	C141 - 4	垫片
5	C014 - 5	钩环组	19	NAS6607 - 53	螺栓
6	C141 - 5	垫片	20	A141 - 11	垫片
7	AN960 - 716L	垫片	21	NAS6604 - 17	螺栓
8	D310 - 5	后托架,左(图示)	22	C014 - 7	支柱组
	D310 - 6	后托架,右(未图示)	23	C240 - 1	弯接头
9	B330 - 21	薄板螺帽	24	NAS1291 - 4	螺帽
10	NAS679A7	螺帽	25	C247 - 2	防雨盖
11	AN960 - 716	垫片	26	NAS6604 - 41	螺栓
12	C278 - 1	垫片	27	AN960 - 416L	垫片
13	C241 - 1	横管(后)	28	A31007	螺母
14	C014 - 9	支柱组(后)	29	S14119	螺丝

　　R44 水上机具备永久可充气通用浮筒或紧急充气浮筒,分别安装在橇管和一体化延长钢支柱上,后橇延长段用以支撑浮筒,支柱整流罩没有安装通用浮筒。

17.2.2　浮筒式起落架的组成与拆装

　　R44 clippers 可选装紧急快速充气浮筒和普通充气通用浮筒两种。它包括延长斜支柱、橇延伸段、未充气的浮筒(可储藏在沿橇管的保护罩内)、一只轻型的复合材料制成的压力气瓶(位于左前座椅下的行李舱内)、一条充气总管、一根充气杆(位于正驾驶总距杆上)以及一个位于下垂直安定面底部的附属水平安定面。在压力气瓶上有一个阀门并有一块压力表、一个温度释放活门,在温度超过 281F°时释放压力;此外,还具备一个金属密封片和一个弹簧负荷销。如果实施浮筒充气,正驾驶总距杆上的红色充气杆必须首先由弹簧负荷保险装置保持在"READY(准备)"位,然后必须具备足够的力按住充气杆,切断一个铝制铆钉。按住充气杆使得弹簧负荷销刺破金属密封片,使 4945LB/in² (正常在 20℃)的氦气经总管充入两个浮筒。总管由带金属接头的软管和每个浮筒舱处的检测阀门组成。每个浮筒有 6 个舱(早期有 5 个舱)。每个浮筒舱还有一个便于手工充气的顶部阀门和一个内部压力过大时的压力泄放阀门。充完气之后,快速充气浮筒与通用浮筒在外形、尺寸等方面是一致的。

　　1. 通用浮筒式起落架

　　通用浮筒可以当做起落架来使用,以方便飞机在水上或临水陆地飞行。罗宾逊R44Clipper 直升机可以装浮筒起落架或标准起落架飞行。当要改变构件时,要全部将通用浮筒起落架拆下,再装上一个完全标准的起落架。除非必须修理,不要从起落架橇管上卸去浮筒。图 17 - 4 所示为通用浮筒的安装示意图。

注意：浮筒式起落架只能装在 R44 Clipper 直升机上。

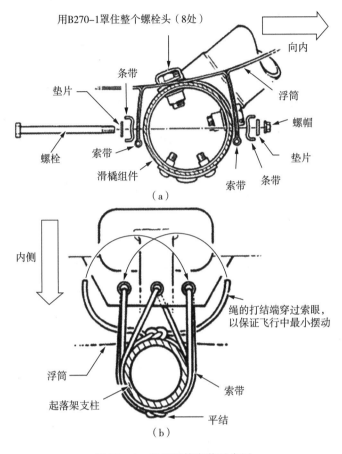

图 17 - 4 通用浮筒安装示意图

(1)维修注意事项：

① 图中的螺栓和垫片，可以选择不同长度和厚度，以保证螺帽处露出 2～4 圈螺纹。在锁带和滑橇之间，螺栓头、螺帽下面和螺栓周围用 B270 胶密封。

② 从橇管上、浮筒上、索带上清除旧的密封胶，然后安装浮筒。清除旧的密封胶过程中要使用塑胶刮刀。

③ 每个螺栓孔上的索带和橇管之间的密封胶，也作为黏合剂，在拆卸过程中要避免索带损坏。

(2)通用浮筒的拆卸程序：

① 放掉浮筒中的空气，使绑带松动。

② 解开并拆去每个起落架斜支柱的绑带。

③ 卸下将浮筒固定在橇管和橇管延伸部分的部件。

④ 从索带上卸下固定带，小心地从橇管和橇管延伸部分分离索带。

2. 快速充气浮筒起落架

快速充气浮筒也称为应急浮筒或紧急快速充气浮筒。在充气前它就像一个被放了气的气球，可以被折叠放在起落架舱内。当飞机遇到紧急情况在水面迫降时，可以通过高压气瓶快速充气，让飞机在水面保持漂浮状态，以提高乘客的安全系数。图 17 – 5 所示为快速充气浮筒安装示意图。

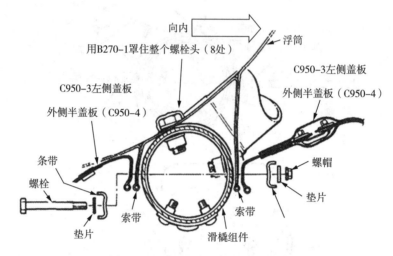

图 17 – 5　快速充气浮筒安装示意图

如果将通用浮筒或标准起落架安装在快速充气浮筒的位置，要拆去压力气瓶、充气杆（包括支架和钢索）和外部管路（在前横管槽盖好压力气瓶口和 T 形接头）。另外，按维修手册 10.250 章节检查自转转速以及对空机重量和平衡的计算。

（1）快速充气浮筒的安装注意事项：

① 浮筒处在极端压力下，当在前左行李舱工作时，在浮筒的拆卸或安装过程中，或在浮筒充气口工作时，要在压力浮筒活门中装锁销。工作完毕后，拆下锁销。

② 除非要进行修理，不要从橇管上拆去浮筒，以避免浮筒损坏。

③ 每个螺栓孔上的索带和橇管之间是用橡胶密封的，在拆卸过程中要避免索带损坏。

④ 在安装前要从橇管上、浮筒上、索带上清除旧的密封胶，清除时可以使用塑胶刮刀。

（2）快速充气浮筒的包装程序：

① 放出浮筒内的空气。检查浮筒固定到橇管部分是否适当，所有管子的连接是否合适，热缩管要盖好。

② 将放完气的浮筒在橇管外侧展开。用一台真空泵，通过每个浮筒舱顶部阀门，抽出多余的空气。

③ 用一块粘满滑石粉的布，轻涂整个浮筒（包括盖布内侧）。

④ 将浮筒的前端向下和向后折叠直到折叠线到达围线，如图 17 – 6(a) 所示。

⑤ 将浮筒的后端向前折叠直到折叠线达到索紧带，如图 17 – 6(b) 所示。

⑥ 将钩和环状紧固件沿盖布的展向固定在环线的内侧，如图 17 – 6(c) 所示。

⑦ 孔和阀门盖住边布，从外缘滚转浮筒将橇管尽可能地抱紧，如图 17 – 6(d) 所示。

⑧ 将浮筒置于橇管顶部,用罩布将浮筒包住。用一只牙签或小刷子,将 A257 - 7 油脂涂到粘扣的配合面。沿外侧将钩、绳和粘扣紧固件固定好。

⑨ 每个浮筒有两个索带。一条索带将浮筒盖布固定到橇管的后延伸管上。另一条索带将浮筒盖布固定到橇管上。确保索带穿过盖布中的索眼用交叉("阶梯状"索带)方法,如图 17 - 6(e)所示。

⑩ 拉每段的索带直到拉紧或直到材料的边缘收紧;不要过紧,索带端打双矩形节(4 个交叉锁边节)。

⑪ 索带绳的端部[见图 17 - 6(f)]、固定钩和环状紧固件沿盖布的长度方向塞进,在盖端处固定钩和环状紧固件。

⑫ 检查所有紧固件是否合适,浮筒要卷紧无凸块或松动。

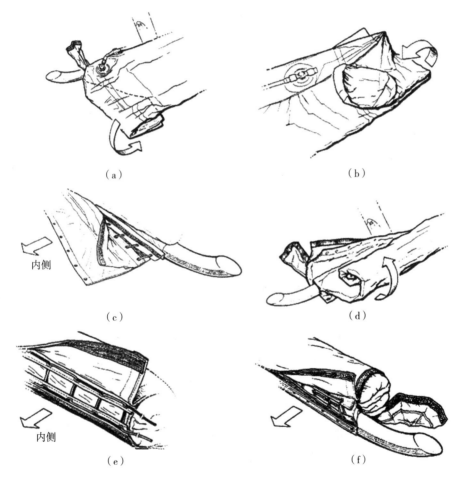

（a）　　　　　　　　　（b）

（c）　　　　　　　　　（d）

内侧

（e）　　　　　　　　　（f）

内侧

图 17 - 6　浮筒折叠方式

17.2.3　快速充气气瓶

气瓶的最大寿命为 15 年,液压测试间隔最长为 5 年,在飞机上的检查间隔最长为 3 年,因此超过 12 年的气瓶或者液压测试超过 2 年的气瓶建议不要再使用,除非已确保没有超过其寿命或者液压测试极限。

　　所有充气设备(泵、软管、接头等)的工作压力不得小于 6000LB/in²，且状况良好。

　　气瓶温度和压力必须在安全极限内，充气时，监视压力表，使用热电偶或其他温度探头监测热释放接头表面的温度，温度不能超过 50℃(122℉)，压力不能超过 5500LB/in²。如果接近极限，应停止充气，等待气瓶冷却、压力降低后再充气。建议将气瓶放在有水池内，慢慢充气，使水的高度低于阀门，以免水进入阀门。外界温度和气瓶压力对应关系见表 17-2 所列。

表 17-2　外界温度和气瓶压力对应表

外界温度/℃	压力/(LB/in²)
−20	4268
−10	4437
0	4606
10	4776
20	4945
30	5114
40	5283

　　具体充气方法如下：

(1)拆下充气口盖；

(2)按图 17-7 安装 MT546-2 转接头；

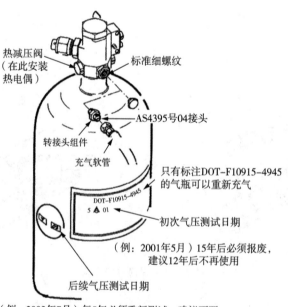

图 17-7　快速充气气瓶结构图

（3）将充气软管连接到 MT546 - 2 转接头；

（4）根据表 17 - 2 所列，用至少 99.98% 的纯氮气充填；

（5）等待气瓶和阀门冷却至外界大气温度，最后充氮气以补偿冷却时损失的压力；

（6）去除充气软管，重新安装充气口盖。

17.3　起落架的维护和检查

17.3.1　日常维护检查

（1）确保橇管底部的放水孔不被堵塞。仅对标准和进气充气起落架而言，每橇有两孔，位于两前橇瓦之间和紧接在前支柱橇瓦之后。

（2）经常为橇管、横管和支柱补漆以防止腐蚀，使用材料参见维修手册 2.400 章节有关批准的油漆和底漆。

（3）经常检查橇瓦，特别是在自转接地、滑跑起飞或着陆以后。

（4）用 B270 - 1 或 B270 - 9 胶安装丢失或松动的防水盖（参见维修手册 2.480 章节），按制造厂说明调和胶。

（5）着陆装置采用弹性减振着陆橇，重着陆时的冲击力大部分被着陆装置弹性吸收。但在特别重的着陆时，中心横杆撑杆吸收冲击力，撑杆会向上撇向外方。横杆允许有轻微屈服，屈服严重到空机停放在水平路面上尾橇离地不足 30 英寸时，此横杆报废，应予以更换。

（6）每个橇的底部都装有硬化钢护板，应定期检查这些护板，特别是自转接地着陆后。不论何时只要护板最薄处的厚度不足 1/16（0.05）英寸时，应更换此板。

17.3.2　橇的延长段的更换

（1）用千斤顶顶后横管弯接头内 1 英寸处，使直升机一侧抬起。

（2）卸下后橇瓦，卸下后支柱与橇管连接的 4 个螺栓（见图 17 - 8）。

（3）卸下 C937 - 1 或 C937 - 2 橇管并更换。

（4）安装支柱与橇管的 4 个 NAS6606 - 4 连接螺栓，并按维修手册 1.320 章节指定力矩拧紧，安装橇瓦。

（5）用 B270 - 9 胶密封橇延长段的槽缝。

图 17 - 8　橇管

17.3.3　起落架的检查

（1）橇和护靴：检查左右橇及护靴的磨损情况，最小允许的靴厚度是 0.05 英寸。确保放水口无堵塞，如图 17 - 9 所示。（不适合浮筒式起落架）

（2）支柱和弯头（如装有，要打开整流罩）：检查是否有裂纹和腐蚀，特别是弯头的连接

图 17-9　起落架橇管的检查

处,检查支柱下部的焊接区是否有裂纹。

(3)起落架整流罩:检查有无裂纹,铆钉是否松动,固定是否良好。

(4)对横管进行检查,特别是检查弯头连接处有无裂纹和腐蚀。

(5)将直升机水平停放在地面,测量尾橇与地面的距离。如果尺寸小于 30 英寸,必须更换 1 根或者 2 根横管。

(6)起落架固定点:检查前固定点的铆钉是否松动,有无裂纹和微动磨损,检查轴承座是否松动下陷,轴承有无磨损。

复习思考题

1. 起落架的作用是什么?

2. R44 直升机采用什么形式的起落架? 它有什么特点?

3. 简述浮筒式起落架的用途。

4. 简述通用浮筒在 R44 直升机上的拆卸程序。

5. 简述在直升机上安装快速充气浮筒的作用。

第18章 灯 光

18.1 灯光系统概述

一个红色的频闪灯(防撞灯)安装在尾锥上,它由频闪灯电门控制。位置灯(航行灯)安装在座舱两侧和尾端部,它由"nav light"电门控制。用于仪表照明的是柱灯和内部照明灯(早期飞机)或在风挡玻璃顶部的灯(近期飞机)。当"nav light"电门打开时,激活仪表照明,亮度是通过在"nav light"电门上方的一个旋钮来调节。一盏头顶地图灯固定在一个转环架上,由其附近的电门控制。地图灯作为仪表板照明的应急灯。

两个着陆灯安装在机头,其有不同的垂直角度可增加照明面积。一个着陆灯电门控制着两盏灯,电门位于周期变距杆中心柱上。只有当离合器致动器电门在接通位置,着陆灯才能工作。除了标配的频闪灯外,在尾锥上还可选装一个闪光灯,在早期的飞机上,选装灯是由频闪灯电门控制的。标配灯是当电瓶电门打开就亮起来,而后期飞机选装灯则是由单独电门控制。

在仪表板上的警告灯包括离合器、低滑油压力、低燃油量、主齿轮箱和尾齿轮箱金属屑灯,主齿轮箱超温灯、发动机火警灯(传感器在 $275\pm10℉$)、低转速警告灯、低电压警告灯(ALT)、旋翼刹车灯和起动机啮合灯。R44 Ⅱ型还包括燃油滤、副油泵和一氧化碳警告灯。

警告系统包括警告灯、蜂鸣器以及测试按钮。对于不同型号的仪表板,警告灯在仪表板上的排布位置不同,但都包含了啮合警告、低滑油压力警告、低燃油量警告、主减金属屑警告、尾减金属屑警告、主减超温警告、发动机火警警告、旋翼低转速警告、低电压警告、旋翼刹车警告、起动机耦合警告、燃油滤堵塞警告、辅助燃油泵压力警告、一氧化碳警告。蜂鸣器安装于中央控制台右侧盖板,和旋翼低转速警告灯一起由旋翼低转速警告控制盒控制。警告系统的测试按钮位于主减舱内,如图 18-1 所示。按压测试按钮可对主减超温警告、主减金属屑警告、发动机火警警告、尾减金属屑警告、低燃油量警告、燃油滤堵塞警告进行测试。

图 18-1 警告系统测试按钮

夜间，当飞机在滑行道和跑道上滑行、滑跑、起飞和降落或在空中飞行时，都离不开灯光系统的照明和指示。即使在白天，有时在恶劣的天气条件下，灯光系统的照明和指示也是必不可少的。灯光系统的功用是为飞机安全飞行、驾驶员和乘务员的正常工作以及旅客安全舒适地旅行提供灯光照明和指示，具体功能如下：

（1）提供驾驶舱灯光照明。

（2）提供仪表板和仪表照明。

（3）为飞机的安全飞行和正常使用提供机外灯光照明。

（4）在紧急情况下为旅客和乘务员提供应急照明和撤离指示。

18.2　灯光系统组成

灯光系统包括防撞灯、航行灯、两个着陆灯、内部的仪表灯和位于头顶上的地图灯。着陆灯线路通过离合器开关控制，当解除离合器时关闭着陆灯。在早期的 14V 直升机上，航行灯和内部仪表灯的亮度可以通过一个变阻器调节，在后期的 14V 和所有 28V 的直升机上可通过电子调光器调节。如果电路接地短路，则调光器关闭，短路排除后，调光器会重置。

在仪表板上的警告灯包括离合器、低滑油压力、低燃油量、主齿轮箱和尾齿轮箱金属屑灯，主齿轮箱超温灯、发动机火警灯、低转速警告灯、低电压警告灯（ALT）、旋翼刹车灯和起动机啮合灯。R44Ⅱ型还包括燃油滤、副油泵和调速器警告灯，如图 18-2 所示。

图 18-2　燃油滤、副油泵和调速器警告灯

OIL（滑油灯）表示发动机功率或滑油压力减小，检查发动机转速表和滑油压力表，如证实压力减小，应立即着陆，无滑油压力继续工作，将严重损坏发动机并导致故障。

ENG FIRE（发动机火警灯）指示发动机舱内可能有火警。

MR TEMP（主齿轮箱温度灯）指示主减齿轮箱温度过高。

MR CHIP（主齿轮箱屑灯）指示主减齿轮箱有金属屑。

TR CHIP（尾齿轮箱屑灯）指示尾减齿轮箱可能有故障或情况恶化。

注意：假如灯亮并伴随噪音、颤动或温度升高等问题，应立即着陆，如无其他问题，尽快着陆。

断绒毛偶尔也可引亮金属屑灯，如探测器插塞中没有发现金属屑和碎片时，清洗后重新装入尾减齿轮箱。必须加的新滑油，悬停飞行至少 30 分钟。如金屑屑灯再亮，飞行前更换齿轮箱。

LOW FUEL(低燃油量)灯亮时表示还有大约 3 加仑的可用燃油,意味着发动机以额定功率工作,10 分钟后将用尽燃油。

注意:不能将低油量警告灯当作油量指示标准。

AUX FUEL PUMP(副油泵灯)指示低副油泵压力,如果没有其他问题,尽快着陆,如果灯亮伴随有发动机运行不稳,立即着陆。

FUEL FILTER(燃油滤灯)指示油滤污染,如果没有其他问题,尽快着陆,如果灯亮伴随有副油泵警告灯亮或者发动机运行不稳,立即着陆。

CLUTCH(离合器灯)灯亮表示离合器电路接通,正在啮合或解除啮合。如电门在啮合位置,此灯要亮到皮带妥善拉紧才灭。灯灭以前不要起飞。

注意:发动机高速运转或因飞行中三角皮带变热略有伸长而重新拉紧时,离合器灯也可能暂时亮起来,这是正常的。但是,如果灯光闪烁或在飞行中亮起 7 至 8 秒钟内不熄灭时,应拉离合器电路自动保险电门,减少功率并立即着陆,着陆时要准备进入自转,检查驱动系统是否有故障。

ALT(发电机灯)灯亮表示电压低,发电机可能有故障。此时应关掉不必要的电气设备,关发电机电门,停一秒钟再开,使超电压继电器重新复位。如果继续亮灯应尽快着陆,发电机不起作用,而继续飞行时可造成电子转速表失灵,形成危险的飞行状态。

BRAKE(旋翼刹车灯)灯亮表示旋翼刹车已经啮合。飞行中或开车前如发现此灯亮时应立即松开刹车。

STARTER - ON(起动灯亮)灯亮表示起动器电机正在啮合,如果点火开关从起动位置松开时,起动灯还没熄灭,立即拉混合比(操纵把手)到慢车切断,并关闭主电门开关,对起动电机做维修。

GOV OFF(调速器灯关闭)指示发动机转速油门调速器关闭。

CARBON MONOXIDE(一氧化碳灯)指示机舱内一氧化碳(CO)含量过多,打开机头和舱门通风口,关闭加温器。如果在悬停状态,应进入前飞,如果飞行中出现 CO 症状(头痛、眩晕、昏睡),立即着陆。

LOW RPM(旋翼低转速警告喇叭和警告灯)警告喇叭响和警告灯亮表示旋翼转速低于安全极限。要恢复转速,应立即加大油门并放低总距,前飞同时向后带杆。放下总距杆时,喇叭声停鸣,警告灯应熄灭。

图 18 - 3 所示为警告灯的位置。

仪表群断路器包括安培表,滑油压力表,滑油温度表,气缸头温度表和主、副燃油量表。该电路还提供汽化器大气温度和外界大气温度。照明系统电路发生短路或故障时,此断路器也同样支持地图灯。

注意:

① 电子设备的安装可能影响电子转速表的精确性和可靠性,因此,未经工厂允许,不得在 R44 上安装电子设备。

图 18-3 警告灯的位置

② 安装上部仪表板时,确保多销插头匹配正确,1 号插头的两边有一条白线,交叉插头会导致电气系统的损坏。

新闻机和警用机的飞行员座椅前的架子上有一个右侧保险电门板,上边有选装新闻机和警用机设备的所有保险电门。保险电门的前排连接到 28V 汇流条;后排连接到新闻机的 14V 汇流条;在警用机上,保险电门后排的外侧连接到 14V 汇流条,14V 汇流条由 28V/14V 转换器供电,保险电门板左侧单独的主电门控制警用机或新闻机的所有设备的电源。

自动电子配平控制器由位于同一盒子内的两个独立的电机控制器组成。每部电机控制器通过输入电源、应变计信号进行补偿控制,输出给电机并调整应变计的电力。当信号通过导线持续和稳定工作的同时,驾驶杆中间杆上的一个单独开关控制配平作动器输出。

18.3 机外灯光

机外灯光是指装在飞机外部用于飞机标识和帮助机组人员飞行的灯光,是飞机在夜间或复杂气象条件下飞行和准备时必不可少的指示和照明设备。它们主要包括航行灯、防撞灯(信标灯)、着陆灯、滑行灯、转弯灯、探冰灯、航徽灯等。作为航行灯和防撞灯的辅助灯光,现代飞机大多数还装备有频闪灯,有些飞机还加装了起飞灯。

机外灯光的共同要求是:①足够的发光强度和高的发光效率;②可靠的作用范围;③适当的色度。

18.3.1 航行灯、防撞灯和频闪灯

航行灯与防撞灯和频闪灯相互结合,用于显示飞机的轮廓、辨识飞机的位置及运动方

向，以防飞行器之间的相互碰撞或飞行器撞上建筑物等障碍物。

1. 航行灯

航行灯也称位置灯，航行灯的颜色色度图按国际照明学会(CIE)规定的三色坐标系统表示，以便与星光和地面灯光相区别。一般机身两侧和飞机尾部各有一个航行灯，分别为左红、右绿、尾白，如图 18-4 所示。每个航行灯由光源、反射器和滤光罩组成。航行灯多采用功率为数十瓦的航空白炽灯泡作为光源。为提高航行灯的工作可靠性和增大航行灯的作用距离，常采用几只灯泡装在一个灯具内的航行灯。

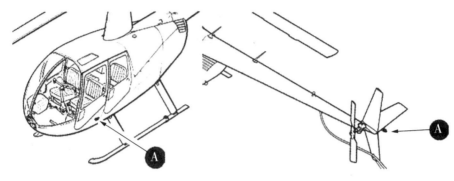

图 18-4　航行灯(左、右和尾部)

2. 防撞灯和频闪灯

防撞灯和频闪灯俗称"闪光灯"，闪光的目的是及时引起注意和警觉。随着现代电子技术的发展和广泛应用，现代飞机大都加装了频闪灯。防撞灯和频闪灯的主要区别在于颜色和安装位置上。前者为红色，安装在机身上部和下部。后者为白色，安装在机翼的翼尖前缘和机尾等处，如图 18-5 所示。闪光灯实现闪光的方法有电机旋转式、气体脉冲放电式和晶体管开关式三种。现代飞机的闪光灯多采用气体脉冲放电式，早期的防撞灯多采用电机旋转式。

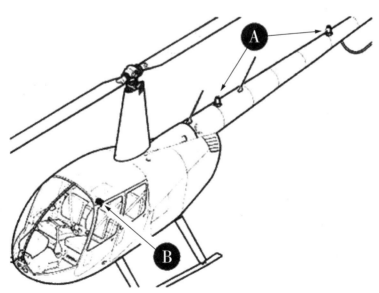

图 18-5　频闪灯

不管是白天还是夜间,在移动飞机或试车之前,最好先打开红色防撞灯,以引起周围其他飞机、车辆和人员等的注意。

18.3.2 着陆灯、滑行灯和转弯灯

1. 着陆灯

着陆灯是在夜间或能见度差时,为保证飞机安全起飞和着陆而照亮机场跑道的机上灯光装置。着陆灯按结构可分为活动式和固定式两种。活动式着陆灯由固定部分和活动部分组成。固定部分包括壳体、电动机和减速器,活动部分包括灯丝和锥形整流罩。使用时,可根据需要进行收放。

现代大中型飞机都装有固定式或活动式着陆灯,或者两者都有,以保证有足够的光强度和可靠性。目前着陆灯一般都采用新型光源,其发光强度为数十万坎德拉(烛光),要求短时使用。根据不同机型,对着陆灯的光束会聚性(光束角)、照射距离、照射宽度等都有专门的要求。如图 18-6 所示为 R44 飞机的着陆灯。

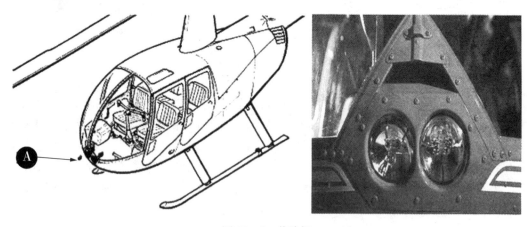

图 18-6 着陆灯

2. 滑行灯

滑行灯用于飞机滑行时照亮飞机正前方。有些例如我国 C919 飞机的滑行灯里有两组灯丝,功率较低的那一组称为滑行灯,在滑行时使用;功率较高的另一组称为起飞灯,在起飞时使用,与着陆灯一起照亮跑道。

3. 转弯灯

转弯灯也称为跑道转弯灯,在夜间滑行或牵引时用于照亮飞机侧前方的区域。在能见度较差的亮度条件下,当飞机移动时,转弯灯能使机组或机务人员看清转弯标识、滑行道和跑道边缘。它主要由光源和棱镜玻璃罩盖等组成,其灯光水平扩散角比较大,是着陆灯的数倍,但光强比着陆灯弱,一般仅为几万坎德拉,这样才能满足飞机滑行时有较宽视野和较长滑行照明时间的要求。

18.3.3 探冰灯和航徽灯

1. 探冰灯

探冰灯又称为"机翼检查灯"或"机翼和发动机扫描灯",是用来照亮飞机机翼前缘和发

动机进气道等容易结冰部位的机上灯光装置。探冰灯一般装于大中型飞机上,供机组人员目视检查机翼前缘和发动机进气道等部位的结冰情况,以便采取相应措施。探冰灯一般装在机翼与机身连接处之前的前部机身两侧,光束被预先设定在要求的角度。某些后置发动机的飞机,探冰灯装在机翼后缘的机身两侧。

2. 航徽灯

航徽灯也叫标志灯,其作用是照亮垂直安定面两侧的航徽。航徽灯通常安装在左、右水平安定面靠近前缘的上表面处。航徽灯是一个用户选装项目,并不是所有飞机都安装航徽灯。

18.4　灯光系统的维护和故障分析

灯光系统最常见的故障就是灯泡烧坏,导致灯组件不亮。如果更换灯泡后还没有排除故障,应检查相应的开关或断路器是否跳开。如果跳开但是没有短路现象,可以复位开关或跳开关后再次打开灯开关。如果继续跳开,不要再次复位,应检查线路中是否有短路问题。

在拆卸或安装灯泡和灯组件的时候,应注意力量适中,如果拆卸或安装时感觉费力,应检查是不是螺纹没有对正,或者卡槽有无变形。切不可盲目用力,否则可能会损坏灯泡和灯组件,同时可能造成对工作者手部的伤害。

复习思考题

1. 简述警告系统的组成。
2. 简述 R44 灯光系统组成及功能。
3. 简述 R44 直升机的警告系统的测试过程。
4. R44 型直升机机外灯光包括哪些? 分别位于哪里? 一般是什么颜色?

第 19 章　导　航

R44 型直升机上的无线电设备有:一套音频控制系统;两套甚高频通信设备;一套 GPS 导航设备;一套空中交通管制应答机;一套紧急定位发射机;可选装一套甚高频导航系统和一套指点信标机。这些设备由于采用大规模集成电路和印刷电路板等先进技术,设备体积小、重量轻,它们的接收机或发射机都与其控制显示面板组装在一起,集中安装在中央控制台上。

19.1　自动定向机系统

ADF 又称自动定向机,它是一个近程无线电导航系统。它从地面台接收无线电信号,其频率范围为 190~1750kHz。ADF 接收机计算出飞机到地面台的相对方位角(RB),即以飞机机头方向为基准顺时针转到飞机与地面台连线之间的夹角。该计算结果在无线电磁指示器(RMI)和导航显示器(ND)上显示。

ADF 接收机还从地面台接收由音频信号调制的莫尔斯电码信号,并将其输出到音频系统,用于对地面台的识别,如图 19-1 所示。

典型的 ADF 系统的接收机位于电子设备舱,天线位于机身顶部。接收机的调谐既可以由 FMS 自动完成,也可以在 ADF 控制板上完成。ADF 接收机输出的相对方位角在导航显示器(ND)上显示,大多数飞机上还安装有无线电磁指示器(RMI)。在 ACP 上选择 ADF 系统,可以收听地面台的音频识别信号。

115V 交流电从 ADF 电路跳开关到达 ADF 控制面板,ADF 控制面板将 115V 交流电发送到 ADF 接收机用于其工作。ADF 接收机发送 12V 直流电到 ADF 天线用于其工作。

图 19-1　ADF 仪表

ADF 天线组件包括环形天线和垂直天线,天线组件同时包含环形天线和垂直天线的信号放大器。环形天线提供方向数据,垂直天线提供台站音频信号。

ADF 系统利用两部天线接收来自地面台的电磁波。环形天线接收电磁波的磁场部分,垂直天线接收电磁波的电场部分,并将信号传送到 ADF 接收机。ADF 接收机利用这两个信号计算出相对方位信号,并且驱动 ND 和 RMI 上的指针指示出相对方位。

ADF 系统有两个工作方式下,即 ADF 和 ANT,可人工选择。

在 ADF 工作方式下,系统具备所有的功能。它能计算出相对方位角,并且通过音频系统可以听到地面台发出的莫尔斯识别码。在 ANT 工作方式下,只有感应天线工作。因此,不能计算出相对方位,但是收听识别信号更清晰一些。这一方式用于识别信号较弱的情况,如图 19 - 2 所示。

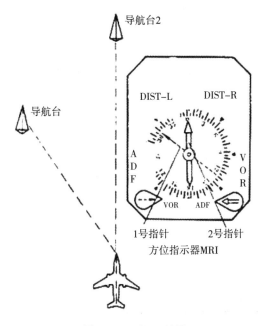

图 19 - 2 ADF 显示

19.2 全球定位系统 GPS

全球定位系统 GPS 是一种基于卫星的、长距离的、全球性的导航系统。GPS 是一种全天候的无线电导航系统,它不受静电云团等气象干扰,通过收、发无线电信号可为用户提供精确的定位和时间基准等。GPS 不仅适用于飞机等航空航天飞行器,也适用于地面汽车、人群、海上船只等的定位和导航。使用 GPS 系统的飞机,可以引导飞机在起飞、巡航、进近、着陆等各个阶段沿预定的航线准确地飞行。此外,卫星导航系统还可以综合用于通信、交通管制、气象服务、地面勘测、搜救等军事、民用方面。

在地球上空 10900n mile 的轨道上,有 21 颗工作卫星和 3 颗备用卫星。每颗卫星绕轨道一周需要 12h。每颗卫星向外发射包括传输时间在内的信号,机载 GPS 组件比较信号的接收时间与发射时间,并计算出这一信号的传输时间。通过这一传输时间,就能确定飞机到卫星的距离。此外,无线电信号在空间传播的速度是光速。

当机载 GPS 能收到至少 4 颗卫星的信号时,它就能计算出飞机所在位置的纬度、经度和高度。因为 GPS 中存储了所有卫星的轨道位置数据,所以它也被称为星历。

GPS 提供两种服务,一种是精确定位服务,用 PPS(Precise Positioning Service)表示,它仅用于军事方面;另一种是标准定位服务,用 SPS(Standard Positioning Service)表示,它用于民用航空。

GPS 使用的频率是 1575.42MHz,其定位精度在 15~25m 之间。

在使用标准定位服务时,其 15m 的定位精度太低,飞机不能利用 GPS 的定位数据着陆。定位精度太低这一不足,可以通过差分 GPS(DGPS)进行改善。

通常在飞机上安装有两部 GPS,每部 GPS 都有一部安装于机身顶部的天线,它接收卫星信号。卫星信号传送到 GPS 接收机,GPS 接收机在对信号处理后,将其送到飞行管理系统进行导航计算。无线电设备天线位置如图 19-3 所示,具体说明见表 19-1 所列。

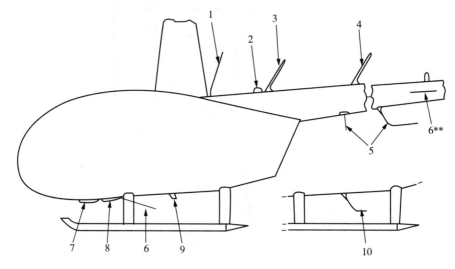

图 19-3 天线位置图

表 19-1 天线说明表

编号	说明
1	ELT 紧急定位发射器
2	GPS 全球定位系统
3	COM,CPS OR LORAN 通信,全场定位系统或罗兰系统
4	COM,CPS OR LORAN 通信,全场定位系统或罗兰系统
5	NAV 导航系统
6	ADF 自动定向仪
7	MARKER BEACON 指点信标
8	TRANSPONDER 应答机
9	MARINE FM TRANSCEIVER 水上 FM 收发机
10	FM TRANSCEIVER FM 收发机

19.3 气象雷达

机载气象雷达系统(WXR)用于在飞行中实时探测飞机前方航路上的危险气象区域,以选择安全的航路,保障飞行的舒适和安全。机载气象雷达系统可以探测飞机前方的降水、湍流情况,也可以探测飞机前下方的地形情况。在显示器上用不同的颜色来表示降水的密度和地形情况。新型的气象雷达系统还具有预测风切变(PWS)功能,可以探测飞机前方风切变情况,使飞机在起飞、着陆阶段更安全。

19.3.1 工作模式

现代机载气象雷达的工作模式(方式)有"气象""气象与湍流""地图"和"测试"等。

1."气象"(WX)模式

该模式是机载气象雷达的基本工作方式。其显示在 EHSI 或 ND 显示器上,向驾驶员提供飞机飞行前方的气象状况及其他障碍物的平面显示图像。

2."气象与湍流"(WX+T)模式

该模式是现代气象雷达的典型工作方式。当工作于"湍流"模式时,雷达能检测出湍流的区域,并显示在 EHSI 或 ND 上,出现品红色区域图像,也有的雷达显示为白色的图像。湍流探测的最大范围是 40n mile,超过 40n mile,只显示气象数据。

3."地图"(MAP)模式

该模式用于观察飞机前下方的地标特征。雷达天线(见图 19-4)下俯一定角度,天线辐射波束照射飞机前下方的广大地区,利用地表不同物质对雷达电波反射特性的差异显示地面和地形特征,如山峰、河流、海岸、大城市等地形轮廓平面位置分布图像。

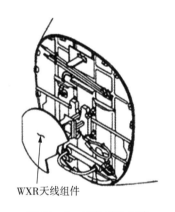

WXR天线组件

图 19-4　气象雷达天线

4."测试"模式

该模式用以判断雷达的性能状态,并在 EHSI 或 ND 上显示检测结果。

19.3.2 气象雷达信息的显示

1. 正常显示

气象雷达的正常显示包括气象数据、系统信息、警告信息,如图 19-5 所示。

显示器上的 WXR 数据显示飞机前方的气象或地形信息。颜色显示气象或地形回波信号的强度。这四种颜色用于 WXR 显示:①绿色轻度气象条件;②黄

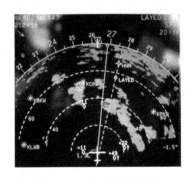

图 19-5　气象雷达显示

色中度气象条件;③红色重度气象条件;④深红色湍流。

气象雷达的系统数据在显示器的左下侧显示三行数据,分别表示方式、天线俯仰角和增益。

2. 预测风切变显示

如果 WXR 具有 PWS 功能,则在显示器上会显示风切变的三级警告信息。如果有二级警告信息,会显示黄色的"WINDSHEAR",如果是最高级警告,则显示红色的"WINDS-HEAR"。

19.3.3 气象雷达在地面使用时的注意事项

(1)前方有人,不能接通雷达系统。

(2)飞机在加油或有其他飞机在加油时,不能接通雷达系统。

(3)飞机在机库或朝着大的建筑物时,不能接通雷达系统。

(4)在地面时,雷达应工作在 TEST 或 STBY 位,若需处于发射方式应将天线置于全上仰位。

19.4 事故调查设备

19.4.1 飞行数据记录器(FDR)

按照航空法的规定,大型商用飞机上必须安装飞行数据记录器(FDR)。飞行数据记录器是在发动机工作(或飞机离地)后,自动实时地记录飞机的飞行状态参数和发动机工作状态参数,为分析飞行情况及飞机性能提供必要的数据。机载飞行数据记录器记录飞机最近 25h 的实时飞行状态参数与系统数据,以及飞机系统工作状况和发动机工作参数等。现行飞行数据记录器有两种类型,一种是磁带式飞行数据记录器,另一种为数字式飞行数据记录器。目前飞机大多数选用数字式飞行数据记录器为固态飞行记录器存储数据,如图 19-6 所示。为使记录器上的信息在较恶劣的环境下不丢失,记录器必须具有抗坠毁、耐火烧、耐海水和各种液体浸泡的能力。FDR 国际标准颜色是橙红色(橘红色),便于寻找。

固态飞行记录器的前面板上有水下定位装置(ULD),又称为水下定位信标机,它不是FDR 的一部分,但是两者必须固定在一起。当飞行记录器和水下定位信标机坠入海里,信标机的电源自动接通,起动晶体振荡器电路,产生 37.5kHz 的声波信号,经放大驱动扬声器,发出单音调音频信号,穿过海平面向空中辐射。使用声波探测装置可以接收到这一特定频率的信号,从而确定声源的方位和距离,便可找到 FDR。水下定位装置在水下的辐射范围是 1.8~3.0km,最大工作水深可达 2000ft,声波信号可保持发射 30 天。

ULD 的电源是干电池,一般选用锂电池,所以飞机坠入大海中,它能独立工作。维护中需要注意在干净的维修车间内更换 ULD 的电池,并且注意"O"形密封圈是否老化、变形,表面是否光洁,以防漏水或电池受潮。另外不允许把任何其他的标签贴在 ULD 的壳体上。更换电池时避免极性装错,避免油泥、沙子等进入装配螺纹中,防止密封圈损坏。

19.4.2 话音记录器(CVR)

话音记录器用于记录飞机着陆之前 30min 内驾驶舱中的机组通信、对话等所有的声音。当 115V 交流电源接入后,记录器便开始工作。记录器有 4 个录音通道,分别记录正、副驾驶通信,随机工程师通过音频选择板的通信和内话的音频,以及话音记录器控制盒上麦克风输入的驾驶舱内的声音。如图 19-7 所示,录音机前面板也有一个 ULD,与 FDR 功能相同。

图 19-6 飞行数据记录器   图 19-7 话音记录器

19.5 导航系统故障分析

导航系统是直升机电气系统的重要设备,如果导航系统出现问题,直升机将失去飞行方向,严重危害直升机的安全,图 19-8~图 19-12 所示是几种导航系统收发机电路原理图,我们可以根据电路图寻找导航系统故障来源,进而排除导航系统的相关故障。

复习思考题

1. R44 直升机的导航设备有哪些?
2. 识别 R44 直升机的天线。
3. R44 型直升机有哪些天线?
4. 简述 ADF 功能、频率范围、安装位置。
5. 简述 GPS 的功能、工作原理、提供的服务、天线安装位置。
6. 简述气象雷达功能、工作模式、信息显示情况。
7. "黑匣子"指的是什么?
8. 简述 FDR 的分类、功能,如何记录数据的。
9. 简述话音记录器 CVR 功能、安装位置、记录时间。

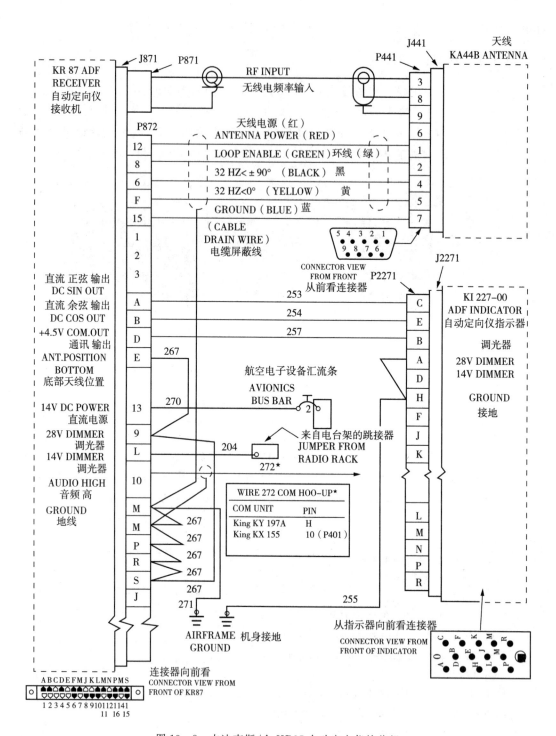

图 19-8　本迪克斯/金 KR87 自动定向仪接收机

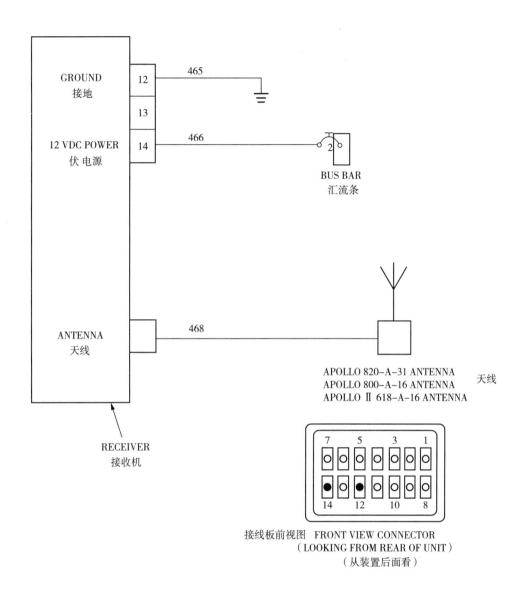

APOLLO 820-A-31 ANTENNA
APOLLO 800-A-16 ANTENNA 天线
APOLLO Ⅱ 618-A-16 ANTENNA

接线板前视图 FRONT VIEW CONNECTOR
（LOOKING FROM REAR OF UNIT）
（从装置后面看）

APOLLO 820 FLYBUDDY GPS RECEIVER
飞机全球定位系统接收机
APOLLO 800 FLYBUDDY PLUS LORAN C RECEIVER
飞机加远距离无线电导航系统C接收机
APOLLO 618 TCA LORAN C RECEIVER
航站管制区远距离无线电导航系统C接收机

图 19-9　全球定位系统 C 接收机

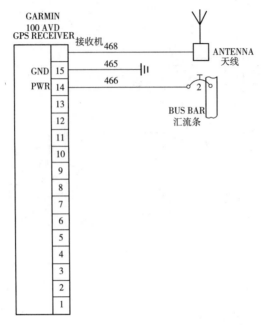

图 19 - 10　GARMIN 100 AVD 全球定位系统接收机

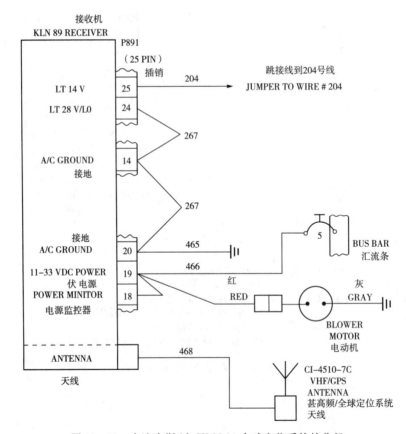

图 19 - 11　本迪克斯/金 KLN 89 全球定位系统接收机

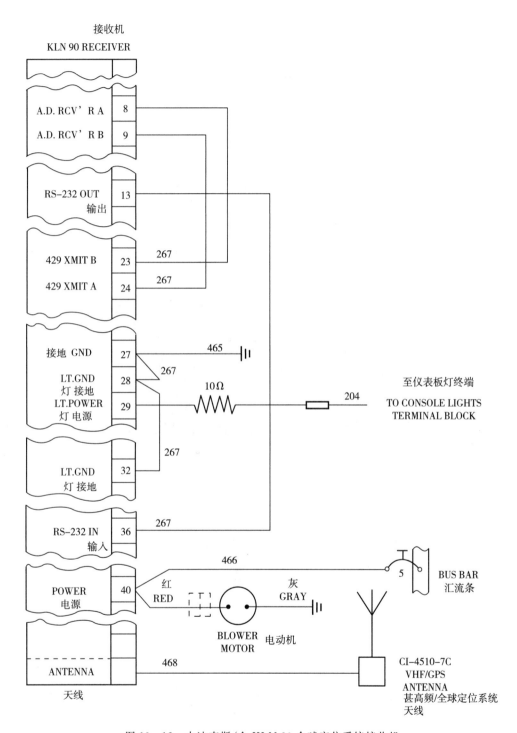

图 19-12 本迪克斯/金 KLN 90 全球定位系统接收机

第20章 门

20.1 舱门的组成和结构

图 20-1 为 R44 驾驶舱视图。R44 直升机采用双侧四门(见图 20-2)结构。驾驶舱两个门供驾驶员进出驾驶舱,客舱两个门供乘客进出客舱。四个舱门均采用外推式舱门结构。

图 20-1 驾驶舱视图

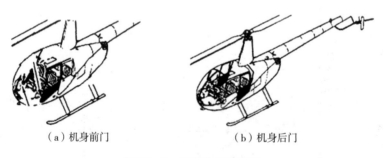

(a)机身前门 　　　　　　　(b)机身后门

图 20-2 机身舱门位置图

机舱门的上部、观察窗的下部有一个小窗(见图 20-3),小窗框边有一个白色的锁扣,可以通过锁扣的旋转将小窗门锁上或打开,供乘员在低空飞行时通风之用。机舱门的下部有一个连接杆,用于将舱门和机身连接在一起,它的两端为轴承组件,不会影响舱门的打开和关闭,并对舱门起一个连接铰链外的额外保护。

飞行员和乘客可利用驾驶舱门外部或内部的手柄(主驾驶舱门外侧手柄下方安装有舱门锁,在驾驶舱外部可以使用钥匙锁住驾驶舱门)将舱门打开,从而进、出驾驶舱。当舱门打开大于一定角度时,位于其连接铰链附近的舱门限位弹簧可将其保持在打开位。每个舱门主要由蒙皮、内部装饰材料、舱门锁组件、舱门铰链、手柄和舱门限位弹簧等组成。

　　驾驶舱门弹簧锁组件主要由两个相互独立的门闩、外部手柄、弹簧锁销和拉杆等组成，内部手柄底座通过一个可调推杆直接与舱门门闩相连。推杆组件上装有两个相对成 180°的卡箍，当推杆移动时，卡箍带动与之相连的钢索移动，从而带动舱门顶部后端的锁销进入舱门插孔内。

　　当驾驶舱舱门打开时，外部手柄处于向外张开状态，该手柄的位置由通过螺栓孔与锁销螺栓相连的弹簧锁钩确定，此时，推杆将向前移动。钢索组件拉动锁销，使之通过锁销导套从顶部门框上的锁孔内缩回到舱门体内，驾驶舱舱门打开，此时，内侧舱门手柄将向后倾斜约 15°（与垂直位置相比较）。

　　内侧手柄有 3 个位置，并配有铭牌标识，分别为打开、关闭和锁定。手柄由弹簧力保持在关闭位，当舱门完全闭合并上锁后，向下按压锁定（push to lock）按钮即可将舱门锁死，如图 20-4 所示。

图 20-3　舱门观察、通风窗

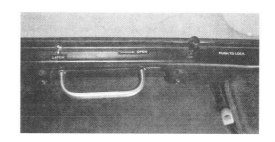

图 20-4　舱门开、关手柄

　　关闭驾驶舱门时，随舱门一起移动的锁钩销钉迫使与舱门后立柱盖板相连的作动筒移动，锁钩销钉继续前移，使锁钩从锁销螺栓上脱开，此时，舱门手柄伸出，拉杆组件受压。当舱门手柄扳到位时，锁销螺栓与锁舌相碰，锁舌位于舱门后立柱上。与此同时，推杆组件向后移动，并带动钢索使位于舱门顶部后端的锁销从舱门体内伸出，当将外部手柄推到与舱门蒙皮平齐时（只有当舱门完全关闭时，才能将外部手柄推到凹槽内），锁销就进入舱门门框上的锁槽中。

　　座舱内部的人员需要打开舱门的时候，向上拉起锁定（push to lock）按钮即可将舱门解锁，向右推动手柄到打开（open）位，即可将舱门打开。

　　飞机停放上锁时，将舱门关闭，且外部手柄与舱门蒙皮平齐时，先用内侧手柄锁死右侧舱门，然后关闭左侧舱门，再用飞机钥匙（点火钥匙）锁住舱门。

　　注意：如果推杆调节不正确，使用外部手柄有可能将舱门锁死，此时，必须按校装和调整程序对推杆进行正确调节。

　　舱门调节的注意事项：

　　(1)舱门与机身蒙皮必须保持平滑。不要强行调节舱门的门缘与飞机门框蒙皮结构，否则会造成门缘黏合区域和门框蒙皮结构组件损坏。

　　(2)调整舱门的门缘，使舱门蒙皮与机身蒙皮之间间隙小于 0.09in。

　　(3)如果在每个舱门的两个铰链销上安装的开口销或开口环失效，允许拆卸掉舱门飞行。

20.2 舱门的拆卸与安装

20.2.1 拆卸舱门

(1)将舱门全部打开,抬起气动弹簧内固定点,可断开后舱门气动弹簧的连接。

(2)从两个铰链销处卸下开口销或者开口环。

(3)打开门闩,抬舱门使之脱离铰链,卸下舱门。

(4)需要时可拧下固定螺丝卸下铰链。

20.2.2 安装舱门

(1)装上舱门铰链(如已卸去时)。

(2)对准铰链销,将舱门下滑,啮合铰链,把门安装上。

(3)将开口销或者环装入舱门的两个铰链销内。

警告:如果在每个舱门的两个铰链销上安装开口销或者环失效,允许拆卸掉舱门飞行。

(4)重新连接后舱门气动弹簧。

20.3 拆卸舱门飞行的注意事项

卸下任何舱门飞行时要注意的是,任何一个小物件、一片纸或一块碎布在飞行中脱出舱门打到尾桨上,都可以使它损坏。拆去舱门的最大空速为100KIAS,乘客应该固定好松动的物品,保持头和手臂在舱内,以防高速气流。不要拆去左侧舱门以防尾桨遭到松散物品的打击。

此外,在无舱门飞行期间,除非后座椅有人,不要将轻的物品放在后行李舱内。无舱门飞行时会导致后座椅底部掀起,物品被吹出机外。

复习思考题

简述 R44 直升机舱门打开机构的工作原理。

第21章 机 身

21.1 概 述

R44 是 4 座、单主旋翼(两片桨叶)配单尾桨、单发动机、金属结构、配备滑橇式起落架的直升机。

机身的主要结构是焊接钢管和铆合铝材,尾锥为半硬壳式结构,铝蒙皮承受主要载荷,玻璃钢和热固性塑料用于座舱的辅助结构、发动机散热系统和各种导管和整流罩。机体结构包括机身、主旋翼和尾桨三个部分,通常由桁梁、隔框和蒙皮等构件组成。除部分使用复合材料外,其余部分均为铝合金材料。

舱门为可卸式,右侧有 4 块整流罩供接近旋翼齿轮箱、驱动系统和发动机时使用,左侧的 1 块整流罩供接近发动机滑油滤、量油尺和电瓶时使用。为了接近操纵系统和其他部件,在座垫和座椅靠背之间、发动机舱两侧和后面、座舱下方和尾锥前方都设有可卸门板。

仪表托架设有铰链,可供向后上方开启以接近电线和仪表接头,尾锥上还有小的可卸插塞按钮,以便进行内部检查。

发动机舱前部和上方各有一块不锈钢防火隔板。需要更换的垂直防火墙和龙骨板必须在工厂的装配架上更换。

机体是飞机最基本的组成部分,几乎所有系统、设备及其他部件、附件都装载在机体上。

机身用来连接主旋翼、尾桨,搭载人员、货物和安装各种设备。

21.2 机身、钢管结构、尾锥和尾翼组件

R44 直升机机身(见图 21 - 1)为全金属半硬壳式结构,包括前部、中部和尾锥 3 个部分。机身主要由成型隔框、纵向桁条、加强通道和蒙皮等构成。

21.2.1 机身前部

机身前部主要包括驾驶舱和客舱以及相应部位安装的主要部件。机身中部主要是机身上部桅杆和发动机舱,发动机附近安装有风

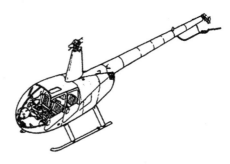

图 21 - 1 机身整体结构

扇、磁电机、电瓶、发电机和电动机等部件。机身后部是尾梁和安装尾桨的尾锥。

对于机身前部的驾驶舱和客舱，主要结构件是隔框及通道，其材料为 2024 铝合金，加工成形后，进行热处理，并喷涂环氧底漆进行防腐。所有隔框及通道都是由成型的铝合金板或加强的铝合金板构成的，是机身结构的主要受力构件。

1. 驾驶舱

风挡后面为驾驶舱，驾驶舱主要是供飞行员操纵飞机、发动机的地方。驾驶舱内安装有操纵飞机的驾驶杆和控制发动机的手柄、开关、电门以及电气、仪表、无线电设备。它们分别安装在中央操纵台、仪表板和配电板上。

2. 座椅

驾驶舱内共有两排座椅，前排两个座椅（主、副驾驶座椅），后排一个可供两个乘客乘坐的座椅。座椅为固定式座椅，位置和高度均不可以进行调节。

每个飞行员座椅位置和后排每个乘客座椅位置都有一体式座椅安全带和惯性卷筒肩带，位于头顶上方的惯性卷筒用于肩带的收、放，腿部腰带的收放机构是一个收缩器。这种安全带设计方式有利于驾驶员身体上部自由移动，而腰部以下的活动受限制。当突然减速时，卷筒锁住安全带为使用者提供安全保护。

每个座位下都设有一个行李舱，底座设有铰链，向前掀开底座即可进入行李舱。

乘客的惯性卷筒用 4 个螺钉通过座舱垂直隔板固定到永久性的托板螺帽上。前惯性卷筒由 4 个螺钉和螺帽固定，每根带子具有一导扣，导扣用螺栓固定在机架上。

座椅安全带的安装如图 21-2 所示。

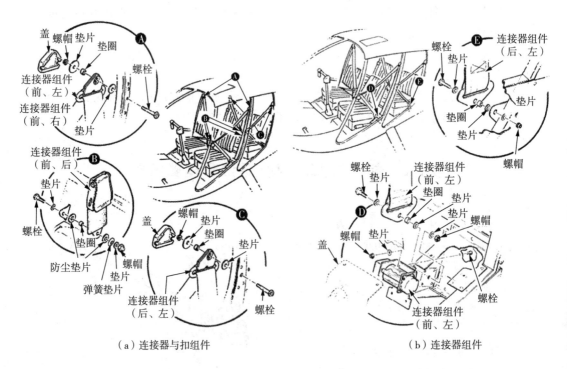

（a）连接器与扣组件　　　　　　　　　（b）连接器组件

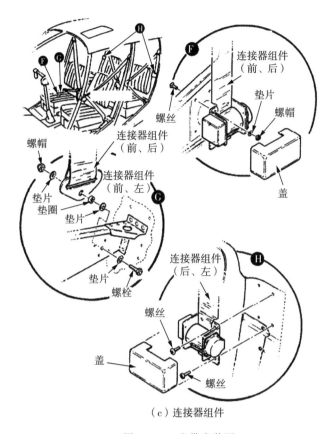

（c）连接器组件

图 21 - 2　座带安装图

座舱维修注意事项：

（1）座舱组件为非外场更换组件。

（2）座舱内防火墙的材料为 301 型 0.016in 厚的 1/4 硬度的防腐钢板。更换垂直防火墙必须在工厂的装配架上完成。

（3）龙骨板的材料为 0.025in 厚的 2024 - T3 铝板。龙骨板的更换必须在工厂的装配架上完成。

3. 灭火设备

在主、副驾驶座椅之间的地板上安装有一个灭火瓶，用快卸卡箍固定（见图 21 - 3），主要用于飞行过程中座舱内可接近区域灭火。

4. 机身前部的其他附件

机身前部的附件还包括座椅下方的地毯、客舱的泡沫壁、地图袋、执照夹和用于摆放飞行手册的防护条等。

地毯和泡沫壁多是用胶将其固定在座舱内。其中地毯可再用，而泡沫壁一旦拆下则不可再用。因此当卸下准备再用的地毯时要特别小心，首先用预溶剂（prep - sol）松动地毯胶质，然后慢慢后拉地毯，可利用刮刀帮助脱胶。拆下泡沫材料时不要损坏机体结构，用手剥离泡沫，尽量大块剥下。图 21 - 4 所示为机身地板位置图。

图 21-3 机上灭火瓶

图 21-4 机身地板位置图

21.2.2 机身中部

R44 机身中部主要是发动机组件、燃油系统、传动系统和机身上部桅杆。其中,发动机组件、燃油系统和传动系统将在后面章节中重点讲解,这里只对桅杆作一个介绍。

机身上部的桅杆包括主旋翼轴和整流罩(见图 21-5)两部分。主旋翼轴将发动机的动力传给主旋翼,而整流罩一方面保护主旋翼轴,另一方面做成光滑流线型以减小飞行过程中的阻力。

桅杆上部连接的是主旋翼,主旋翼系统由两片桨叶和一个锻造铝桨毂组成,桨毂有一个中央摇摆铰链和两个锥形(桨叶)铰链。主旋翼桨叶由与 D 型不锈钢翼梁固定在一起的不锈钢蒙皮、铝制蜂窝芯材和锻造铝桨根接头组成。桨叶的变距由一组与桨根接头内的锻造钢心轴连接在一起的六轴承重叠配置完成。心轴是桨叶和桨毂的连接部件,也包含一根用于止垂系统的衔铁,衔铁与固定旋翼轴止动相连,可防止桨叶在停止或低转速转动时摆动。

21.2.3 机身尾锥

R44 尾锥(见图 21-6)有两个用途,一是用于支撑和安装尾桨,二是给尾桨传动轴和操纵钢索提供安装空间。尾锥内部是钢管焊接结构(经过消除应力处理),外部是整流罩。

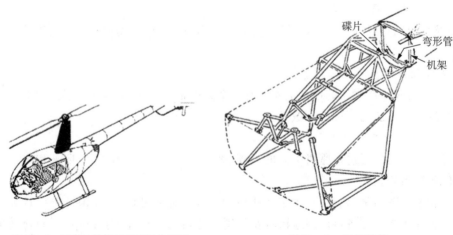

图 21-5 机身上部桅杆整流罩位置图

图 21-6 尾锥结构

特别注意：R44 机架的所有焊接钢管已做消除应力处理（无应力焊接钢管），除罗宾逊直升机公司外，不允许任何单位做焊接修理。

尾锥的后部连接尾桨，尾桨系统由一个铝桨毂和两片桨叶组成。桨毂内有两个涂衬有特氟隆材料的弹性轴承，允许尾桨摆动。桨叶内部是蜂窝铝结构，由外包铝蒙皮和一根锻造铝桨根接头构成。桨根接头内有两个不可更换的、涂衬有特氟隆的球形轴承。轴承使桨叶可以变距。桨叶固定在两块毂板之间，并具有一预置锥角。尾桨的摇摆止动是一个固定轴的聚氨酯橡胶缓冲器。当达到摆动极限时，缓冲器即接触到桨毂平面，从而制止超限摆动。

在尾锥的后部除了尾桨还有安定面、尾桨保护杆和尾橇（见图 21-7）。飞机的水平安定面能够使飞机在俯仰方向上（即飞机抬头或低头）具有静稳定性。飞机的垂直安定面能够使飞机在偏航方向上（即飞机左转或右转）具有横向静稳定性。尾桨保护杆一般涂有红白相间的彩条，警示靠近人员该区域是危险区域，对尾桨和人员起保护作用。当直升机离地距离较低时，若机头过高，尾部有可能触地，尾橇在此时起保护作用。当直升机因重着陆而导致滑橇式起落架变形使得直升机重心降低时，尾橇离地高度就会下降。R44 维修手册要求当尾橇与地面的距离小于 30in 时，必须参照维修手册相关程序更换 1 根或 2 根横管。

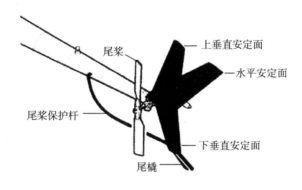

图 21-7　尾锥后部部件

21.2.4　机身整流罩、通道和检查盖板

机身表面为了保护内部结构，提高气动特性和减少阻力，加装有整流罩。R44 上的整流罩包括发动机整流罩、旋翼主轴整流罩和上部整流罩。在机身上有一些检查通道和检查口盖，以方便对某些部位进行检查。

舱门的后部有 4 块整流罩供接近旋翼齿轮箱、驱动系统和发动机使用，左侧的 1 块整流罩供接近发动机滑油滤、量油尺和电瓶时使用。为了接近操纵系统和其他部件，在座垫、座椅靠背之间，发动机舱两侧和后面，座舱下方和尾锥前方都设有可拆卸盖板。

发动机整流罩包含左、右侧整流罩组件、机腹整流罩组件和后部整流罩组件。

两个发动机整流罩（见图 21-8）组件的下边由可拆卸的槽道支撑，进气软管固定在发动机右侧板组件上，进气软管可以拆下或通过舱门内板连接。后整流罩组件的左下平板可以卸下,用以清除掉进平板的杂物。

旋翼主轴整流罩 C261 整流柱的上肋安装在倾斜盘管组处的旋翼齿轮箱上,下肋夹在旋翼齿轮箱柱上。皮托管装在旋翼主轴整流罩的前下方。

燃油箱通大气管通过下肋的减重孔接到主轴整流罩(见图 21-9)的中肋上,C121-5 传动杆的 C665-2 杆组件装在中肋上,此杆组件需调整使它作用在传动杆上的负荷减小到最低程度。

图 21-8 发动机整流罩   图 21-9 主旋翼整流罩

上部整流罩位于水平防火墙的上方,它包括副油箱后下方的 D042 门板、柱管周围的 C347 门板和 C706-1 尾锥整流罩。

在主旋翼整流罩的左、右两侧有两个加油口盖。分别是左侧主油箱加油口盖和右侧副油箱加油口盖。在加油口盖和旁边的机身上都有一个明显的色条标记,加完油之后将口盖拧紧的标志是:口盖上色带和机身上色带标记对齐,如图 21-10 所示。

图 21-10 油箱加油口盖

R44 直升机在其内部和外部均有通道口和检查口盖板。这些盖板用于获得至不同元件的通道和对机身构架进行检查。所有的通道/检查口盖都通过使用一串数字和字母的组合来表示特定的位置。

驾驶舱内的仪表托架设有铰链,可供向后上方开启以接近电线和仪表接头,尾锥上还有小的可卸插塞按钮,以便进行内部检查。

机身检查通道和盖板如图 21-11 所示。图 21-11 中各序号对应的件号和名称见表 21-1 所列。

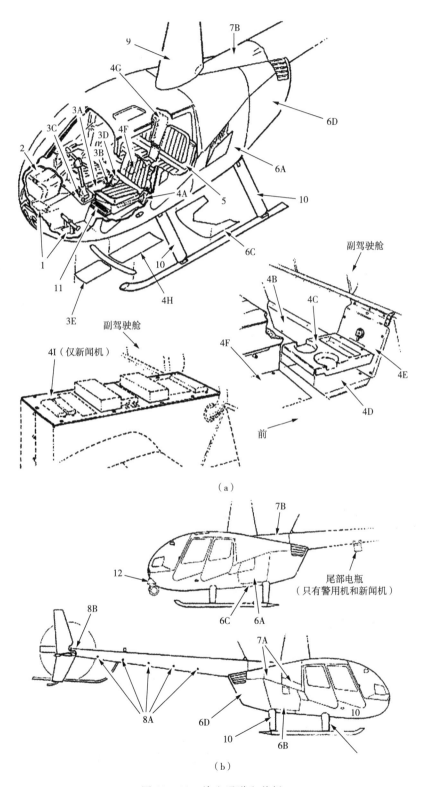

图 21-11 检查通道和盖板

表 21-1　件号和名称

序号	件号	名称	序号	件号	名称
1	B189-4	导流板(左)	5	C003-10	座椅靠背组件(右)
	A412-2/B189-2	盖板和导流板(右)		C003-11	座椅靠背组件(左)
2	B050	仪表板组件	6A	C337-1	整流罩组件(左)
3A	C445-1	盖组件	6B	C338-1	整流罩组件(右)
3B	C445-3	盖	6C	D041-1	整流罩组件(机腹)
3C	C444-1	盖	6D	D040-1	后整流罩组件
3D	C398-1	盖组件	7A	D042-4	门组件
3E	C794-1	盖板	7B	C706-1	尾整流罩组件
4A	C680-1	盖组件	8A	A231-1	插塞组件
4B	C461-1	盖	8B	A558-2	盖
4C	C464-1	盖	9	C261-1	主整流罩组件
4D	C463-1	盖		C082-2	整流罩组件(前右)
4E	C054-1	盖组件	10	C082-3	整流罩组件(前左)
4F	C474-2	盖		C082-4	整流罩组件(前右)
4G	C474-1	盖		C082-5	整流罩组件(前左)
4H	C794-2	盖板(不带罩管)	11	C045	电路断路器面板
	C794-3	盖组件(带罩管)	12	D412-1	整流罩(远红外相机)
4I	D383-1	面板(仅新闻机)		D347-1	整流罩(FSI 照相机)

机身检查通道和盖板的维护注意事项:

(1)旋翼主轴整流罩必须安装好,才能飞行。

(2)所有整流罩都要装好方可飞行。

(3)各检查门板都要装好方可飞行。除发动机两侧整流罩外,其他整流罩都要装好方可开车。

(4)所有可拆卸的整流罩和检查门板都用 MS27039C08 螺钉紧固。

21.2.5　水平安定面

罗宾逊直升机上的水平安定面,只有 1 个端板,与垂直安定面一起来提供飞机的稳定性。水平安定面是成型的,它是直接安装到尾锥上的,在安定面后缘装有白色航行灯。

21.2.6　垂直尾翼

垂直尾翼提供方向(偏航)稳定性。它分为上下两个部分,称为垂直安定面。它使用一种 C554 的夹子固定到水平安定面上。垂直尾翼的下部安装着尾橇杆,它是在直升机着陆过程中为保护由于机头过度抬头可能会使尾部接地损坏而安装的。罗宾逊直升机尾翼的设计很独特,它们被安装在尾锥的右侧(从后向前看),左侧安装的是尾桨组件。

21.3　机体结构的维护

直升机出厂时,机体的强度、刚度和外形是符合要求的,然而,随着使用时间的增长,在各种因素的影响下,机体的强度和刚度将逐渐降低,外形也会发生变化。但是只要采取正确的维护措施,就可以延缓机体强度、刚度和外形的变化,使它能在规定的使用期限内可靠的工作。本节介绍机体结构维护方面的几个主要问题。

21.3.1　蒙皮变形的原因、检查和预防

蒙皮不但是形成机身外形的主要构件,而且是参与机身结构受力的构件。它在使用中可能产生鼓胀和下陷等现象。

蒙皮是用铆钉固定在骨架上的,飞行中,在局部空气动力作用下,骨架之间的蒙皮将被吸起(鼓胀)或压下(下陷)(见图 21-12),使蒙皮在截面内产生拉伸应力。在正常情况下,蒙皮的这种变化比较微小,其应力不会超过材料的弹性极限,外力消除后,蒙皮能立即恢复原状。但是,如果作用在蒙皮上的局部空气动力过大,或因维护、修理不当,蒙皮的强度、刚度减弱,那么在飞行中蒙皮就可能产生显著的鼓胀和下陷,出现永久变形。

蒙皮除了可能产生鼓胀和下陷外,还常常因机务人员工作不当而产生其他变形或损伤,例如在飞机上乱放工具等。

蒙皮变形后,不仅会减弱机身结构承受载荷的能力,而且会破坏飞机的空气动力外形,以致飞行阻力增大。

一般可通过目视检查方法确认。对产生怀疑的位置,可用手按压,如果蒙皮发软或发出响声,表明变形严重,应进行修理。

在维护工作中,预防蒙皮变形的主要措施有:

(1)防止蒙皮压伤变形。例如,较重的机件拆下后不要放在蒙皮上。

(2)防止蒙皮刚度下降。例如,工作中注意不要损伤蒙皮。

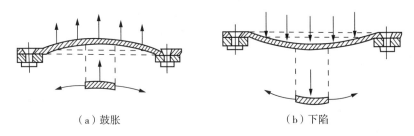

（a）鼓胀　　　　　　　　　　（b）下陷

图 21-12　蒙皮鼓胀与下陷变形

21.3.2　铆钉、螺钉松动的原因和检查

机体的构件大多数是用铆钉或螺钉连接的。机体受力时,各构件要通过铆钉和螺钉传力,铆钉和螺钉受到拉伸、剪切和挤压作用。机体在使用过程中,由于构件受力后变形和飞

机振动的影响,铆钉和螺钉可能松动,甚至脱落。

铆钉的正常铆接情况如图 21-13(a)所示。当构件传力而使铆钉受剪切力时,铆钉杆与铆钉孔之间便产生挤压力,铆钉孔受挤压的面积较小,长期承受较大的挤压力,就容易扩大成椭圆形,使铆钉松动,如图 21-13(b)所示。此外,当蒙皮受到过大的吸力时,铆钉杆也会被拉长变细而松动,如图 21-13(c)所示。铆钉松动以后,如果继续使用,铆钉杆就可能在重复载荷作用下产生裂纹,就较容易松动。

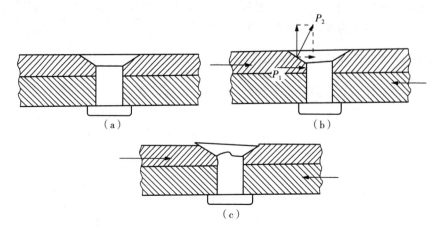

图 21-13 铆钉松动与变形

总的说来,铆钉松动多发生在蒙皮受力大、构件变形大、撞击和振动剧烈的部位。凡是蒙皮受力较大的部位,其铆钉均容易松动。

铆钉松动或脱落,会使蒙皮的固定变差,容易产生变形。此外,一部分铆钉松动或脱落,势必使其他铆钉受力增大,因而还容易引起其他铆钉松动和脱落。

检查飞机时,如果发现铆钉松动,应及时按规定更换,一般不允许把原铆钉重新打紧。因为对已产生了永久变形的铆钉进行敲打,不仅很难恢复其原形,而且会加速其损坏。

螺钉拧紧后,是靠螺纹之间的摩擦力保持在拧紧位置的。如果安装螺钉拧得不够紧,螺纹之间的摩擦力就比较小,飞机振动时,螺钉就会逐渐松动,甚至脱落。因此,螺钉必须按规定拧紧。此外,同一构件上各个螺钉的紧度必须一致,否则,紧者容易损坏,松者容易脱落。维护中,发现螺钉松动或螺钉的螺纹有损坏时,应及时拧紧或更换。

21.3.3 机体的腐蚀及预防

机体处在大气中,各构件都有可能受到腐蚀。构件腐蚀后,强度、刚度就会降低,腐蚀严重的地方,受力时还会产生应力集中现象,加速损坏。

为了防止构件腐蚀,直升机上的硬铝蒙皮表面都有一层能够隔绝空气和水分的防腐层,它包括一层由铝生成的氧化膜和涂在氧化膜外面的漆层,但这种防腐层通常都很薄。维护工作中,必须注意保护防腐层,防止对防腐层有侵蚀作用的液体(例如,洗漆水、硫酸等)洒落到直升机上,并避免因上下飞机和使用工具不当等损伤防腐层。此外,还应注意对飞机通风、除水,以免构件长时间受潮,特别是在多雨、沿海和沿湖地区,由于空气中的水分、盐分多,更要加强防潮工作。

21.3.4 油箱通气系统常见故障与排除

油箱通气不畅，可能引起以下故障：

(1)当发动机工作时，如燃油箱通气孔堵塞，发动机功率会降低，甚至可能因为燃油供应不足而停车。

(2)当发动机不工作时，如燃油箱通气孔堵塞，燃油膨胀会使油箱受到内部压力作用而造成燃油的渗漏。

排除方法是进行油箱通气检查，更换堵塞的管路及组件。

油箱通气的检查方法：

(1)在通气管路末端连上橡胶软管。

(2)用口腔向软管内吹入空气，对油箱增压。如空气吹入油箱，则通气管路畅通。

(3)油箱增压后，将橡胶管吹气端头放入盛有水的容器中，观察是否有连续气泡冒出。有连续气泡冒出，表明油箱通气单向阀门体上的通气孔畅通，油箱内的压力得到了释放。

(4)如无连续气泡冒出，更换燃油箱通气单向阀门。

(5)打开另一侧油箱加油口盖。

(6)再次向管内吹入空气，对油箱进行增压。

注意：如压力从加油口盖得到了释放，则通气管路畅通。

总之，机身、机翼和尾翼是由梁、桁条、蒙皮、隔框、翼肋等构成的，它们保持着飞机各部分的形状，并承受着作用在飞机上的全部载荷。飞行中，机体的各个构件往往要承受很大的载荷，特别是加强隔框、加强翼肋和各连接接头处，受力更大。随着使用时间的增长，或因维护使用不当，这些部位往往可能出现铆钉、螺钉松动或裂纹现象。飞机的这类缺陷，尤其是某些微小征候，由于一般不会立即导致事故，往往易被人们忽视。但是，应该看到，这些缺陷实际上已经直接降低了飞机的性能，而且在使用过程中，如果不及时处理，任其发展和扩大，在量变到一定程度时骤然发生质变，就会严重地影响任务的完成和飞行安全。

21.3.5 直升机的外部清洁

清洁直升机需用中性肥皂水，粗糙的碱性肥皂或清洁剂都可能划伤漆面或腐蚀金属材料，覆盖清洁剂容易损坏的部位，并按以下方法进行清洗：

(1)用清水洗去浮尘。

(2)用软布、海绵或软毛刷沾上洗涤液进行清洗。

(3)特别难清洗的油垢和润滑脂可用布蘸石油进行擦洗。

(4)彻底清洗所有表面。

(5)可使用高级汽车蜡保护漆面。清洗或抛光时要用柔软干净的布或者皮革，以防划伤。

注意：不要使用高压喷枪清洗直升机，也不要使用压缩空气吹主、尾桨叶尖的放水孔。

复习思考题

1. 简述 R44 直升机机体的组成部分。
2. 简述 R44 直升机尾锥的作用。
3. 机身整流罩的作用是什么？R44 直升机上的整流罩有哪些？
4. 油箱加油口盖安装到位的标准是什么？为什么要保证加油口盖安装到位？
5. 熟悉 R44 直升机机身检查通道和盖板，并记住它们的位置。

第 22 章 窗 户

22.1 概 述

驾驶舱的前部为风挡组件(见图 22-1),包括隔框和挡风玻璃。挡风玻璃件号为 C274,由透明的丙烯玻璃制成,不透水硅胶密封,并用螺栓固定在座舱结构上。球面形状的挡风玻璃设计不仅使飞行员具有良好的视野,同时也增加了驾驶舱内部的空间。

有机玻璃在受到日光的长期照射后,表面会发黄、发雾和变脆,这种现象称为老化。发黄是由于有机玻璃受阳光照射时会吸收阳光中的部分紫外线,时间长了,便会慢慢变黄;发雾是由于受到某些液体(酒精、丙酮)侵蚀、机械摩擦,高温时其表面就会发雾,透明度变差;变脆是由于受空气动力作用、温度变化,拉伸时容易产生龟裂、银纹,使其强度降低。有机玻璃老化后,不仅透明度变差,影响飞行员视线,而且还容易产生裂纹。

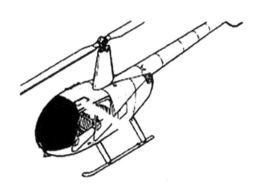

图 22-1 风挡位置图

为了延缓有机玻璃的老化,在维护过程中应该注意以下几点:

(1)将飞机停放在机库或遮阳区域,以免日光直接照射。

(2)不许用甲醇、变性酒精、汽油、苯、二甲苯、甲基酮、丙酮、四氯化碳、挥发性漆稀释剂、商用或家用的窗户清洁喷剂清洁风挡和窗户。

(3)用清洁水(流动水)冲洗风挡或玻璃表面,用手去除表面上的污物或颗粒物,手上不能带有任何首饰。

(4)用中性清洁剂或肥皂水溶液清洗表面,用洗净后的手进行轻搓。

(5)如果中性清洁剂不能清除风挡或座舱玻璃上的顽固污渍时,可使用脂肪基石脑油,清洁过程中注意将脏的抹布面折叠起,使用干净面清洁表面,防止污渍再次附着和划伤玻璃表面。

(6)使用清洁水彻底漂洗之后,使用干净棉绒布擦拭干净。

22.2 风挡玻璃的更换和维护

风挡玻璃在受到日光的长期照射后,表面会发黄、发雾和变脆,也会出现裂纹、划伤等现象,这些问题都需要及时进行处理,具体方法和注意事项如下:

1. 风挡可接受的损伤标准：

不影响飞行员的视线或者没有指示结构故障的微小损坏是可以接受的，可接收的损坏是指：

(1)每平方英尺内，只允许有一道刻痕，深度不能超过 0.010 英寸，面积不能大于 0.25 英寸×0.50 英寸。

(2)划伤深度不能大于 0.010 英寸，长度不能大于 5 英寸。

(3)任何表面缺陷诸如斑点或污染可做抛光去除。

(4)风挡边沿附近小面积轻微极化缺陷。

2. 风挡维修注意事项：

(1)在拆卸前，为了防止划伤玻璃，可用胶带在挡风玻璃内外边都贴上保护层。

(2)工具桌上要垫纸板以防止划伤挡风玻璃。

(3)更换风挡时，一定要清除座舱及防护条上旧的硅密封胶。

(4)为了方便对风挡进行调整，需要用非永久性记号笔或胶带在风挡上做记号。

(5)用锯条修整挡风玻璃时要小心，防止锯条弯曲而使挡风玻璃产生裂纹。锯条每英寸至少有 24 个齿。

3. 风挡更换程序：

(1)清除座舱防护条和挡风玻璃上所有的旧密封胶。

(2)用 0.75in 宽的聚氯乙烯带(3M♯471)包住挡风玻璃的下边和后边。

(3)安装挡风玻璃和护条。

(4)用 0.5in 宽的掩蔽胶带包住防护条周边，这样便可将硅酮橡胶挤出护条的安装部位。

(5)卸下护条。

(6)为了保证密封，要在整个带线的周边都涂上一圈硅酮橡胶。

(7)将整个挡风玻璃保持在规定位置，然后镶防护条(中间，上和下)到位。

(8)在机门装上并关闭的情况下，首先上紧中央护条，然后上紧上下护条，另一个人则在机舱内拧紧螺帽。

(9)当上下及中央防护条都固定好后，卸下舱门和铰链准备装侧护条。

(10)安装侧防护条。

(11)装上舱门和铰链，要确保所有紧固件都已拧紧。

(12)防护条和舱门之间有间隙处均要用 B270-4 硅酮橡胶填塞。

(13)除去挨着防护条的掩蔽胶带，不要抹去未干的密封胶。

(14)等密封胶干后，清除挡风玻璃上的密封橡胶。

复习思考题

1. 简述风挡组件的更换方法。

2. 风挡玻璃老化的原因有哪些？有什么预防措施？

第 23 章 主旋翼

23.1 概 述

旋翼系统由两片桨叶和一个锻造铝合金桨毂组成,桨毂上有一个中心摆动铰链和两个锥形铰链。旋翼桨叶由 D 型不锈钢翼梁、不锈钢蒙皮、铝制蜂窝芯材和锻造铝合金桨根接头组成。桨叶的变距由一套与桨根接头内的心轴连接在一起的六轴承组完成。

直升机旋翼产生升力的原理和固定翼飞机机翼产生升力的原理相似,直升机旋翼桨叶产生升力的原理也跟翼型有关,翼型的形状如图 23 - 1 所示。对于非对称翼型,由于翼型上、下表面的弧度不同,当前方气流经过翼型的上、下表面时,根据连续性定理和伯努利定理,下表面的压力大于上表面的压力,上、下表面产生压力差,从而产生升力,翼型上的压力分布如图23 - 2所示。

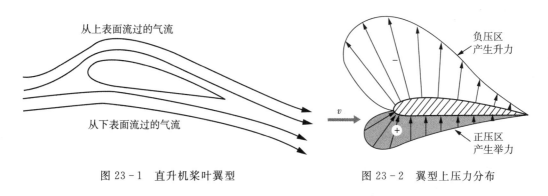

图 23 - 1 直升机桨叶翼型   图 23 - 2 翼型上压力分布

23.2 主旋翼空气动力学

23.2.1 半刚性旋翼

罗宾逊系列直升机采用的是半刚性旋翼,也被称为跷跷板式旋翼。桨叶通过心轴装置连接到桨毂,从而使桨叶作为一个自由拍打的单元,心轴装置如图 23 - 3 所示。心轴内变距轴承通过变距连杆使得桨叶变距。在半刚性旋翼中,由于它们被固定到桨毂上,所以桨叶不完全依赖离心力。

23.2.2　科里奥利斯效应

科里奥利斯效应,也被称为角动量守恒。当物体转动时,物体将保持匀速转动状态直到有外力改变其转动速度。科里奥利斯效应最通俗解释的例子可以比作一个旋转的花样滑冰运动员,当伸出手臂时,他们的旋转速度下降,因为重心移动离旋转轴远了。当他们的手臂收回时,旋转速度上升,因为重心向旋转轴接近了。

图 23-3　心轴装置

标识牌

对于直升机的主桨叶,当桨叶向上挥舞时,重心向转动轴靠拢,桨叶加速转动,当桨叶向下挥舞时,重心向外移动,桨叶减速。两桨叶旋翼系统在正常情况下受科里奥利斯效应影响比铰接式旋翼系统要小,因为桨叶的重心较低并且低于桨毂,来自旋转重心的距离变化小,这也是对科里奥利斯效应的一种修正。

23.2.3　升力不对称

当直升机在空中飞行时,相对气流流过主桨盘前进面与后退面的情况有所不同。前进桨叶遇到的相对风增加了直升机的向前速度,在相对风速流过后退桨叶时降低了直升机的向前速度。因此,相对风速的结果使得桨盘前进桨叶侧产生的升力比后退桨叶侧的要大,进而造成两桨升力不对称。当主桨叶反时针转动时,直升机会向左滚转,其原理如图 23-4 所示。

直升机桨叶速度大约是 480 节。如果直升机以 120 节向前飞行,前进桨叶的相对风速是 600 节。而对于后退桨叶而言,只有 360 节。因此,速度的不同是升力不对称的根本原因。

23.2.4　平衡升力不对称的方法

半刚性旋翼系统利用的是摇摆铰,它允许桨叶拍打,即一片桨叶向上拍打,另一片桨叶向下拍打。因此,必须通过一些方法来平衡升力不对称,主要有以下两种:

1. 周期变距操纵法

当直升机从过渡飞行状态转入水平飞行状态时,开始获得前进速度,旋翼旋转平面两端会产生升力的不对称而引起旋转平面向后倾斜的趋势,这时将周期变距杆向前推一定量,使得前进桨叶攻角减小,桨叶产生的升力减小,后退桨叶的攻角增大,产生的升力增大,从而达到升力平衡的目的。

2. 自动周期变距法

现代直升机设计在桨叶和变距机构之间装有变距摇臂,摇臂在桨叶的前方,这种安装方

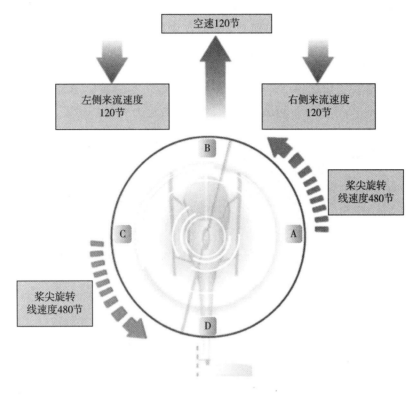

图 23 - 4　升力不对称原理

式使得当桨叶要向上挥舞时桨叶角自动减小,向下挥舞时自动增大,从而平衡了升力的不对称。如图 23 - 5 所示,这样就避免了飞行员必须通过操纵周期变距杆来克服升力的不对称。

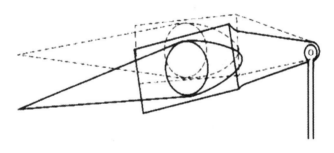

图 23 - 5　自动周期变矩法

23.3　旋翼系统的组成与结构

23.3.1　R44 直升机旋翼桨毂

R44 直升机旋翼桨毂上有一个中心摆动铰(起跷跷板功能)和两个锥形铰。旋翼桨叶

(见图23-6)由D型不锈钢大梁与金属蒙皮胶合而成,内里填充铝合金蜂窝和桨根配件,如图23-7所示。主桨叶是全金属结构,由铝合金的翼梁、后缘条带、蜂窝芯和铝蒙皮组成。

桨叶后缘内侧和外侧都有调整片供桨叶后缘轨迹调整。每片桨叶在出厂前与桨毂一起进行静平衡测试,并且每片桨叶与对应的桨毂侧都用颜色做了标记,因此,主桨叶不可以互相交换。此外,一般来讲,外场不再做静平衡,桨叶参数见表23-1所列。

图23-6 R44桨叶叶片

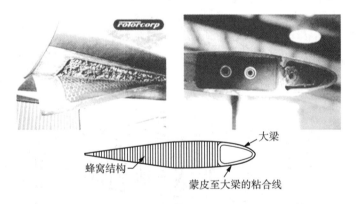

图23-7 旋翼桨叶构造

表23-1 R44主桨叶参数

项目/特性	参数
桨叶长度	396英寸
桨叶弦长	10英寸(内侧) 10.6英寸(外侧)
转速 RPM	最大408 RPM(102%) 最小396 RPM(101%)
适航限制	2200小时或12年

　　桨叶变距通过安装在锻造不锈钢心轴(spindle)上的六轴承组来完成,如图 23-8 所示。心轴位于桨根配件内。

图 23-8　心轴上的轴承

　　心轴的作用是连接桨叶和桨毂,且包括一段用来作为下垂限动块系统的象牙结构,下垂限动块是用来减小桨叶向下挥舞的幅度,如图 23-9 所示。

　　当桨叶静止或者旋翼低转速的时候,该象牙状结构与安装在旋翼轴上的铝合金下垂限动块相碰触,阻止桨叶的过度下垂。桨叶铰链的运动过程见二维码。

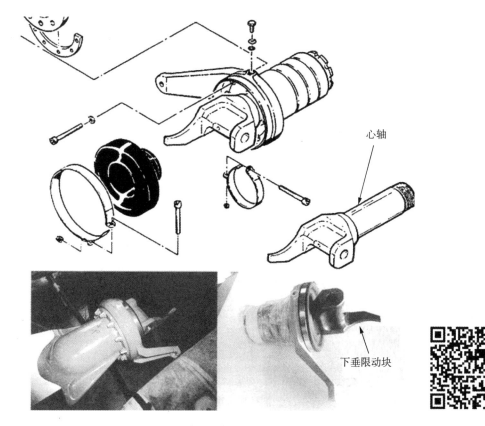

图 23-9　桨叶心轴及下垂限动块　　　　　　　　桨叶铰链的运动过程

　　桨毂内的下垂限动块如图 23-10 所示,在桨毂内贴着 A158-1 件号的结构,即为心轴上的象牙状伸出部分,也是下垂限动系统部件,其与桨叶连接在一起运动。当桨叶向上挥舞,这段部件就向下运动,而当桨叶向下挥舞,这段部件就向上运动。若运动幅度过大,就会与上方的静止限动块相撞,阻止了其进一步的向上运动,因此阻止了桨叶继续向下挥舞。

图 23-10 桨毂内的下垂限动块

在主轴顶部翼根侧装有软性防撞击块和支架,提供在特殊情况下,如旋翼超过其桨叶挥舞限度形成主轴冲击时的保护。如果发生主轴冲击,会造成旋翼主轴的结构故障。前飞期间避免突然的推杆动作,要柔和操纵驾驶杆,并且少量多次,如果在操纵中确实有失重感,可以在横侧操纵之前柔和地带杆以重新获得主桨推力。

23.3.2 R44 直升机旋翼桨毂系统组成

R44 直升机旋翼桨毂系统由桨毂、摆动铰、锥形铰、叶片夹、变距摇臂、变距连杆、倾斜盘等组成,如图 23-11 所示。

1. 桨毂

如图 23-12 所示,旋翼桨毂是连接桨叶和旋翼轴的部件,R44 旋翼桨毂上安装有摆动铰和锥形铰,以满足桨叶挥舞运动的要求。

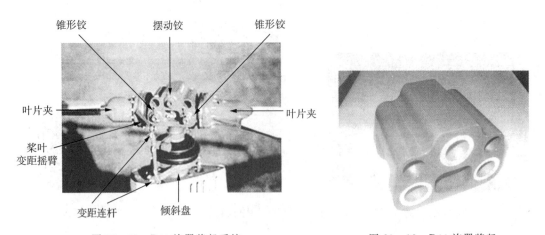

图 23-11 R44 旋翼桨毂系统   图 23-12 R44 旋翼桨毂

2. 摆动铰

摆动铰位于桨毂中心,允许整个桨毂左右倾斜来使桨叶挥舞,当一片桨叶向上挥时,另一片桨叶就向下挥,整个机构就如同跷跷板一样。

3. 锥形铰

和其他跷跷板式旋翼系统的不同在于罗宾逊直升机旋翼设置了两个锥形铰。这两个锥形铰允许桨叶绕着它们自由地上下挥舞而不受另一片桨叶运动的影响,通常用于起飞、着陆过程中转速较低的时候,克服由于旋翼桨叶旋转的离心力不足使得桨叶上挥形成锥度角的情况。

4. 叶片夹

叶片夹用于将桨叶安装到桨毂上,如图 23-13 所示。在叶片夹上还安装了变距机构,使桨叶通过改变桨距角来改变迎角。在叶片夹内有轴承组,可使桨叶变距,轴承采用红色润滑油润滑,在叶片夹的上方有一个螺栓,取下螺栓,可以给叶片夹加润滑油。相应的,在叶片夹下方也有一个螺栓,用于给叶片夹排出润滑油。图上左边可见黑色橡胶套,其作用是将润滑油密封在叶片夹内。航前检查中,要检查这里是否有润滑油渗漏,另外还要检查旋翼主轴保护罩,因为当两片桨叶与机身对齐停住时,有润滑油渗漏的叶片夹会刚好让润滑油渗漏到主轴保护罩上。

5. 变距摇臂

如图 23-14 所示,每片桨叶上都配备了一个变距摇臂(或称变距角臂),变距摇臂的作用有两个,一是给桨叶的变距提供了一个操纵作用点;另外,变距摇臂的伸出长度还给变距操纵力提供了力臂,从而减小了桨叶变距需用的操纵力,其本质就是一个省力杠杆。此外,由于旋翼在旋转时产生的陀螺进动效应,周期变距的操纵效果会顺着旋翼旋转的方向滞后 90°方位角才体现出来,因此为了得到一个准确的周期变距操纵,必须考虑陀螺进动效应的影响,也就是必须在相位上提前 90°加载变距操纵。因此,变距操纵在变距摇臂上的作用点与桨叶之间的夹角设置为 90°。

图 23-13　桨叶叶片夹

图 23-14　桨叶变距摇臂

6. 变距连杆

变距连杆用于连接变距摇臂和倾斜盘。在做旋翼锥体和平衡检查的时候可以调节变距连杆的长度来修正桨叶的安装角。

7. 倾斜盘

倾斜盘与变距连杆相连,是用于给桨叶提供总距和周期变距操纵的控制机构。倾斜盘下方连接变距操纵杆,变距操纵杆从总距和周期变距复合摇臂机构获得操纵的输入并传递给倾斜盘,倾斜盘再把该输入操纵传递到桨叶上。

桨叶在空间的位置取决于把桨叶向外拉直的离心力和把桨叶向上拉的升力之间的平衡关系。平衡后的桨叶最终维持在一个角度上。若一片桨叶的升力变大,而另一片桨叶的升力变小,则升力变大的桨叶要上升,升力变小的桨叶要下降,结果桨毂就会做跷跷板式的倾斜运动,允许一片桨叶向上挥舞,另一片桨叶向下挥舞,如图 23 - 15 所示。

图 23 - 15　R44 跷跷板桨毂运动

23.4　旋翼系统的维护和故障分析

一片桨叶可以做不止一次地修理,但是,局部去除材料超过最大允许程度或局部凹限超过最大允许深度时绝对不允许修理。

23.4.1　桨叶的检查和修理

检查安装在直升机上的旋翼桨叶时,要用尽可能短的直尺测量桨叶展向损坏区。用过长的直尺可因桨叶下垂的自然弯曲导致误读。

1. 后缘刻痕和切口

后缘尽头的所有刻痕和切口从后缘起最大不超过 0.040in 的可进行磨平处理。磨平区向刻痕或切口每侧至少扩展 1.0in,半径最少 12.0in,修理后的最小弦长如图 23 - 16 所示。

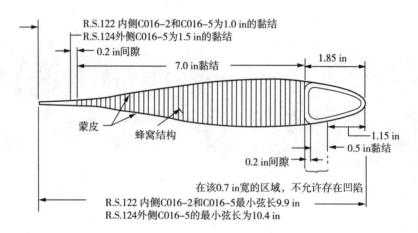

图 23 - 16　最小弦长

2. 空洞和脱胶

必须使用 1965 年或以后的状况良好的 25 美分硬币在桨叶上做轻敲试验,空洞和脱胶限制如下:

　　(1)对于桨根接头、桨尖盖板、翼梁和前缘,90％区域内应胶合牢固,允许不大于 $0.10in^2$ 的单独空洞,空洞距离小于 $0.25in$ 将被认为是连续的。

　　(2)加强板的空洞和脱胶外场不能修理,如果发现加强板上有空洞和脱胶,超过了图 23-17 中的限制,应与 RHC 技术保障部门联系。

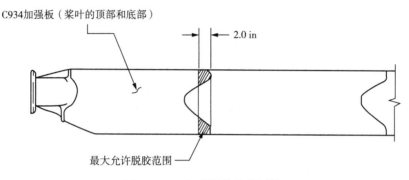

图 23-17　加强板的脱胶极限

3. 返修方法

(1)如图 23-18 所示,可用细齿锉将桨尖修整在限制范围内。

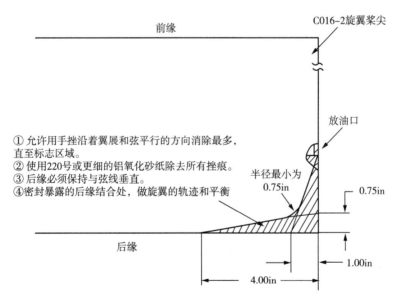

图 23-18　旋翼桨尖的修理极限

　　(2)用 220 号砂纸或更细的干湿氧化铝或硅碳化物砂纸打磨所有的刮伤、凹陷和腐蚀,然后用 320 号或更细的干湿砂纸抛光,沿翼梁和后缘可用细锉修整,但最后必须用 320 号或更细的干湿砂纸抛光。要确保砂纸打磨或锉平都要在展向完成。

　　注意不要用电动工具或化学油漆去除剂打磨表面,打磨时的温度不得超过 $175℉$,要尽量把损坏区的底部和返修区必须磨掉的材料减少到最低限度。

　　(3)目视检查所有返修区,看刮痕、腐蚀或其他损伤是否都已去除。

4. 测量去除的材料

对局部返修区,可用下列两种方法检查被磨去的材料:

(1)用卡尺或千分表对比磨平前后得到的数据。

(2)对蒙皮和翼梁返修区,横向小于 2in 时可用直尺和厚度规测量,如图 23 - 19 所示。

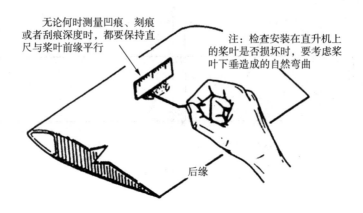

图 23 - 19 桨叶损坏深度的测量

5. 密封、打腻子和整流

(1)用三氯化烷清洗所有需要密封或打腻子和整流的部位。

(2)用 2216 B/A 结构胶涂抹所有显露的销孔或其他开口的胶合搭接部位。按工厂说明混合涂料,最少固化时间为 24 小时。

(3)用砂纸打磨密封区,展向磨平,使其光泽流线,保持原有桨叶形状。用 240 号或更细的干湿氧化铝或硅炭化物砂纸,打磨时不要去除任何原有金属材料。

(4)用砂纸打磨其余的油漆表面,打磨到约 75% 以下至原始底漆或金属材料。要使金属材料裸露面减小到最低程度。

6. 油漆(见图 23 - 20)

(1)用三氯乙烷和不掉毛的软擦布清洁油漆部位。

(2)沿所有暴露的搭接区涂一条 2~3in 宽的环氧树脂底漆。

(3)在所有外部表面涂上两层环氧树脂底漆。第一层漆干到可以接触的程度再涂第二遍漆。如果两遍漆之间已超过 8 小时,可用 320 号或更细的 Brite 清漆稀释剂擦抹和雾状底漆处理,然后再涂一遍涂层。

注意:不论何时涂第二遍底漆,必须在空气中干燥 12 小时再涂最外层漆方可获得最佳效果。

(4)喷最后一道白色漆,第一遍两面都要喷。

(5)罩好上表面白漆,拉毛下表面白漆,然后将下表面漆成半光泽黑色。

(6)喷涂调整片和上表面的中心带,桨根处漆成暗灰色。

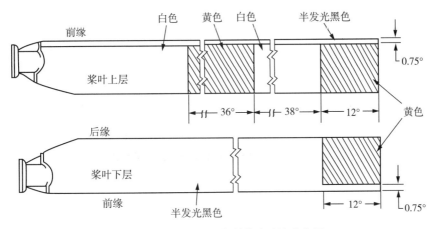

图 23 - 20　C016 - 1 旋翼桨叶油漆分布图

23.4.2　旋翼桨叶的拆装方法与注意事项

拆卸桨叶需要四人操作。其中两人分别支撑在距桨根 2/3 桨叶长度处,与此同时,另外两人支撑桨根,拆卸连接螺栓,如图 23 - 21 所示。不要过轻或过重拉伸摆动铰或锥形铰螺栓以达到合适的夹紧力,过轻或过重拉伸都可能导致故障。

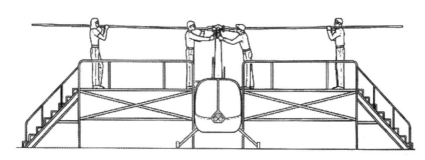

图 23 - 21　旋翼桨叶的拆装

1. 桨叶的拆卸

(1)用彩色记号笔在一片桨叶及其相关的铰接螺帽或螺栓、变距连杆和旋翼桨毂位置做标记,例如用油性铅笔,做"X"号标记。用另一种颜色的笔在另一片桨叶、螺帽、螺栓、变距连杆和旋翼桨毂位置上做标记,例如标记为"O"。

(2)按图 23 - 22,测量并记录锥形铰轴向间隙。

(3)拆下将旋翼变距连杆固定到桨叶变距摇臂上的紧固件。

(4)拆去开口销,拧松桨叶锥形铰的螺帽,使其达到手指就拧紧的程度。

注意:拆下一片桨叶后,仍要保持另一片桨叶水平,直到其被拆下。

(5)从一片桨叶上拆卸螺帽、止推垫片和后缘填隙片(如果使用)。抬起桨叶,使衔铁不再接触下止动块。支撑桨根,同时小心地向下转动变距摇臂(角),拆下连接螺栓和止推垫片。

注意:① 不要下垂到衬套(桨毂轴承内),否则在拆桨叶螺栓时会滑出。

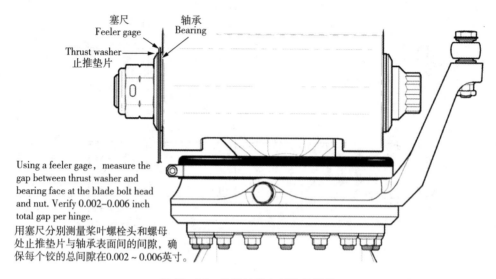

图 23-22 锥形铰轴向间隙的测量

② 桨叶安装的紧固件对于每片桨叶、桨叶前后缘以及每片桨叶在桨毂中的位置来说都是特定的。桨叶拆卸后用手将拆下的紧固件重新装回去能很好地避免弄乱。

（6）将旋翼桨叶放在软垫上，以免损坏桨叶蒙皮。

（7）按步骤（5）和（6）拆下另一片桨叶。

2. 桨叶的安装

（1）检查摆动铰摩擦，按需按维修手册 9.124 章节进行调整。

（2）如果在拆卸过程中记录的锥形铰轴向间隙超过限制，或相应的桨毂轴承或心轴被更换过，按维修手册 9.123 章节进行锥形铰衬套和填隙片计算。

（3）水平放置桨毂，将衬套插入桨毂轴承内，在桨叶螺栓上安装止推垫片。

（4）将主桨叶心轴插入桨毂，并将心轴与衬套孔对准。按需抬起桨叶让心轴离开下垂止动。旋转变距摇臂向下，在前缘侧安装螺栓。

注意：可将螺栓从后缘插入，使心轴与衬套孔对准（锥形铰安装时它会被推出）

（5）安装后缘填隙片（如果使用）和止推垫片。用 A257-9 防咬剂涂抹螺纹和螺帽表面，用手拧紧螺帽。

注意：① 不允许防咬剂进入衬套连接或桨毂轴承区域，这些区域必须干净而且干燥。
② 安装一片桨叶后，仍要保持另一片桨叶水平，直到其被安装。

（6）按步骤（3）至（5）安装另一片桨叶。

（7）用手拧紧锥形铰螺栓上的螺帽，直到衬套和止推垫片固定牢固。然后松开螺帽直到止推垫片能够自由转动。

（8）如图 23-23 所示，在铰接螺栓上安装 MT122-6 主旋翼螺栓伸长量检查工具。使刻度盘指示器归零，并锁住指示器刻度，取下工具。

（9）用至少 600 英尺·磅的力矩扳手，拧紧螺帽直到螺帽和螺栓的钻孔对准。重新安装

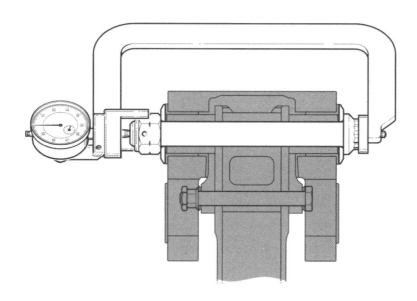

图 23 - 23 螺栓伸长量的测量

MT122 - 6 螺栓伸长量检查工具：

① 如果螺栓伸长量在 0.020～0.022 英寸之间，拆下工具，安装新的涂了环氧底漆且未干的开口销。

② 如果螺栓伸长量不在 0.020～0.022 英寸之间，拆下旧螺帽和旧螺栓，装上新的螺帽和螺栓。按维修手册 1.330 章节拉伸新螺栓，并按维修手册 9.116 章在新螺帽和螺栓上钻孔。安装新的涂了环氧底漆且未干的开口销。

(10)安装将旋翼变距连杆固定到变距摇臂上的紧固件。按维修手册 1.320 章节标准力矩拧紧，打力矩标记。

然后，执行步骤(7)～(10)安装另一片桨叶。

23.4.3 摆动铰摩擦力的调整

在检查摆动铰摩擦力时，一般要求其摩擦力要大于锥形铰摩擦力，具体调整方法如下：

(1)拆卸主旋翼桨叶。

(2)拆卸开口销、螺帽、止推垫片和螺帽侧 C117 填隙片。用小量增量改变螺帽侧填隙片叠层厚度的方法来调整摆动铰摩擦力。减少填隙片叠层厚度增加摩擦力，增加填隙片叠层厚度减少摩擦力。安装填隙片、止推垫片和螺帽。

(3)如图 23 - 24 所示，给摆动铰螺栓施加力矩的同时，检查摆动铰摩擦力。安装 MT354 摆动摩擦力工具到主旋翼桨毂任意一侧的锥形铰轴承上，用弹簧秤测量主旋翼桨毂摆动的力(一直拉、不间断)。

注：摆动摩擦力不超过 20 英尺磅。如果在摩擦力极限内不能转动，按步骤(2)增加填隙片叠层厚度。

(4)摩擦力调整好后要安装一个新的螺栓和螺帽。

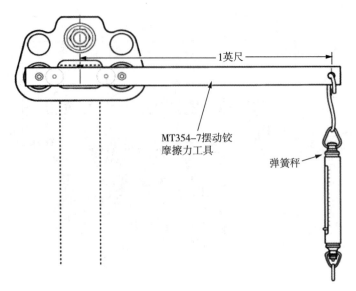

图 23 - 24　摆动铰摩擦力的测量

23.4.4　锥形铰摩擦力的调整

(1)参见图 23 - 25 中的轴颈和填隙片。拆卸开口销、止推垫片和螺帽侧 C117 填隙片（或轴颈）。用小量增量改变螺帽侧填隙片叠层厚度（或轴颈长度）的方法来调整锥形铰摩擦力。减少填隙片叠层厚度（或使用一个更短的轴颈）增加摩擦力。增加填隙片叠层厚度（或使用一个更长的轴颈）减少摩擦力。当有可测量的轴向间隙时，锥形铰摩擦力为零。安装填隙片（或轴颈）、止推垫片和螺帽。

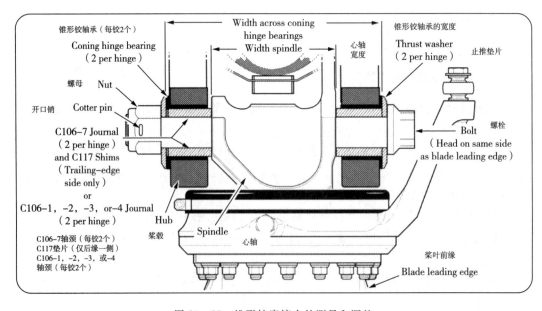

图 23 - 25　锥形铰摩擦力的测量和调整

（2）安装一个新的螺栓和螺帽。另一片桨叶重复以上步骤。

（3）抬起桨叶检查锥形铰摩擦力，直到心轴钩牙离开下垂止动块。保持一片桨叶水平并使另一片桨叶成锥形。当桨叶成锥形时，旋翼毂不能摆动。另一片桨叶重复该检查。

（4）使用测隙规，测量止推垫片和锥形铰螺栓头、螺帽轴承面之间的间隙。确认每个铰的总间隙为 0.002～0.006 英寸。

（5）给螺帽和螺栓钻孔。安装一个新的用环氧底漆润湿的开口销。

复习思考题

1. 旋翼系统由哪些部件组成？

2. R44 直升机旋翼桨毂由哪些部件组成？

3. 旋翼桨叶上的变距摇臂为什么做成 90°角？

4. R44 直升机的桨毂下垂限动块的限动原理是什么？

5. 桨叶拆装需要注意的事项有哪些？

6. 上、下扭力臂的作用是什么？

7. 简述旋翼桨叶挥舞运动与变距的关系。

8. 旋翼刹车的功能是什么？

第 24 章　主旋翼驱动

24.1　概　述

  R44 安装的发动机是 6 缸活塞发动机,一个三角皮带轮直接连接在发动机曲轴上,由四条加强三角皮带将动力传送到上皮带轮,如图 24-1 所示。上皮带轮的轮毂内有一个超转离合器,离合器轴将动力向前传送给旋翼齿轮箱,向后传送给尾桨齿轮箱。离合器包含一个作动器,可以升高上皮带轮使三角皮带拉紧,并将旋转动能传递给旋翼主轴和尾桨驱动轴。此外,还安装了一个保险系统,在起动时若发生超转矩,可以用来保护传动轴和发动机。也就是说,当发生超转时,如果离合器处于啮合状态,发动机不能起动,同时驾驶舱内的警告音会响起。一旦发动机起动,飞行员可以安全地合上离合器。当离合器在工作中时,驾驶舱内会有警告灯亮起。

  主减速器润滑方式为泼溅润滑。罗宾逊直升机的主旋翼主轴与主减速器是一体的,除了主减速器小齿轮密封的更换和旋翼齿轮箱收油池 O 形圈的更换,主要部件需使用 2200 小时或 12 个日历年返厂翻修外,没有专门的外场拆卸维护工作。

  主减速器油只能用罗宾逊直升机公司提供的件号为 A257-2 的滑油。在对主减速器加油时,应慢慢加油至窥镜中间标线为最好,不要超过最上标线。

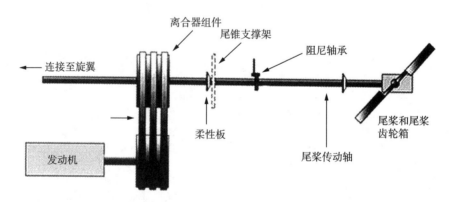

图 24-1　R44 传动系统简图

  在旋翼齿轮箱上有一挠性联轴器,长尾桨驱动轴的每端都有一挠性联轴器。旋翼齿轮箱内有一套单级螺旋斜齿轮,采用泼溅润滑。长尾桨轴不设悬吊轴承,而在约三分之一长度位置处设一组轻载阻尼轴承。尾桨齿轮箱输入和输出轴都用不锈钢制成,以防腐蚀。驱动系统的其他轴都是用合金钢制成的。

24.2　主减速器的组成与结构

主减速器和尾减速器都利用螺旋伞齿轮减速,从发动机到上皮带轮的转速比为 1∶0.778,再通过主减速器到达旋翼的转速比为 57∶11,通过尾减速器到达尾桨的转速比为 27∶31。

图 24-2 所示为主减速器齿轮箱,图 24-3 所示为主减速器在传动系统中的位置,图 24-4所示为主减速器齿轮箱内部伞形齿轮。

图 24-2　主减速器齿轮箱

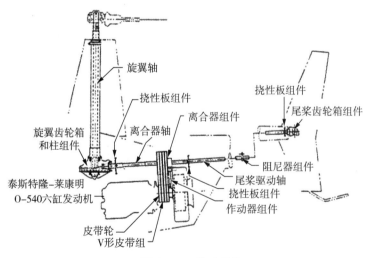

图 24-3　传动系统

24.2.1　驱动轴

R44 的驱动轴和其他许多长驱动轴一样,在一些特定的驱动轴转速下,会产生所谓的"甩转"模态(Whirl Modes),这会导致驱动轴的抖动以及可能产生的驱动轴变形,从而导致驱动轴的损坏。R44 的尾桨驱动轴上安装了阻尼轴承,可以消除一阶和二阶的"甩转"模态,但却

图 24-4　主减速器伞形齿轮

不能消除三阶的"甩转"抖动模态。R44 的"甩转"模态发生在如下发动机转速范围内：

一阶：发动机转速为旋翼转速的 15.2％。

二阶：发动机转速为旋翼转速的 60.6％。

三阶：发动机转速为旋翼转速的 136.4％。

前两个"甩转"模态不会在飞行状态下产生，因为它们低于旋翼的正常工作转速，第三阶模态只会在超转速情况下发生。

霍尔效应受感器是感受旋翼转速的，如果霍尔效应受感器间隙不在（0.030±0.010）英寸之内，要松开受感器上的锁紧螺帽调整间隙，检查两个受感器处的两个轭上磁铁的间隙，如图 24-5 所示。

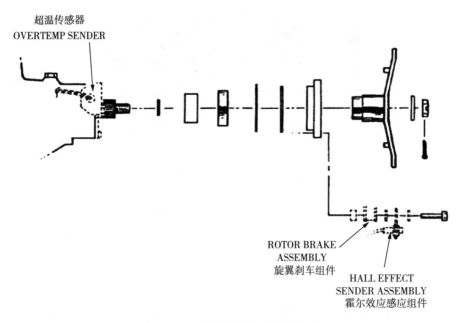

图 24-5　霍尔效应传感器的位置

24.2.2　离合器

上皮带轮在传动系统的最顶部，连接发动机和主驱动轴，上皮带轮由离合马达顶起和放下，如图 24-6 所示。当上皮带轮在低位时，皮带是松的，发动机和旋翼系统断开，发动机自身运转的同时，不带动旋翼系统运转。当离合器系统接合，离合马达将上皮带轮向上顶起时，皮带拉紧，发动机带动旋翼系统工作。

如图 24-7 所示，是贴有温度指示带的上皮带轮轴承。轴承的右边是包含在皮带轮轮毂里的自由轮，即超越离合器，如图 24-8 所示。超越离合器内部充满润滑油，若在航前检查中发现上皮带轮轮毂表面有油液，说明密封材料有破损，发生漏油。

自由轮的作用是当发动机空中停车时，允许旋翼继续旋转而不受发动机的影响，从而实现直升机在空中保持飞行。当遇到发动机空中停车的紧急状况时，可以采取自转下滑飞行的方式着陆。R44 直升机上有两个离合系统，而且两个系统的距离也很靠近，一个是可以使上皮带轮顶起或放下来拉紧或松弛皮带,起到驱动离合器作用的离合马达,在驾驶舱由对应的"clutch"按钮进行操纵。而自由轮是安装在上皮带轮的轮毂里,可以自动地使旋翼脱离发动机的驱动而惯性旋转。

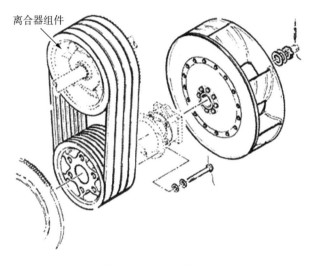

离合器组件

图 24-6　上皮带轮

内含
超载离合器
（自由轮）

图 24-7　超越离合器的位置　　　　图 24-8　R44 超越离合器

超越离合器的主要功能:

① 在运动链不脱开且主动件转速不变的条件下,从动件可在快速和慢速转动间可靠转换;

② 当从动件在负载转矩作用下有反转趋势时,就被楔住不动,即起防止逆转作用。

广泛适用于直升机的超越离合器为摩擦式超越离合器,按照楔住元件的结构又可分为斜面滚柱式超越离合器和斜撑式超越离合器,这里以斜撑式超越离合器为例,介绍其工作原理。

斜撑式超越离合器在直升机的主传动系统中是主要部件,主要依靠楔块的摩擦力矩实现其功能,楔块在力矩的作用下楔住内外环传递功率,图 24-9、图 24-10 所示为 R44 上的超越离合器。

图 24 - 9　超越离合器组件　　　　图 24 - 10　分解下的离合器

　　斜撑式超越离合器的外环与发动机输出端相连,内环连接旋翼的驱动轴。当发动机带动外环转动时,楔块挤压离合器轴承,使内环与外环卡死,一起同方向转动。当旋翼试图驱动发动机转动,例如空中单台发动机停车时,离合器轴承不受楔块影响,内环与外环独立转动,其工作原理如图 24 - 11 所示。

外环处于静止状态, 内环反时针方向转动　　　正常的扭转传递状态, 此时外环与
　　　　　　　　　　　　　　　　　　　　　　内环按挡块计压, 内外环一起转动

当内环大于外环负载时, 内环负载将使制动轮反向旋转, 并
自行制动, 这样可以有效防止因负载过大可能产生的内环损
坏。当过剩负载消失后, 制动轮自动恢复到正常状态

图 24 - 11　斜撑式超越离合器工作原理

　　R44 的离合马达(见图 24 - 12)不同于某些直升机同时具备超越离合器和起动离合器的功能,R44 上的离合器只有超越离合器功能。起动旋翼时起离合作用的部件为离合马达,当驾驶舱内按下“clutch”按钮时,离合马达开始运转,若按钮是在“啮合”位,则离合器灯会亮起,离合马达向拉紧皮带的方向运转。

　　图 24 - 13 所示为 R44 离合器的三角皮带,可以看到三角皮带的外表面,却看不到皮带的内表面,为了检查三角皮带的内表面,通常需要使用手电筒。罗宾逊直升机公司建议检查上皮带轮和下皮带轮的磨损情况,以确保皮带是正确安装在皮带轮上,并且没有异物进入到皮带轮且夹在皮带和轮之间。

图 24-12　离合马达

图 24-13　离合器三角皮带

24.2.3　旋翼刹车

如图 24-14 所示,R44 的旋翼刹车控制在驾驶舱飞行员座位上方,可手动拉伸和缩放来起动或者关闭旋翼刹车。旋翼刹车使旋转的旋翼快速地停转,以减少停车的时间和减小伤害到地面人员或乘客的风险。

图 24-14　R44 旋翼刹车控制

图 24 - 15 和图 24 - 16 所示分别为旋翼刹车啮合和解除示意图。

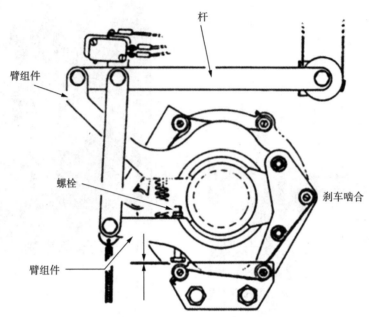

刹车啮合，NAS428-3-14螺栓和C130-4填隙片之间
的间隙为0.030 ~ 0.035in

图 24 - 15　R44 旋翼刹车啮合示意图

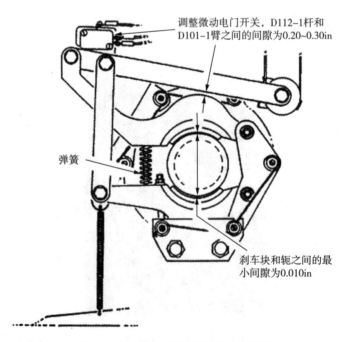

图 24 - 16　R44 旋翼刹车解除示意图

24.2.4　挠性联轴器

连接两个传动轴的部件称为挠性联轴器(见图 24-17、图 24-18),它的作用是在离合器接通或断开的时候,使传动轴有一些向上或向下移动的自由度,就好像万向接头一样。挠性联轴器中心的薄板就是挠性板,具有一定的柔性,可以允许传动轴有一定程度的弯曲,挠性板两头所连接的两片厚金属板,一片在主旋翼减速器侧,另一片在尾桨减速器侧,它们称为轭凸缘(yoke flanges)。

图 24-17　挠性联轴器

图 24-18　传动轴上的挠性联轴器

连接上皮带轮轴承和机体之间的连杆如图 24-19 所示,该连杆的作用是保持传动轴横向对中。中间轴是给传动轴定垂直的位置,但传动轴必须保持和减速器对齐,同时还可以上下移动。由于这是个简单的连杆,当轴承上下移动时,传动轴会在横向上有一点小的移动。

图 24-19　横向中心撑杆

24.3 主减速器的维护和故障分析

24.3.1 皮带轮的横向对准调整

（1）离合器致动器需完全接通。

（2）握住 MT331-4 皮带轮校正杆使之靠在下皮带轮后表面，向上伸展校正杆至上皮带轮的水平中心线（见图 24-20）。

MT331-4皮带轮校准杆

图 24-20 皮带轮校准杆

（3）按图 24-21 在左、右侧检查皮带轮对准情况。

（4）左侧间隙应大于右侧间隙 0.010 英寸至 0.030 英寸。

（5）离合器横向中心撑杆（见图 24-19）可以调整间隙在中心测量的范围之内。伸长撑杆减小左侧间隙，增大右侧间隙。缩短撑杆增大左侧间隙，减小右侧间隙。撑杆的范围在杆头与杆头的中心距 4.10/3.90 两侧。调整后检查两个杆头的小孔。如经过调整仍不能达到测量要求时，请与罗宾逊直升机公司技术支援部联系。

（6）按 R44 维修手册 1.320 章节标准力矩拧紧连接螺栓和锁紧螺帽。按维修手册 1.320 章节拧紧薄板螺帽，并打力矩标记。

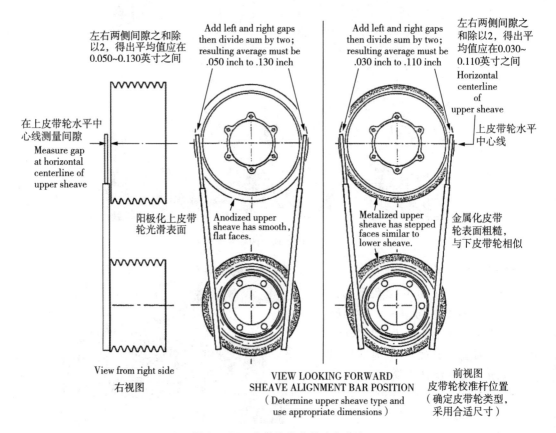

左右两侧间隙之和除以2，得出平均值应在0.050~0.130英寸之间

Add left and right gaps then divide sum by two; resulting average must be .050 inch to .130 inch

Add left and right gaps then divide sum by two; resulting average must be .030 inch to .110 inch

左右两侧间隙之和除以2，得出平均值应在0.030~0.110英寸之间

Horizontal centerline of upper sheave

在上皮带轮水平中心线测量间隙

Measure gap at horizontal centerline of upper sheave

上皮带轮水平中心线

阳极化上皮带轮光滑表面

Anodized upper sheave has smooth, flat faces.

Metalized upper sheave has stepped faces similar to lower sheave.

金属化皮带轮表面粗糙，与下皮带轮相似

View from right side
右视图

VIEW LOOKING FORWARD
SHEAVE ALIGNMENT BAR POSITION
（Determine upper sheave type and use appropriate dimensions）

前视图
皮带轮校准杆位置
（确定皮带轮类型，采用合适尺寸）

图 24-21 皮带轮校准尺寸和方法

24.3.2 离合器致动器上、下轴承的检查

致动器上部滚珠轴承在上皮带轮后部的离合器轴上,致动器下部滚棒轴承在下皮带轮后部的风扇轴上。飞行中,致动器轴承若有一个损坏都可使旋翼系统失去动力,从而导致严重后果。

轴承出现故障的前兆是噪声变大。噪声通常出现在轴承出现故障或轴承温度增高前的几个小时。在起动和停车时听驱动系统的声音,有故障的轴承会有较高、较长类似警报的声音,如听到异常的声音,在继续飞行前应彻底检查所有轴承。有故障的轴承其密封圈已经损坏或渗出大量润滑脂。温度黑格不能证实轴承损坏与否,因为温度只在故障出现前几秒钟才显示增加。

在致动器轴承完全出现故障前,离合器灯会连续闪烁(闪亮和熄灭不超过 1 秒钟),不要将此现象与飞行中正常的闪烁混淆(闪亮 1～8 秒钟后才熄灭),这时应停止飞行,直到查出离合器灯闪烁的原因。当怀疑致动器轴承异常,或者拆下风扇时,应按下列程序仔细检查轴承。

1. C181 致动器下轴承的检查

(1)拆卸涡管和风扇。

(2)支撑皮带轮后部的离合器传动轴,解除轴承壳体处皮带张力致动器下端的连接。

(3)转动轴承壳体,检查有无粗糙、划伤或过度松动(轴向间隙最大为 0.010 英寸)。确保无密封损坏、无热损坏,润滑轴承。

(4)仔细检查风扇轴上的轴承内座圈,前部轴承内座圈的力矩线打过风扇轴,两处相隔 180 度,如果力矩线破裂说明出现了位移,在内座圈和风扇轴之间不允许有位移或微振磨损。

(5)确保没有因为轴承外座圈在壳体内的转动而扭曲,如果发现有位移,更换风扇轴和轴承组件。

(6)安装风扇并且检查、调整风扇动平衡。

2. C184 致动器上轴承的检查

(1)从轴承壳体左侧解除横向中心支柱的连接。

(2)从致动器上解除轴承壳体的连接,通过向上调致动器下限止动螺钉,运行离合器到完全解除啮合,不要使上下叉臂固定螺钉头互相碰撞。

(3)转动轴承壳体,检查有无粗糙、划伤或过度松动的声音或感觉,确保密封垫无损坏、润滑脂无渗漏或者热损坏。

(4)仔细检查离合器轴上的轴承内座圈,后部轴承内座圈的力矩线打过风扇轴,两处相隔 180 度,如果力矩线破裂说明出现了位移,在内座圈和风扇轴之间不允许有微振磨损。确保没有因为轴承外座圈在壳体内的转动而扭曲,如果发现有位移,拆下轴承,检查轴承和轴承组件。

(5)将中心支柱和致动器连接到轴承壳体上,调整致动器下限止动螺钉,使得在起动时,离合器啮合与旋翼转动之间延迟不超过 5 秒钟。

复习思考题

1. 挠性联轴器的功能是什么？
2. 减速器的功能是什么？
3. R44 直升机如何使传动皮带拉紧？
4. R44 直升机上有几个离合器？

第 25 章　尾　桨

尾桨系统由一个铝合金桨毂和两片桨叶组成。桨毂内有两个涂衬有特氟隆的弹性材料轴承,允许尾桨做挥舞运动。桨叶内部是蜂窝铝结构,由外包铝蒙皮和一根锻造铝合金桨根接头构成。桨根接头内有两根不可更换的、涂衬有特氟隆的球形轴承,轴承使桨叶可以变距。尾桨毂和桨叶反向平衡(抵消)主旋翼的扭矩。尾桨操作系统控制尾桨叶变距,尾桨固定在尾梁左侧,桨尖速度在转速 102% 时为 614 英尺/秒。

25.1　反扭矩

直升机在设计之初,设计者所遇到的一个问题就是反扭矩问题。根据牛顿第三定律,单旋翼直升机的旋翼系统安装在旋翼主轴上,发动机提供旋转主轴的功率,因而旋翼可以旋转。而当直升机作用扭矩力在旋翼主轴上的同时,会产生一个方向相反、大小相等的反扭矩力来转动直升机机体,反扭矩示意图如图 25-1 所示。

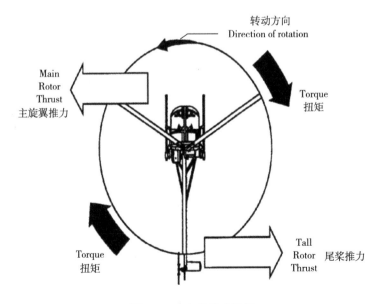

图 25-1　直升机反扭矩

大部分早期的直升机设计中,采用多旋翼反向旋转的方式来消除反扭矩。这类设计的优点是在消除反扭矩的同时没有功率的损失。而单旋翼单尾桨形式的直升机采用安装在直升机后部的尾桨来消除反扭矩,这是现今比较普遍的直升机形式。

25.2 尾桨系统的组成与结构

R44 尾桨系统包括铝合金尾桨桨毂和两片尾桨桨叶,如图 25-2 所示。R44 尾桨桨毂衬有特氟隆的弹性材料轴承,该轴承可以使尾桨做跷跷板运动。尾桨桨叶内部是蜂窝铝结构,由外包铝蒙皮和一根锻造铝桨根接头构成。

图 25-2 R44 尾桨桨毂

桨根接头内有两个不可更换的、涂衬有特氟隆的球形轴承,如图 25-3 所示。轴承使尾桨桨叶可以变距。桨叶固定在两块毂板之间,并具有一个预置锥角。尾桨的摆动(跷跷板运动)限动块是一个固定轴的聚氨酯橡胶缓冲器,如图 25-4 所示。当达到摆动极限时,缓冲器即接触到桨毂平面,从而制止超限摆动。

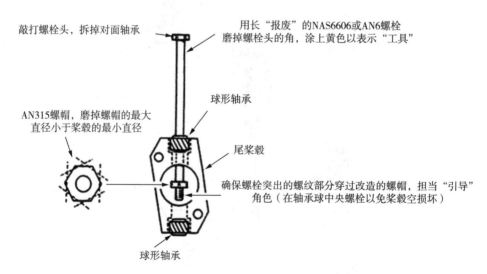

图 25-3 R44 尾桨桨毂球形轴承的拆卸图

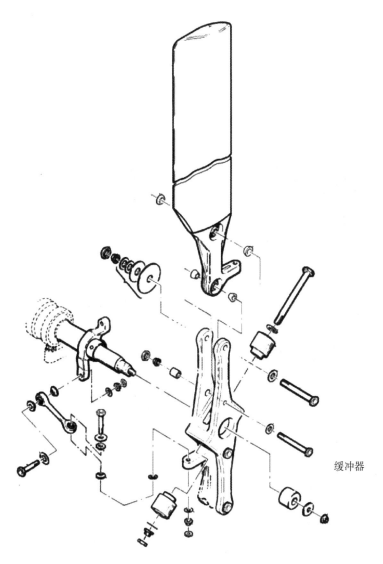

图 25-4 R44 尾桨桨毂组件

  如图 25-5 所示,靠近尾桨桨尖前缘附近的喷漆可能
会因为空气中的灰尘或海水等腐蚀而剥落,所以应检查该
部分的腐蚀情况,若腐蚀穿透了桨叶表面,就必须更换
桨叶。

25.2.1　尾桨叶

  尾桨叶有 3 种型号,分别是 C029-1、C029-2 和
C029-3,如图 25-6 所示。C029-3 尾桨叶是最新型号桨
叶,圆形翼尖,可用于任何序号的 R44 尾桨系统,但是尾桨
组件型号是 C008-9。C029-2 尾桨叶也是圆形翼尖,可用

图 25-5 R44 尾桨桨叶

于任何序号的 R44 尾桨系统,但已经被 C008 - 9 尾桨组件代替,不再使用。而 C029 - 1 尾桨叶是旧型号桨叶,方形翼尖,现在已经被 C008 - 9 尾桨组件代替,不再使用。

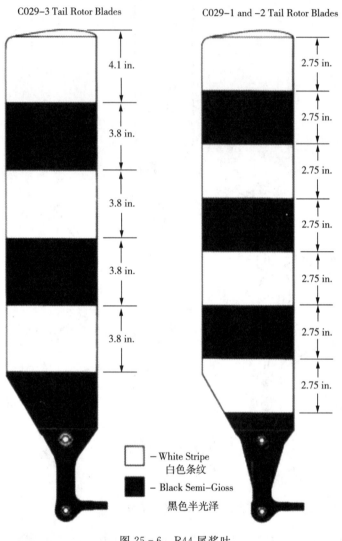

图 25 - 6　R44 尾桨叶

25.2.2　尾桨毂

45°三角铰链的尾桨毂在桨叶前进和后退时,提供自动的推力以补偿不对称升力。尾桨毂有两种形式,一种是桨毂和桨毂板一体的,称为单片式桨毂。另一种是桨毂与桨毂板分开的,称为三片式桨毂,如图 25 - 7 所示,三片式桨毂已经不再使用。

25.2.3　变距连杆

一体式尾桨变距连杆是不可调整的。要经常检查变距连杆杆头轴承有无轴向和径向间隙。要求最大轴向间隙是 0.020 英寸（0.508mm）,最大径向间隙是 0.010 英寸

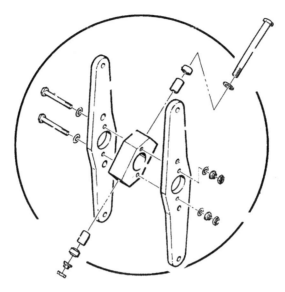

图 25 - 7　三片式尾桨毂

（0.254mm）。

　　轴承座外圈和杆头壳体之间不允许松动。特别要注意的是，一体式尾桨变距连杆不可与可调式变距连杆混用，一根变距连杆有问题要更换，另一根也要随之换掉。

25.2.4　变距控制装置

　　尾齿轮箱输出轴上安装着一套变距控制组件。脚蹬控制通过 C121 - 17 传动杆推拉变距控制装置上的带角度摇臂，使得变距控制装置在尾齿轮箱输出轴滑槽上来回移动，通过尾桨变距连杆使得桨叶变距，变距控制装置如图 25 - 8 所示。

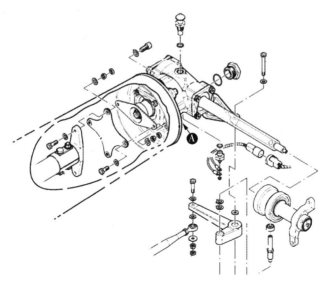

图 25 - 8　变距控制装置

25.2.5 弹性阻尼轴承

桨毂内装弹性摇摆铰阻尼轴承,同时用螺栓穿过尾齿轮箱输出轴固定锥形铰,锥形铰同样采用弹性阻尼轴承。橡胶阻尼轴承可减少尾桨毂与尾齿轮箱输出轴静止动时的振动。

25.3 尾桨系统的维护和故障分析

尾桨的变距连杆与桨叶的连接螺栓的螺帽下有不同厚度的垫片叠层。这些垫片是平衡用的,再安装时必须按原来顺序安装。

25.3.1 尾桨的拆卸与安装(见图 25 - 9)

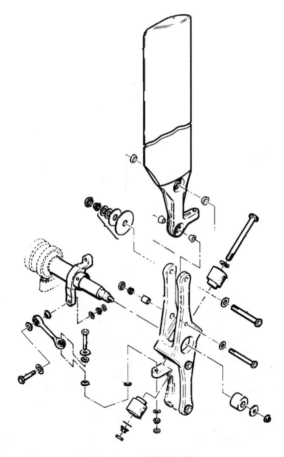

图 25 - 9 尾桨的拆卸

1. 尾桨的拆卸

(1)从各桨叶上拆下变距连杆,在每根变距连杆上标上桨叶出厂号以便再次安装。

(2)卸下固定缓冲器(橡皮摆动止动)固定到输出轴上的薄板螺帽、螺帽和 A141 - 14

垫片。

（3）卸下薄板螺帽、螺帽和桨毂连接螺栓。小心地将毂从轴上滑出，缓冲器和垫圈将同桨毂同时退出。

2. 尾桨的安装

确保桨叶安装与旋转方向一致，按图 25 - 10 安装 C137 - 2 大垫圈。在摇摆铰螺帽及 NAS6606 - 53 螺栓头下不要装垫片，C127 - 1 垫片（斜切面对着螺栓头）安装在 NAS6606 - 54 螺栓头下。不正确安装可导致尾桨毂螺栓损坏和尾桨掉落的严重事故。

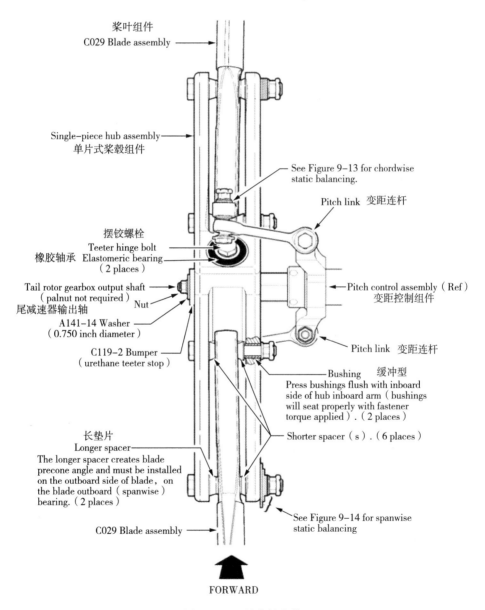

桨叶组件
C029 Blade assembly

Single-piece hub assembly
单片式桨毂组件

See Figure 9-13 for chordwise
static balancing.

Pitch link 变距连杆

摆铰螺栓
Teeter hinge bolt
橡胶轴承 Elastomeric bearing
（2 places）

Tail rotor gearbox output shaft
（palnut not required）
尾减速器输出轴   Nut

Pitch control assembly（Ref）
变距控制组件

A141-14 Washer
（0.750 inch diameter）

C119-2 Bumper
（urethane teeter stop）

Pitch link 变距连杆

Bushing 缓冲型
Press bushings flush with inboard
side of hub inboard arm（bushings
will seat properly with fastener
torque applied）.（2 places）

长垫片
Longer spacer
The longer spacer creates blade
precone angle and must be installed
on the outboard side of blade，on
the blade outboard（spanwise）
bearing.（2 places）

Shorter spacer（s）.（6 places）

See Figure 9-14 for spanwise
static balancing

C029 Blade assembly

FORWARD

图 25 - 10 尾桨的安装

此外，在安装以前，应检查以下项目：

(1)C130-1 垫圈:由轴承球引起的表面磨损或凹痕,需要更换 C130-1 垫圈。

(2)尾桨齿轮箱输出轴:由于 C130-1 垫圈磨损或螺栓孔拉长而引起的轴平面磨损需将尾桨齿轮箱返回罗宾逊直升机公司修理。

(3)桨毂上的枢轴轴承:如果内球紧,移动轴承内球体以使其插入并减少强度。

(4)用拆卸前的位置对准尾桨桨叶的对应变距连杆。

具体安装步骤如下:

(1)将尾桨组件放在尾减输出轴上,将尾桨叶与相应的变距连杆匹配好。确认从飞机左侧看时,尾桨是顺时针转动。

(2)安装摆动铰螺栓,拧紧螺帽直到弹性的金属隔块与输出轴接触,但不要打力矩。确认桨叶锥体指向尾减。

(3)取下标签。按拆下时的状态安装,将尾桨叶固定到变距连杆并进行静平衡。按维修手册 1.320 章节标准力矩拧紧螺帽和薄板螺帽,并打力矩标记。

(4)用 1 英寸×12 英寸的铝板制作一轨迹靶标,从一端 2 英寸处弯折 90°。尾桨水平,将靶标贴在尾锥靠近桨尖处。

(5)旋转尾桨传动轴,用记号笔记下当每片桨尖排水孔通过靶标时的位置。调节(摆动)尾桨,以确保两片桨尖通过该点的位置在 0.125 英寸内。按维修手册 1.330 特殊力矩拧紧摆动铰螺栓。重新检查轨迹,重复以上步骤直到尾桨平衡。

(6)在摆动铰螺栓上安装薄板螺帽,按维修手册 1.320 章节标准力矩拧紧,打力矩标记。取下靶标。

(7)前后来回摆动尾桨毂。确认摆动铰螺栓、轴承金属隔块、垫片和螺帽在尾桨摆动过程中都保持静止。

(8)安装 C119-2 减震垫、A141-14 垫片和螺帽。按维修手册 1.320 章节标准力矩拧紧,打力矩标记。

(9)按维修手册 10.240 章节进行尾桨气动平衡。

25.3.2 尾桨桨叶的清洁

在直升机使用过程中,每周或更短时间要完成尾桨叶的清洁程序,以防止其锈蚀,来延长桨叶使用寿命,提高桨叶检查的可见度,具体操作步骤如下:

(1)用石脑油或干净的溶剂擦洗桨叶。

(2)用混合液清洗桨叶。

(3)用干净的水和干净的软布清洗并且擦干桨叶。

(4)用石蜡涂抹尾桨叶表面。不要用硅树脂类蜡,它们可能会妨碍修理或精加工。

25.3.3 尾桨桨叶的检查和修理

在使用中如发现任何地方存在裂纹,桨叶就要更换。对于刻痕、划伤和开裂造成的所有凹陷都要进行封闭检查。如果刻痕或划伤出现在凹陷内并且总的深度超过标准,桨叶必须更换。此外,若在桨叶的翼尖端出现锈蚀或损伤的铆钉,则该桨叶必须更换。

桨叶修理程序简要指出了修理尾桨桨叶的修理极限、方法和材料。修理工作仅限于磨平刮伤、凹陷、刻痕,去除腐蚀以及抛光桨叶。此处包含的检查、修理和极限及使用中所受的损坏,包括运输和操纵期间的损坏,生产的不规则均由工厂单独处理。使用中损伤通常表现为油漆磨损或者划伤,需记录抛光漆划伤中新露出金属的时间,可参考 MM 9.130 章节有关测量桨叶的损伤部分。此外,桨叶可以不止一次被修理,然而,在任何一个位置,都不能超过最大去除的材料,或者超过最大凹痕的深度。

复习思考题

1. 尾桨系统由哪些部件组成?
2. R44 直升机尾桨上的“L”形部分的作用是什么?
3. R44 直升机的尾桨的功能是什么?
4. 什么是反扭矩?

第26章　尾桨驱动

26.1　概　述

尾减速器是将尾传动轴的转速传递给尾桨叶,实现减速和改变传动方向的作用。发动机将动力传送到上皮带轮。上皮带轮的轮毂内有一个离合器制动锁(超转离合器),离合器轴将动力向前传送给主旋翼,向后传送给尾桨。尾桨传动轴的每端有一挠性联轴器,还安装了一组轻载阻尼器轴承。尾减速器输入轴和输出轴都用不锈钢制成,以防腐蚀。传动系统的其他轴都是用合金钢制成。

图26-1所示为尾减速器齿轮箱在尾桨上的位置,图26-2所示为尾减速器齿轮箱的安装图。在尾减速器的壳体上贴有温度指示带,用来指示尾减速器内部滑油温度等参数的工作状况。

尾减速器齿轮箱

图26-1　尾减速器齿轮箱　　　　　　图26-2　尾减速器齿轮箱安装图

尾减速器内部由两套互为90°放置的螺旋伞形齿轮组成,如图26-3所示。传动方向发生90度变化,减速器的螺旋伞齿轮增速比为31∶27。整套装置包括一个通气式注油塞,齿轮箱油量窥镜。在尾减速器壳体下部有可检测金属屑并且有报警线路的磁传感器,它还充当减速器的放油塞。尾桨变距机构固定在尾桨齿轮箱左侧,尾桨操作系统通过齿轮箱且通过变距控制机构的移动进行变距。

尾减速器组件主要包括一个通气式注油塞、齿轮箱油量窥镜和一套组合电金属屑探头。

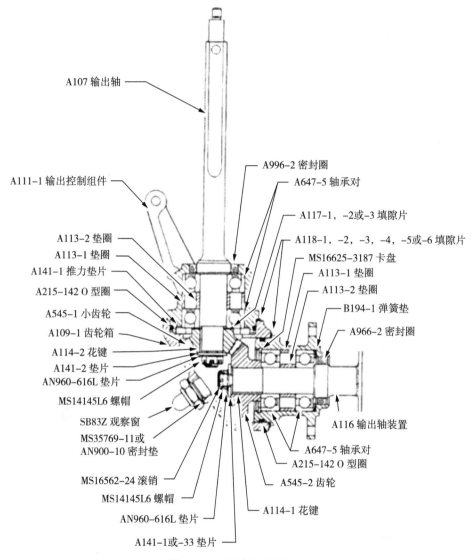

图 26-3　尾减速器结构

1. 通气式注油塞

通气式注油塞是可以更换的,塞高出减速器顶部 5～6 厘米,塞上有通大气孔。飞速旋转的齿轮使得减速器内润滑油产生高温并且产生油气,这些油气通过注油塞上的通气孔排到大气中。

2. 电金属屑探头组件

尾减速器金属屑探头是一种磁力装置,它装在减速器放油插塞内。当磁铁吸附铁屑可接通电路并燃亮警告灯。铁屑可能是由失效的轴承或齿轮磨损引起的。因此,警告灯亮预示减速器即将发生故障。该金属屑探头还可充当放油塞。在拆下金属屑探头做检查时,要防止润滑油发生泄漏。

3. 窥镜

窥镜提供尾减速器现状的目视指示,每 500 小时要做尾减速器更换润滑油的工作。注油时,按照窥镜附近标牌标示的量给减速器加注罗宾逊 A257-2 润滑油。加注滑油后需安装注油塞,拧紧螺帽并且打保险丝。在注油前要按照窥镜附近标牌上注明的量,给减速器注入 SAE30、SAE40、SAE50 或 SAE20W50 纯矿物发动机滑油,并在开车后对尾减速器进行清洗。

26.2　尾减速器的组成与结构

26.2.1　温度指示带

具有自黏性的温度指示带通常贴在被测部件的外表面,如图 26-4 所示。在温度指示带上,有若干个密封的热敏材料片作为温度指示器,当被测部件的表面温度达到热敏材料的校准温度时,银色的热敏材料片就会永久地变成黑色,并且这个过程是不可逆的。这些热敏材料片的反应时间不超过 1s,且准确度误差为±2%。

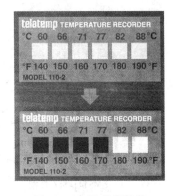

图 26-4　温度指示带

标准 110 系列的温度指示带含有 6 个热敏材料片,每一个型号的温度跨度为 50℉,即每相邻两个热敏材料片之间的校准温度相差 10℉,如图 26-4 所示。有一些特殊型号,如 110-10-13 型号的温度指示带是每 5℉ 一个校准温度,6 片热敏材料的温度跨度从 100℉ 到 130℉。

以下为不同型号的温度指示带所适用的部件类型:

110-4:主齿轮箱。

110-2 或 110-3:上致动器轴承(在上皮带轮后)。

110-2:尾减速器。

110-4:液压泵(如果装有)。

以下为标准 110 系列的温度带型号和温度范围:

110-2:60℃/140℉~88℃/190℉。

110-3:82℃/180℉~110℃/230℉。

110-4:104℃/220℉~132℃/270℉。

如图 26-5 所示,在主减速器上,文字标识上方可以看到一段橘红色纸带,这就是温度指示带。温度指示带的用处是记录部件能达到的最高温度,通常用来记录轴承、齿轮箱等工作温度的升高情况。

不同的温度指示带用来比较不同的温度,所以不能混用。当直升机部件达到某一个温度时,所有低于那个温度值的温度格会变成黑色并一直保持下去。使用温度指示带时,在正常工作中变黑的最高温度格子和下一个未变黑的格子之间画一条参照线,如图 26-6 所示。在之后的每次检查时,确定是否有其他格子变黑。如果随后记录的增加的温度不是由工作

图 26 - 5　主减速器上的温度指示带

条件的变化造成,应在下一次飞行前仔细检查怀疑的部件。比如,直升机在炎热的夏天工作或使用了太多的发动机功率,减速器就会变得很烫。但是,若没有能够合理解释温度升高的情况,应仔细检查故障原因。

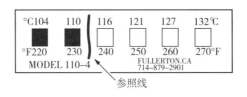

图 26 - 6　画有参照线的温度指示带

从图 26 - 7 上可见尾桨齿轮箱的温度指示带,有时候看到图示的上部温度格有变色现象是很正常的,这可能是由于暴露在太阳光的 UV 光下的结果。

图 26 - 7　尾桨齿轮箱的温度指示带

图 26 - 8 所示为上部轴承和相应的温度指示带。从图上可以看出,180℉的温度格已经发黑,而 220℉和 230℉的温度格是黄褐色。这并不表明这个部件曾经达到 230℉的温度,因为那样的话,220℉那个温度格应该发黑而不是发黄褐色才是。这个情况的发生有可能是温度带内部本身遭到了污染而失效的缘故。

图 26-8　轴承上的温度指示带

当旋翼齿轮箱出现温度过高、警告灯指示或温度带指示不正常运行温度时,必须拆下齿轮箱送罗宾逊直升机公司批准的维修单位检查和翻修。如果在实施了修正操作后,在下一个 25 小时产生了更多的微粒,旋翼齿轮箱可能会迅速损坏且齿轮箱需要翻修。如果可能,把齿轮箱连同微粒一起返回 RHC。

注:警告灯在温度为(240±5)°F时指示。

26.2.2　油面可视镜

如图 26-9(a)所示为 R44 尾桨齿轮箱的油面可视镜,要检查尾桨齿轮箱的润滑油油面高度,需站在油面可视镜侧面观察。在寒冷的季节,必须要在起动旋翼系统之前检查,否则润滑油会堆积在齿轮上,而油面可视镜则会显示是空的。若室外很冷,而润滑油又稠,可能需要很长时间润滑油才能从齿轮上流出来再次进入到油面可视镜内。

图 26-9(b)为主减油面可视镜,检查要求与尾桨齿轮箱一致。

（a）尾桨齿轮箱油面可视镜　　　　　（b）主减油面可视镜

图 26-9　油面可视镜

26.2.3　阻尼器轴承装置

阻尼器轴承装置是由阻尼器轴承、连接臂、连接片以及连接紧固件组成,如图 26-10 所示。阻尼器轴承装置的作用是支撑传动轴长距离传动,同时减小由于传动轴高速旋转而产生的振动,也是一种自动的吸振装置。

当传动系统工作或者直升机在飞行时,会产生固有的振动,这些振动会引起机件磨损或失效。厂家在设计和生产过程中要采取各种方法将固有振动减至最小,阻尼器轴承装置就是安装在传动轴上的减震器。

26.2.4 尾挠性联轴器和中间挠性联轴器

尾挠性联轴器由轭和挠性板组成。中间拱性联轴器将上皮带轮离合器轴的转动通过长尾桨传动轴,再由尾挠性联轴器传给尾齿轮箱。

挠性联轴器的柔性连接方式允许连接部件发生轻微变形,这种变形不仅不会造成部件的损坏,还可以吸收因扭矩变化而产生的振动。

传动轴与挠性联轴器的拆装必须严格按照

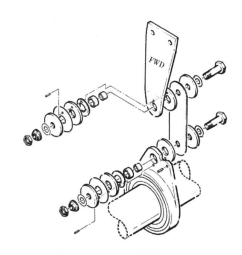

图 26 - 10 阻尼器轴承装置

维修手册提供的工作程序进行,不当的安装将导致传动轴应力不平衡并且损坏相邻的部件,挠性联轴器具体安装详见维修手册。

26.3 尾桨驱动系统的维护和故障分析

26.3.1 中间柔性板的安装与填隙

中间柔性板的安装与填隙是尾桨驱动系统维护的一项重要工作,具体操作程序如下:

(1)接通离合器致动器,转动尾桨轴的驱动法兰并使 C195 轭水平(见图 26 - 11)。

(2)通过尾桨轴和 C195 离合器后轭,在 9 点位置上插进 NAS1304 螺栓。测量并记录 3 点位置的柔性板之间的间隙。卸下螺栓。

(3)在 3 点位置插进螺栓,然后测量并记录 9 点位置的间隙。重复(2)和(3)步骤测量的数据编为♯1。

(4)卸下螺栓并转动尾桨轴 180°。重复步骤(2)和(3),此次测量数据编为♯2。

(5)计算测量数据♯1 中 3 点位置和 9 点位置间隙的差。计算测量数据♯2 中 3 点位置和 9 点位置间隙的差。

(6)用下列公式计算在中间柔性板处加垫的数据。

注意:用 3 点钟至 9 点钟之间的最小读数。

9 点钟读数+3 点钟读数=＿＿＿＿＿

上述总和除以 2=＿＿＿＿＿

－柔性板的平均厚度=＿＿＿＿＿

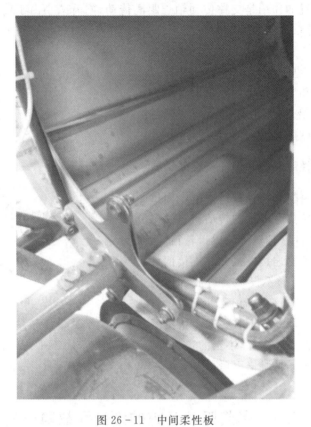

图 26-11　中间柔性板

计算尺寸＝_____

注意:装有黏合垫片 A947-2 柔性板的平均厚度已精确测量。

(7)按表 26-1 的要求加垫。用上文确定的加垫数重新安装柔性板。按维修手册 1.320 章节拧紧连接螺栓。安装薄板螺帽并打力矩标记。

表 26-1　中间柔性板的填隙

全部填隙片需加在柔性板算出的尺寸(英寸)	全部填隙片需加在柔性板和离合器轴的 C195 轭之间(需 2 处)	柔性板和尾桨传动轴的 D224 轭之间(需 2 处)
0.137 或更大的计算结果	测量值超过极限,需要一个更长的 C195 轭	
(0.136)/(0.107)	各用一个 AN960-416 垫片取代 AN960-416L 垫片	各用一个 AN960-416 垫片
(0.106)/(0.077)	各用一个 AN960-416 L 垫片	各用一个 AN960-416 L 垫片
(0.076)/(0.047)	各用一个 AN960-416 L 垫片	各用一个 AN960-416 L 垫片
(0.046)/(0.017)	各用一个 AN960-416 L 垫片	无需垫片填隙
(0.016)或计算为负数	需要更短的 C195 轭	

26.3.2　制动器的调整

1. 啮合限制

致动器啮合限制由控制皮带张力的柱式弹簧来决定。此柱式弹簧只能由工厂调整。

2. 解除啮合(下限)的调整

下限电门由下限止动螺钉起动,可用一个 3/8 英寸的开口扳手(MT357 - 6)和 1/4 英寸盒端头扳手(MT357 - 7)调整。在致动器完全解除啮合时,按照维修手册 7.282 章节调整下限止动螺钉,保持皮带适当的偏移量。在剪刀状处两个螺丝头之间的最小间隙为 0.015 英寸,如图 26 - 12 所示。

图 26 - 12　制动器及微动电门

3. 最大延伸极限

最大啮合延伸值为 1.60 英寸,按图 26 - 13 所示测量。延伸极限电门在 1.50/1.60 英寸延伸处激活。当达到最大延伸值时,必须更换传动皮带。

26.3.3　离合器致动器下轴承的润滑

(1)给注射器充入 4～5 克的 A257 - 12 润滑油,5 克润滑油可填充内径为 0.63 英寸(16mm)的针管 1 英寸长(25mm)。

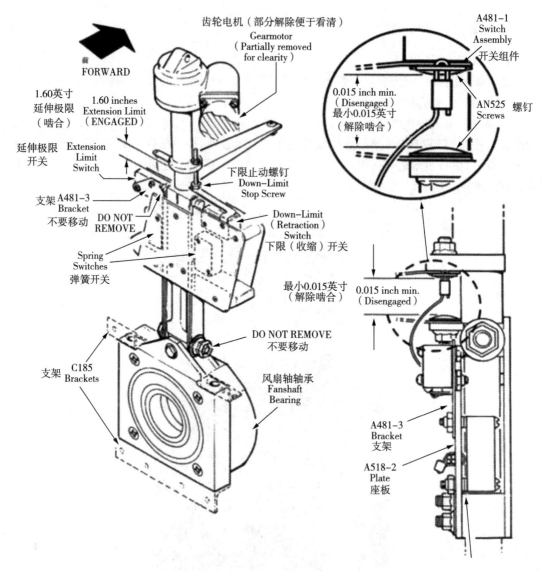

图 26 - 13　制动器的调整

　　(2)拆下 C181 - 3 轴承壳体左侧的螺钉,螺钉可能被温度带覆盖,根据需要取下温度带,不需要更换温度带。

　　注:可卸下后整流罩来接近轴承。

　　(3)用注射器将润滑油注入螺丝孔内。

　　(4)装上 B289 - 3 自密封十字螺钉,或者彻底清洁定位螺丝和螺丝孔螺纹,然后用 B270 - 20密封剂、湿的环氧树脂或铬酸锌底漆涂抹螺纹,装上螺丝。拧紧螺丝直到与轴承壳体齐平。

　　注意:定位螺丝孔可穿过轴承壳体孔,拧得超出与壳体齐平可导致定位螺丝碰触轴承组件内的零件,造成损坏。

(5)以 102%转速地面运行直升机 2 分钟,停车检查,清除溢出的润滑脂。

(6)安装后部整流罩(如果已经卸下)。

26.3.4　尾桨传动轴同轴度检查

(1)卸下尾锥右侧所有的检查口盖,接通离合器。

(2)组装罗宾逊编号 MT260-6 工具和一只配套的指示仪表。

(3)通过尾锥右侧最后一个检查孔插进圆盘仪表。紧压住圆盘仪表靠着尾锥,让其加长柄靠在传动轴上,如图 26-14 所示。

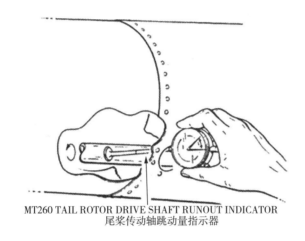

MT260 TAIL ROTOR DRIVE SHAFT RUNOUT INDICATOR
尾桨传动轴跳动量指示器

图 26-14　尾桨传动轴同轴度检查

(4)在 C166 离合器轴处转动传动轴至少三整圈。每一圈仪表在每处的指示都会略有变化,因此必须取其平均值。

(5)在前方下一个检查孔处重复做步骤(3)和(4)。

(6)卸下 MT260 工具的加长柄,然后利用较长一些的加长柄分别在另外两个检查孔内做检查。

(7)任何位置上检查出的最大跳动量均不得超过 0.025 英寸。如跳动量过大,此传动轴必须修理或更换。

26.3.5　尾减速器金属屑探头的检查

(1)放尽尾减速器润滑油,检查滑油和屑探头上是否有金属屑。

(2)用一个干净容器收集尾减速器润滑油。

(3)剪断屑探头上的保险丝,解除电线连接,卸下屑探头放油。

(4)过滤润滑油,检查油中或屑探头上是否有微粒。评估微粒大小,任何大于绒毛(正常磨损的)的微粒(长 0.09 英寸或宽 0.02 英寸)都要用磁铁鉴别是亚铁的还是非亚铁材质,如发现大量微粒而且再次运转时产生更多微粒,说明尾减速器即将损坏,该减速器需要翻修。

(5)清洗减速器并加足滑油。

26.3.6　尾减速器故障与排除方法

尾减速器常见故障及排除方法见表 26 - 2 所列。

表 26 - 2　尾减速器故障与排除方法

问题	可能原因	排除方法
T/R CHIP 警告灯闪亮	在屑探头上有累积的金属屑	拆下电屑探头,检查有无金属屑。如果发现金属屑,将它们保留在一个干净容器内做进一步检查。 如果发现金属屑,识别金属屑种类。 完成维护检查。
	线路故障或电屑探头失效	检查屑探头线路是否连续和接地。修理故障线路或根据要求更换屑探头。
尾齿轮箱滑油渗漏	密封圈失效	更换失效的密封圈。 清洗齿轮箱,重新检查有无渗漏,鉴别静态渗漏和动态渗漏。
	齿轮箱壳体裂纹	检查齿轮箱壳体有无裂纹。如果发现裂纹,更换齿轮箱。

复习思考题

1. R44 直升机的传动系统的组成有哪些?

2. R44 直升机上发动机是如何把转速传递到旋翼和尾桨上的?

3. 简述 R44 直升机传动系统的工作原理。

4. 简述 R44 直升机上的超越离合器的功能和工作原理。

5. 温度指示带的功能是什么?

6. 如何检查尾桨减速齿轮箱的润滑油油面高度?

第27章 直升机飞行操纵

27.1 概 述

直升机的操纵是通过改变其在空间三个轴上的力和力矩平衡来实现的,如图 27-1 所示。

直升机的飞行操纵是互相影响的。当直升机有了一个操纵输入后,会引起在多个轴线方向上的平衡被破坏,需要辅以其他的操纵输入,才能建立新的平衡,因此直升机操纵远比固定翼飞机要复杂,直升机飞行姿态变化如图 27-2 所示。

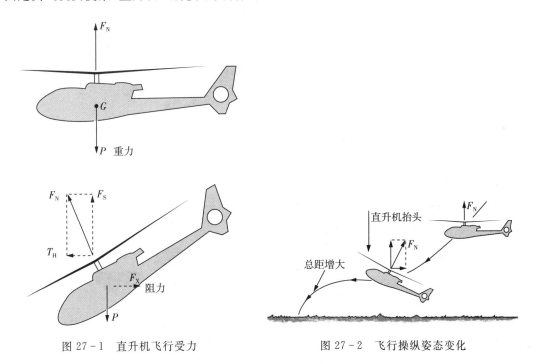

图 27-1 直升机飞行受力　　　　　　图 27-2 飞行操纵姿态变化

总距操纵是使旋翼的所有桨叶的桨距都同时等量改变,用以增加或减少旋翼升力。提起总距杆,桨距增加,升力增大;下放总距杆,桨距减小,升力减少。桨距的变化会引起需用功率的变化,因此总距操纵是与发动机油门操纵联动的。

周期变距杆又称为驾驶杆,其功能是操纵桨盘平面的倾斜,即向前、向后、向左或向右以及这些方向的合成。这样就会在这个旋转面的倾斜方向产生一个作用力,使直升机沿该方向移动。当飞行员操纵周期变距杆时,就会引起主旋翼的各个桨叶的桨距角在转动过程中发生不同的变化,通过改变相应桨叶的桨距来使该桨叶向上或向下运动,从而使主旋翼的旋转面按照飞行员的操纵要求发生偏转,实现直升机在水平方向上的飞行。周期变距可以操纵除航向外的飞行状态和姿态的变化。周期变距杆的运动方向与直升机运动响应的方向一致,也与人的反应感受一致。

在 R44 直升机上,双操纵系统是标准配置,所有的主操纵系统都由推拉管和曲柄驱动。操纵系统内所用到的轴承通常是密封的球轴承或者是自润滑特氟龙衬套。

如图 27-3 所示,R44 的飞行操纵系统是传统的方式,周期变距杆中心支点处有自由铰,因此手柄的运动形式和其他直升机的周期变距杆一样,周期变距手柄可以自由地垂直运动,让飞行员可以把手臂放在膝盖上休息。

R44 的总距杆也是传统的构型形式,前端带有油门旋转手柄。当拉起总距杆时,油门内联装置会打开油门,电子调速器用来对油门进行微调来保持旋翼的转速不变。

注意:在 6000 英尺以上,油门协调机构和调速器基本不起作用,因此,应缓慢而平稳地改变功率。在高于 6000 英尺高功率状态,油门经常开大,必须用总距杆来控制转速。

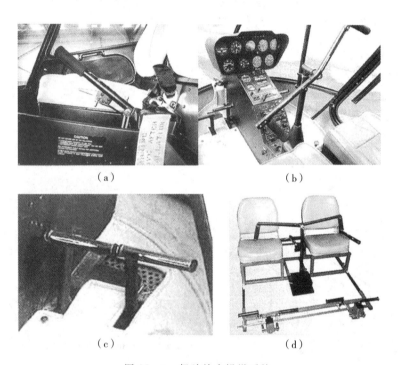

(a) (b)

(c) (d)

图 27-3 驾驶舱内操纵系统

反扭矩脚蹬位于驾驶舱地面,操纵尾桨桨叶的桨距来改变尾桨推力的大小,使直升机产生偏航运动。

飞行员的尾桨脚蹬是可以调节的。调节时,压下按钮并拉动,可拔出每个脚蹬的快卸销。有三个调整位置,前后滑动脚蹬,以到达最舒适的位置,重新安装快卸销,在飞行前确保快卸销安装牢固。

　　驾驶杆和总距操纵杆装有调整松紧度的摩擦装置,飞行员总距杆后端附近有一拨动式手柄。向后拉则摩擦力加大(变紧),向前推则解除摩擦力(变松)。驾驶杆松紧旋转把手位于驾驶杆左侧,顺时针拧把手可使摩擦力加大(变紧)。驾驶杆松紧通常在地面调整。脚蹬通过传动杆直接操纵尾桨变距,其间没有松紧装置。

　　注意:飞行中操纵松紧装置必须谨慎使用,以免锁住操纵系统。

　　每个总距操纵杆上都有一个扭转油门把手,这两个把手通过系统内部互相协调,并通过由摇臂和传动杆组成的传动系统驱动汽化器上的蝶形阀。提起总距操纵杆时,连动装置可使油门开大。油门的垂直传动杆内装有一制动弹簧,此制动弹簧可使飞行员在地面联络自转着陆时将油门关小到慢车止动限制以外,这可防止提起总距杆时油门打开。在起飞前检查油门连杆时,可转动手柄通过弹簧,顶住止动块,当总距提到最高位置时,油门臂处于刚刚开始动作的位置。

　　发动机操纵系统还包括操纵板上的混合比控制系统、飞行员驾驶杆和总距杆上的按压式起动开关、飞行员总距杆上的发动机调速器开关和一个点火开关。驾驶杆起动开关能使飞行员在空中重新起动时控制驾驶杆。瞬时(多为顺时针)点火开关操纵辅助燃油泵进行发动机注油。

　　注意:主电门打开时,即便点火开关关闭,起动按钮也起作用。旋翼刹车应该在停车后啮合,使起动按钮无法起动,减少无意中使起动机啮合的可能性。飞行中不允许发动机混合比贫油,飞行期间混合比必须是全富油。

27.2　直升机飞行操纵系统的组成

27.2.1　倾斜盘的组成及功能

图 27-4 所示为 R44 直升机倾斜盘(又称为自动倾斜器)的示意图,它主要由旋转盘、不

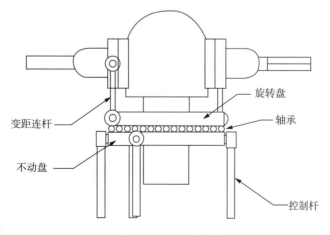

图 27-4　倾斜盘示意图

动盘、轴承、变距连杆等组成。倾斜盘实物组件如图 27-5 所示,倾斜盘的两个重要部件为图示的旋转盘和不动盘,因其相对位置关系,也称为上盘和下盘。总距和周期变距操纵依靠倾斜盘来实现。

图 27-5　桨毂与倾斜盘组件

图 27-6 所示为倾斜盘内的球关节示意图,球关节套在旋翼主轴上,可以沿着旋翼主轴上下滑动,也可以使倾斜盘向各个方向倾斜。图 27-7 所示为倾斜盘组件实物细节图,下盘依靠球关节可以进行向上、向下或者倾斜的运动。

图 27-6　倾斜盘球关节

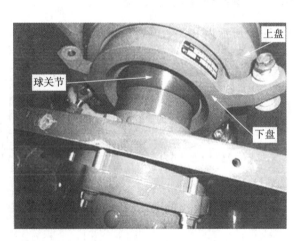

图 27-7　倾斜盘组件

图 27-8 所示为倾斜盘的不动盘组件示意图,或者称为静盘。图 27-9 所示为倾斜盘的

旋转盘组件示意图,或者称为动盘。不动盘和机体相连,不随旋翼旋转,旋转盘与旋翼相连接,和旋翼转速保持一致。旋转盘位于不动盘上面,靠两个球轴承与不动盘连接,不动盘的运动通过球轴承传递到旋转盘,通过旋转盘改变旋翼桨叶的桨距角。

图 27 - 8　倾斜盘上的不动盘(静盘)

图 27 - 9　倾斜盘上的旋转盘(动盘)

图 27 - 10 所示为倾斜盘上的下扭力臂组件示意图。该扭力臂是为了避免不动盘被旋转盘带动,扭力臂的上端安装在不动盘上,另一端与主旋翼传动轴上的一固定安装座相连。图 27 - 11 所示为倾斜盘上的上扭力臂组件示意图。上扭力臂将旋转盘与旋转轴连接起来,以保证旋转盘和旋翼的转速一致,和下扭力臂一样也是由球关节连接。图 27 - 12 所示为倾斜盘上与旋转盘相连接的扭力臂。

图 27 - 10　倾斜盘上的下扭力臂

图 27 - 11　倾斜盘上的上扭力臂

图 27 - 13 所示为倾斜盘上的下控制杆组件。控制杆由飞行员通过传动系统操纵,可以控制不动盘的高低位置和倾斜,飞行员通过助力操纵系统来移动控制杆。

如图 27 - 14 所示,可以通过调节变距连杆中间的套管来改变变距连杆的长度,这是对旋翼进行锥体平衡调节的一个方法。图中变距连杆打有保险丝,以确保在飞行的时候变距连杆的长度不会发生变化。

（a）　　　　　　　　　　　　　　　（b）

图 27-12　扭力臂

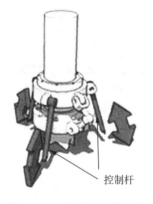

图 27-13　倾斜盘下控制杆

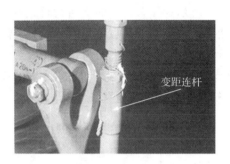

图 27-14　变距连杆

27.2.2　操纵杆

1. 总距杆

图 27-15　总距杆外观

如前所述，总距操纵是使所有桨叶的桨距角同时改变相同的大小，因此总距操纵可以增大或者减小旋翼的总拉力。在直升机悬停时，操纵总距杆可以改变直升机的离地高度，而在飞行状态，配合周期变距杆的操纵，操纵总距杆可以改变飞行高度或者飞行速度。图 27-15所示为总距杆外观图，从图上可以看到杆身上有文字标识，提醒不要在总距杆下方摆放物品，因为这会给放下总距杆带来阻碍，尤其是在发动机故障需要自转飞行时，总距杆必须放到最低。

　　总距杆安装在正副驾驶员座椅左侧盖板处,包含一段操作燃油产生的油门,即变速转换把手(油门环)。在正驾驶把手顶部安装 2 个电门,分别为发动机起动电门和调速器电门。副驾驶总距杆为可拆卸把手,没有安装电门。一个快卸的弹簧销可以快速拆去副驾驶总距杆,弹簧销可以确保总距杆的连接安装到位。

　　2. 总距摩擦装置

　　在正驾驶总距杆中部安装有可调整摩擦装置,它是由操作旋钮手柄、止动槽板、摩擦垫片、蝶形垫片以及紧固件组成,它允许正驾驶根据自己的需要调整总距杆移动时的摩擦力,如图 27 - 16 所示。

图 27 - 16　总距杆摩擦装置

　　如图 27 - 17 所示为总距操纵杆示意图,②号部件为油门手柄,它的功能和摩托车的旋转把手类似。R44 还在总距杆内部安装了油门内联补偿装置,当总距杆提起或放下的时候,用来自动增大或减小油门。飞行员在操纵总距杆的时候,不会感觉到因为油门内联补偿装置的活动而产生的油门手柄的转动,因为这个装置安装在油门线路的后部,未与油门手柄直接连接。

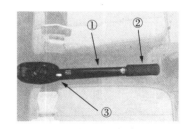

图 27 - 17　总距操纵杆示意图

　　R44 的调速器是选装的,当安装了调速器,飞行员在操纵总距杆时会感觉到由于调速器在工作而产生的油门手柄的转动。

　　① 号部件即总距杆杆体,油门手柄安装在它的末端,总距杆通过一系列的推拉管与倾斜盘连接,提起总距杆,增大旋翼桨叶的桨距,放下总距杆,则减小旋翼桨叶的桨距。

　　③ 号部件为总距杆的摩擦杆力调节旋钮,可以调节推动总距杆所需要的力,杆力的调节可以在地面上进行,也可以在飞行中由飞行员来操作。

　　图 27 - 18 所示为油门内联补偿装置的安装图,图 27 - 19 所示为油门推拉管与汽化器油

门臂连接图。检查油门连接时,转动油门压紧超载弹簧,不断提起总距杆,当总距杆到达最大行程时,油门应该只有少量移动,如果油门连接系统完全不动或者移动距离超过一定的值,油门连接就需要调整。

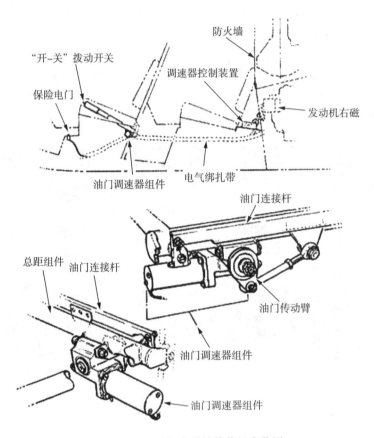

图 27 - 18　油门内联补偿装置安装图

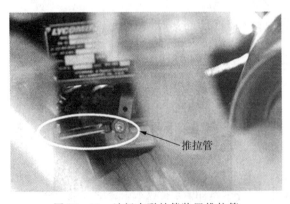

图 27 - 19　油门内联补偿装置推拉管

3. 周期变距杆

周期变距操纵系统由周期变距杆组件、周期变距杆把手组件、周期变距杆纵向配平橡筋绳(仅电动配平系统)、周期变距杆横向和纵向配平组件(仅电动配平系统)、C121 - 7 传动杆(仅电动配平系统)等组成。

罗宾逊直升机的周期变距杆是独特的"T"型杆。主要由垂直杆、水平杆和操纵把手组成。左座变距杆是可拆装的,把手上有发射按钮(PTT 按钮)。在右座周期变距杆把手上部有标准或选装的电门,如电动配平电门、起动机电门、通信收发机按钮(内部通话和电台接收和发射)、液压操纵电门等,还可根据客户选装配置其他元器件。

周期变距杆可以使旋翼桨盘倾斜,从而使直升机向前、向后或向侧边飞行。R44 的周期变距杆的设计相较于其他直升机来说有些特殊。如图 27 - 20 所示,⑤号和⑥号部件为转动手柄,③号部件为周期变距杆的运动支点,转动手柄可以绕着这个支点上下摆动,就如同跷跷板一样。也就是说,若一只手柄向上翘,另一只必须向下摆,两只手柄不能独立运动。

②号部件为固定手柄的销钉,取掉销钉,左手的手柄可以取下。①号和④号部件为舱内通话与发送按钮,与其他直升机不同,R44 没有常规的语音触发舱内通话功能,需要在舱内通话时,必须按下相应的按钮。

图 27 - 20　周期变距杆示意图

4. 横向、纵向配平橡筋绳

橡筋绳的作用是在悬停和巡航飞行状态消除周期变距杆纵向杆力(零杆力),如图 27 - 21 所示。R44 直升机上有一条或两条周期变距杆配平橡筋绳。一条是后橡筋绳(巡航时起作用)连接到纵向配平电机的钢索上,另一条是选装的前橡筋绳(悬停时起作用)连接至周期变距杆根部。

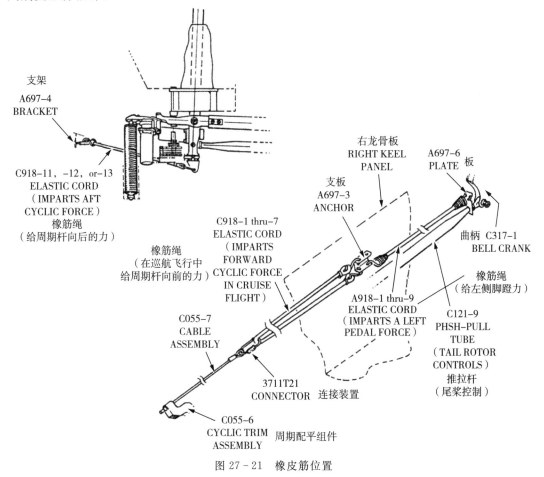

支架
A697-4
BRACKET

C918-11, -12, or-13
ELASTIC CORD
(IMPARTS AFT
CYCLIC FORCE)
橡筋绳
(给周期杆向后的力)

橡筋绳
(在巡航飞行中
给周期杆向前的力)

C918-1 thru-7
ELASTIC CORD
(IMPARTS
FORWARD
CYCLIC FORCE
IN CRUISE
FLIGHT)

右龙骨板
RIGHT KEEL
PANEL

支板
A697-3
ANCHOR

A697-6
PLATE 板

曲柄 C317-1
BELL CRANK

橡筋绳
(给左侧脚蹬力)

A918-1 thru-9
ELASTIC CORD
(IMPARTS A LEFT
PEDAL FORCE)

C121-9
PHSH-PULL
TUBE
(TAIL ROTOR
CONTROLS)
推拉杆
(尾桨控制)

C055-7
CABLE
ASSEMBLY

3711T21
CONNECTOR　连接装置

C055-6
CYCLIC TRIM
ASSEMBLY　周期配平组件

图 27 - 21　橡皮筋位置

所有橡筋绳在更换之前均要将周期变距杆置于最前位置,且周期变距杆最后位置时纵向配平电机臂能通过全部行程(即整个运行范围)。悬停时如果周期变距杆把手前移,则需要有一根强有力的前橡筋绳。而在巡航时,周期变距杆把手后移,需要一根强有力的后橡筋绳。减少前橡筋绳(悬停)5 磅的力等于增加后橡筋绳(巡航)10 磅的力。

27.2.3　旋翼主轴

如图 27-22 所示为旋翼主轴整流罩,通常旋翼主轴的整流罩挡住了观察旋翼减速器和倾斜盘的视野,图 27-23 所示是移除了一半的整流罩后的主轴图。

从图 27-23 上可以看到,主轴的两边有两个操纵输入杆,还有一个操纵输入杆在主轴的背后。这三个操纵输入杆都属于总距和和周期变距操纵组件,当移动总距操纵杆时,三个操纵输入杆一起运动,倾斜盘沿着主轴上下移动,当移动周期变距操纵杆时,三个操纵输入杆的运动是不相同的,它们一起使倾斜盘倾斜。

图 27-22　旋翼主轴整流罩

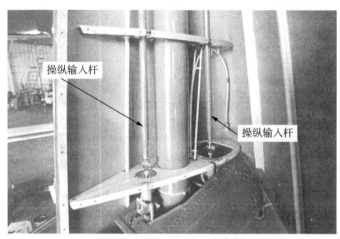

操纵输入杆

操纵输入杆

图 27-23　旋翼主轴

27.2.4　尾桨变距系统

脚蹬控制的是尾桨的变距操纵,如前所述,尾桨除了平衡反扭矩,还可以进行航向控制。脚蹬可以控制机头向左或向右偏转,因此不同于旋翼桨叶,尾桨的桨距控制可以使尾桨桨叶的迎角为正值或为负值,而旋翼桨叶的迎角只有正值。

反扭矩脚蹬与尾桨变距系统相连接的形式可以是推拉管,也可以是钢索。如图 27-24 所示,尾桨操纵系统的推拉管连接在一个球轴承上,并由锁紧螺母紧固。维护时需要检查锁紧螺母位置是否正确且是否紧固。尾桨只需要"总距操纵",不需要周期变距操纵,因此尾桨的变距操纵系统通常较旋翼要简单得多。

尾桨的变距如图 27-25 所示,①号和②号位置为尾桨桨叶和尾桨桨毂的连接点,这两个连接点由螺栓从尾桨桨毂的一块毂板穿入,且穿过桨叶,再从另一块毂板穿出。在连接处还安装有球轴承,可以使桨叶自由地绕着球轴承转动。由于①号和②号位置这两处都有球

图 27 - 24　尾桨推拉管

轴承连接,桨叶只能绕着这两个球轴承所决定的轴线运动。这就决定了尾桨桨叶可以变距,但不能相对毂板做其他运动。

从图 27 - 25 可以看出,靠近桨叶根部,也就是③号位置,和①号、②号位置连在一起,形成一个"L"的形状,这个部分,可以类比于旋翼桨叶上的变距摇臂,起到为尾桨桨叶变距提供杠杆的作用。在③号位置,有一个螺栓穿过尾桨桨叶的"变距摇臂"作用点,并且还穿过变距连杆的一个杆端,即④号位置,该处也有一个球轴承,可以使变距连杆推拉"变距摇臂",从而改变桨距。

从图 27 - 26 上可以更清楚地看到桨叶 L 形"变距摇臂",以及它与变距连杆的连接方式。

图 27 - 25　尾桨桨距操纵示意图

图 27 - 27 所示为另一个角度的尾桨图,此为站在直升机背后观察尾桨,而图 27 - 28 给出了这个角度下观察到的尾桨桨叶变距的过程。③号和④号位置变化给出了变距机构滑动件在尾桨轴上从左向右滑动的过程。变距连杆是与该滑动件相连接的,因此滑动件向右滑动,变距连杆也向右移动,同时带动尾桨桨叶的变距摇臂一起移动。从②号部件的位置移动变化可见,变距连杆和变距摇臂已经移动到了右边,而从①号的桨叶位置变化可以看出,桨叶的桨距已经发生了变化。

图 27 - 29 所示的直角摇臂为尾桨操纵推拉杆的一部分。维护时,可用手抓住摇臂并前后作动尾桨操纵组件,以确保尾桨操纵无阻碍。从图上可以看到直角摇臂上方有一挠性板,若未正确调整对中,则可能在飞行操纵中撞击到直角摇臂上。

图 27 - 30 所示为尾桨变距连杆与桨叶连接的细节图,变距连杆的一端和尾桨变距系统相连,只有踩脚蹬时,这部分才会跟着运动。变距连杆的另一端与尾桨桨叶相连接,因为尾

桨桨叶的挥舞运动,尾桨每旋转一周,与桨叶相连接的部分就会周期性地运动,因此变距连杆与桨叶相连接的部分杆端轴承比另一端磨损得更快。在杆端轴承里面含有特氟龙材料,如果在轴承周围发现微量的褐色灰尘,便是磨损掉的特氟龙材料。当磨损掉一定量的特氟龙材料时,轴承内的球珠和托座就会变松,变距连杆的间隙就会变大,检查的时候,可以抓住杆和变距摇臂,晃动两个杆端来观察。

图 27 - 26　尾桨变距摇臂图

图 27 - 27　尾桨示意图

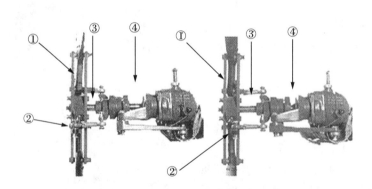

图 27 - 28　尾桨桨叶变距示意图

图 27 - 29　尾桨推拉杆部分

图 27 - 30　尾桨变距连杆杆头

　　图 27 - 31 和图 27 - 32 所示分别为尾桨和尾桨的摆动铰轴承螺栓。每个螺栓的末端都穿过一个轴承,可以使尾桨绕着螺栓挥舞,若轴承失效或卡住,整个螺栓就会随着尾桨的挥舞一起转动,这样螺栓很快就会损坏失效。在螺栓周围有一圈黑色的橡胶材料,用来防止起动和停车的时候产生过大的挥舞。

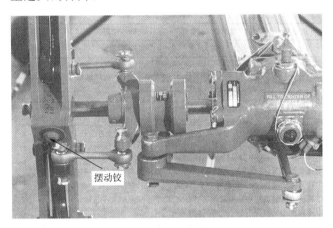

图 27 - 31　尾桨

图 27 - 32　尾桨摆动铰

27.3 直升机飞行操纵系统的工作原理

27.3.1 总距控制及其工作原理

总距操纵杆通常位于驾驶座的左边,总距杆的作用是让倾斜盘(自动倾斜器)竖直上、下运动,这使得所有桨叶的桨距同时改变相同的大小,因此总距杆的功能是改变直升机的升力。总距杆向上提,即增大升力,总距杆向下压,则减小升力。

直升机旋翼桨叶的总距,即桨叶的桨距角,如图 27-33 所示,为旋翼桨叶弦线和旋翼旋转平面所成夹角,桨距角对旋翼桨叶升力的影响关系是:在其他条件不变的情况下,增大桨距角,迎角也会增大,所以当增大桨距角时,桨叶的升力也增大,从而整个旋翼的升力就增大。而总距操纵就是同时对每片桨叶施加相同的桨距角变化量,使旋翼的升力增大或减小。

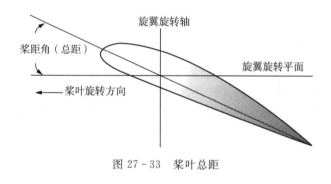

图 27-33 桨叶总距

27.3.2 周期变距控制及其工作原理

周期变距操纵杆位于飞行员的两腿间,如图 27-3(b)所示,它可以使倾斜盘向前、后、左、右倾斜。周期变距杆可以使桨叶的桨距周期性地改变,改变的多少取决于桨叶在桨盘内旋转到的位置。周期变距杆向前推,直升机向前飞行;向后拉,直升机向后飞行;向左或向右压,则使直升机向左或向右滚转。

不同于总距操纵,周期变距的工作原理是使每片旋翼桨叶的桨距角同时变化不同的量,并且这种变化随着旋翼每旋转一周而周期性地变化。也就是说,这种桨叶桨距角的变化不是随机无规律的,而是周期性的,体现在旋翼上。即当周期变距操纵之后,旋翼桨盘会倾斜一个角度,并且在这个倾斜姿态下旋转,如果将周期变距杆向下一个方向推动,则旋翼桨盘会倾斜另一个角度。体现在每片桨叶上,就是每片桨叶在不同的桨距角变化下,向上或向下挥舞不同的高度,而这些不同高度的桨叶合在一起就形成了旋翼桨盘的倾斜。旋翼桨盘的倾斜,使得旋翼的总升力也跟着倾斜了一个角度,因此就会在倾斜方向上产生一个水平分力,这个分力就是直升机向前、后、左、右方向飞行的动力,从而推动直升机向目标方向前进。

27.3.3　反扭矩脚蹬控制

尾桨的作用是平衡直升机受到的反扭矩,而操纵尾桨的部件就是位于座舱飞行员脚下的两个反扭矩脚蹬,如图 27-3(c)所示。脚蹬的作用是改变尾桨的总距,即改变尾桨的侧向力的大小,从而改变反扭矩平衡力矩的大小。反扭矩脚蹬的主要功能是平衡反扭矩,而其另一个功能则是偏航方向的操纵。当直升机稳定平飞时,踩左脚蹬,直升机机头向左偏转,踩右脚蹬,则直升机机头向右偏转。

27.3.4　调速器

调速器可以探测发动机转速的变化,通过对油门控制的正确输入来响应发动机的转速变化,如图 27-34 所示。当发动机转速降低,调速器就增大油门,反之,则减小油门。对油门的操纵是通过一个摩擦离合器来实现的,调速器只在发动机转速处于额定转速的 80% 以上时才激活,并且可以由飞行员通过按钮来打开或关闭。调速器的主要功能是帮助飞行员将旋翼转速控制在正常的工作范围内,但有可能不能阻止由于剧烈的机动飞行所导致的旋翼超转速和低转速情况发生。

图 27-34　调速器

27.3.5　总距与周期变距操纵的实现

旋翼桨叶桨距的操纵依靠倾斜盘来实现。R44 的倾斜盘安装在一个单球轴承上,因此整个倾斜盘可以在总距的操纵输入下上、下移动或在周期变距的操纵下前、后、左、右倾斜,总距操纵如图 27-35 所示。从图上可以看到,在总距操纵下,倾斜盘整体沿着旋翼主轴向上移动。倾斜盘带动变距连杆,变距连杆向上顶起变距摇臂,转动桨叶,从而使桨叶变距。对于总距操纵,所有的变距连杆在整个旋翼旋转过程中都向上移动一个由操纵量决定的垂直距离,若是周期变距操纵,则变距连杆在旋转过程中随着倾斜盘的倾斜运动,向上或向下移动不等的距离。

　　周期变距操纵的示意图如图 27 - 36 所示。在周期变距操纵下,倾斜盘向前倾斜(假设机头向左),变距连杆跟着桨叶旋转到左边时,向下移动,当变距连杆跟着桨叶旋转到右边时,向上移动。随着变距连杆的向上或向下的移动,旋翼桨叶的桨距增大或者减小。

图 27 - 35　总距操纵示意图

图 27 - 36　周期变距操纵示意图

27.3.6　桨叶上下摆动运动与变距的关系

　　对任何旋翼系统而言,桨叶的上下摆动运动即为挥舞。对于刚性旋翼系统而言,桨叶通过自身的弯曲来实现挥舞;对于全铰接旋翼系统,桨叶的挥舞通过旋翼上的挥舞铰来实现;而对于两片桨叶的半刚性旋翼系统来说,桨叶的挥舞,也叫做桨叶的摆动,是通过桨毂上的摆动铰来实现,并且两片桨叶的挥舞运动是如一个整体协同运动的。如图 27 - 37 所示,在桨叶上下挥舞时,桨叶的桨距并不发生变化,而迎角发生变化。

　　图 27 - 38 所示为在变距操纵下的桨叶变距运动。从图中可以看出,桨叶翼型的弦线相对于水平线的角度,左右两图之间有着明显的不同,可见桨叶的桨距角大小改变了。这个桨距角的改变是通过操纵总距或者周期变距,又或者是两者同时操纵下,变距连杆带动变距摇

臂使桨叶绕着叶片夹旋转的结果。

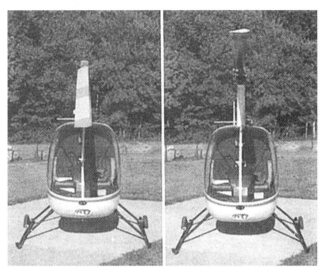

图 27 - 37　桨叶摆动(挥舞)示意图

图 27 - 38　桨叶变距运动示意图

27.4　直升机飞行操纵系统的维护和故障分析

27.4.1　倾斜盘倾斜摩擦力的调整

当怀疑倾斜盘摩擦力不足或过大,影响操纵系统正常操作时,应对倾斜盘摩擦力进行检查和调整,具体方法和步骤如下:

(1)为了便于重新组装,在拆卸前做标记,然后从上倾斜盘处断开护套、变距连杆和传动叉臂的连接,从下倾斜盘处断开两个前传动杆的连接。

（2）将上倾斜盘摇臂与直升机的横向轴和驾驶杆中心对准。如图 27 - 39 所示，使用弹簧秤 MT359 - 1(或类似工具)在上部倾斜盘臂的螺栓孔处向下拉，在倾斜盘移动时记录弹簧秤的读数，不要使用中断的读数，使倾斜盘倾斜的力必须自如、无松动，最大为 5 磅。

（3）调整摩擦时，拆去上倾斜盘的外部螺钉，抬起并固定卡板以便接触到内部螺钉，拆下固定套筒和下倾斜盘的内部螺钉。

（4）抬起套筒，测量 C197 隔块层的厚度，按需调整隔块层厚度以得到合适的倾斜摩擦，但不能超过 0.150 英寸。减小隔块的厚度可以增大倾斜摩擦，而增大隔块厚度可以减小倾斜摩擦。在测量摩擦前，必须按照维修手册 1.330 章节安装内部螺钉并按力矩拧紧。（见图 27 - 40）

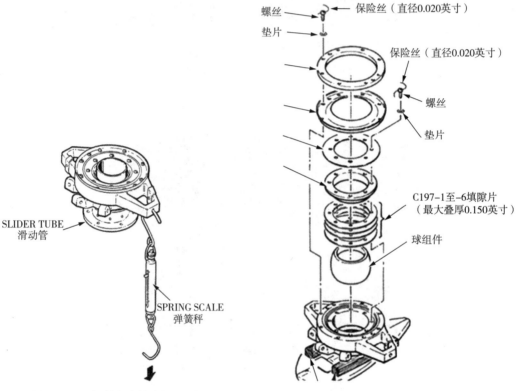

图 27 - 39　倾斜盘摩擦力的测量　　　　图 27 - 40　倾斜盘摩擦力的调整

（5）给内部螺钉打上直径为 0.020 英寸的保险丝，用外部螺钉将卡板固定在上倾斜盘，按维修手册 1.330 章节拧紧，打保险丝。

（6）将两个前部传动杆连接到下倾斜盘，按维修手册 1.320 章节拧紧，打力矩标记。

（7）将两个变距连杆和传动叉臂连接到上倾斜盘，保证断续器在传动叉臂的同一侧，按维修手册 1.320 章节拧紧，打力矩标记。

27.4.2　尾桨脚蹬轴承间隙的检查

在 100 小时或年度检查时，以及怀疑尾桨操纵系统空行程过大时，可对脚蹬轴承间隙进

行检查,具体步骤如下:

(1)向后剥离地毯并拆去固定板螺丝,可拆下固定盖板(见图 27-41)。

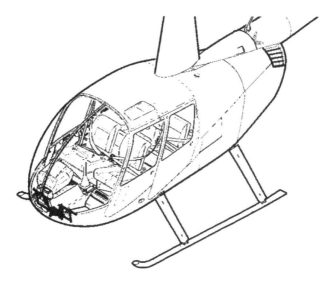

图 27-41　尾桨脚蹬位置图

(2)用手电筒和镜子检查轴承座,检查其状况,是否松动或存在间隙。

(3)允许的最大轴向间隙为 0.080 英寸,最大径向间隙为 0.030 英寸(见图 27-42)。

(4)检查脚蹬操纵机构的所有焊接部位是否良好。

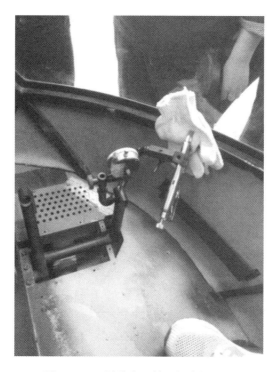

图 27-42　尾桨脚蹬轴承间隙的测量

27.4.3 制动器电门测试

制动器电门控制离合器的作动,如果电门故障,可能导致皮带无法张紧、松开或皮带轮啮合时间不在规定范围内。具体检测方法如下:

(1)打开整流罩门(7A),卸下尾锥整流罩(7B)和旋翼主轴整流罩(9)(见图 27-43)。

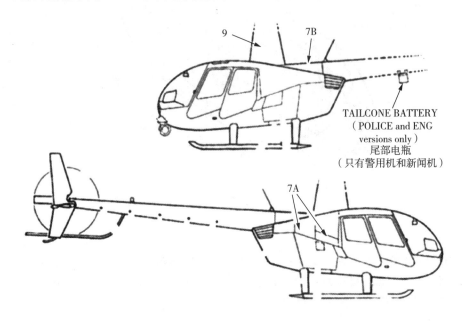

TAILCONE BATTERY
(POLICE and ENG versions only)
尾部电瓶
(只有警用机和新闻机)

图 27-43 通道和检查盖板

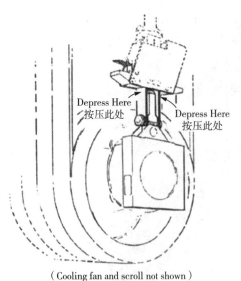

Depress Here
按压此处

Depress Here
按压此处

(Cooling fan and scroll not shown)
风扇和涡管不显示

图 27-44 制动器电门测试

(2)对于致动器(C051-1),在完全解除啮合时,检查到结构和传动系统的间隙。打开主电门,接通离合器电门,在致动器啮合的同时,压下延伸限制电门杆(见图 26-13),齿轮电机应停止工作;松开杆,电机恢复运转。确认延伸极限开关活动钢索的完整,用检查镜观察在皮带拉紧最后阶段的柱式弹簧,弹簧应当同时向外弹开。按图 26-13 检查其最大伸展长度不能超过限制。

(3)在完全解除啮合时,检查结构和传动系统的间隙。确保下限止动螺丝锁紧螺帽紧固。

(4)如图 27-44 所示,MASTER 电门打开且致动器完全啮合时,向致动器一侧下压柱式弹簧直到弹簧锁向里

（用一把大的解刀或类似工具，用布带缠上几层可保护致动器），保持弹簧向里至少 1 秒钟，致动器电机应当不运行，如果电机起动，使电机运行约 2 秒，然后解除弹簧压力，再次压柱式弹簧，如果电机再次起动，说明对面的弹簧电门功能不正常。

（5）解除和再次啮合致动器，对另一侧的柱式弹簧重复步骤（4）。

（6）在继续飞行前，按维修手册 7.551 章节更换功能失常的电门。

27.4.4 周期杆摩擦力的调整

周期变距杆摩擦组件位于驾驶杆盒的前左角下部。顺时针转动摩擦旋钮可增加纵向和横向驾驶杆的摩擦。如果顺时针转动旋钮不增加摩擦，则需调整摩擦，如图 27-45 所示。

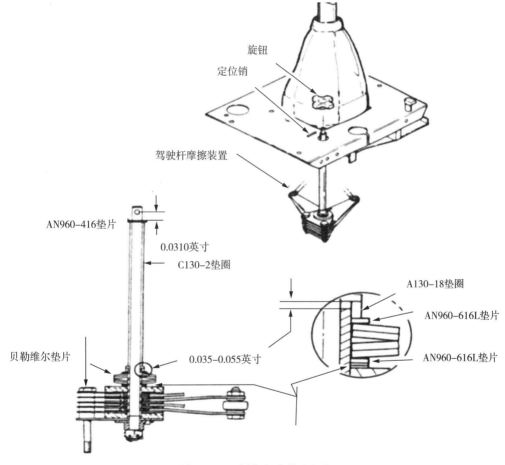

图 27-45 周期杆摩擦力调整

（1）逆时针转动摩擦旋钮，直到拧不动为止。

（2）卸下把旋钮连接到轴上的滚销。

（3）将旋钮拔出轴。

（4）根据需要安装 AN960-416 或 AN960-416L 垫圈，在增加摩擦之前使旋钮转动 1/8 至 1 圈（见图 27-45）。加上摩擦，配平电机在中立位置时，横向移动驾驶杆所需的力应为 7～13 磅（在把手处测量）。

（5）更换旋钮，安装滚销。

（6）全行程操纵飞行控制系统，确保无卡滞或间隙问题。

复习思考题

1. R44 直升机旋翼的操纵系统有哪些？功能是什么？

2. R44 直升机尾桨的操纵系统有哪些？功能是什么？

3. R44 直升机倾斜盘由哪些部分组成？

4. R44 直升机倾斜盘如何实现变距操纵？

5. 旋翼主轴附近有几个操纵输入杆？具有什么功能？

第28章 动力装置

28.1 动力装置简介及主要参数

28.1.1 简介

动力装置以及相关系统是由发动机、进气系统、润滑系统、散热系统和排气系统等组成，莱康明发动机实物如图 28-1 所示。

图 28-1 莱康明发动机实物图

发动机通过直升机右侧的一个气滤进气，穿过一个导管进入固定汽化器的气室组件。汽化器加温由装在排气支管的犀形进口供热，飞行员通过控制气室内的钢索操纵的阀门使冷气或热气进入气室，再由气滤向上进入汽化器。在 R44SN0202 及后继机上，汽化器加温通过摩擦离合器与总距的变化相协调，以减少飞行员的工作负荷。放下总距给汽化器加温，抬起总距给汽化器降温。飞行员可根据需要操控摩擦离合器，给汽化器加温或降温。不需要汽化器加温时，可通过控制旋钮上的锁将汽化器加温锁定。

发动机通过减速器和传动组件将动力提供给旋翼和尾桨，同时发动机工作时带动附件工作，如交流发电机、磁电机、滑油泵、风扇等。

发动机水平安装在机体防火墙后下部机架的 3 个减震器支座上。发动机为倒置式安装，即发动机输出轴朝向直升机后面，附件端朝向直升机前面。

发动机由一个玻璃钢涡管罩住的直接驱动的风扇提供散热。涡管通过导管提供冷空气给消音器、主旋翼齿轮箱、液压储油罐（如果装有）、驱动皮带和固定在发动机上的金属散热板，散热板提供冷空气至驱动皮带，进一步引导冷空气至汽缸头、冷却滑油散热器外部（R44 Ⅱ型有两个）、发电机、磁电机、燃油流量分配器（喷射式燃油发动机）和电瓶（当电瓶安装在发动机舱内时）。用螺栓固定在输出轴法兰上的皮带轮通过 4 对三角皮带将发动机动力传送到离合器组件，皮带由一个垂直安装的皮带张力作动器啮合。

1. 发动机型号的含义

I—燃油喷射式；O—对置式气缸；540—气缸工作容积。

2. 发动机的类型

O—540，IO—540 型发动机是 6 缸、湿机匣（带收油池）、水平对置、风冷、气缸对置交错排列的发动机。其中，O—540 为汽化器式，IO—540 为燃油喷射式。

3. 发动机的技术参数

发动机的技术参数见表 28-1。

表 28-1　发动机的技术参数

名称\型号	O-540-F1B5	IO-540-AE1A5
最大连续功率/马力	205	205
5min 起飞功率/马力	225	245
额定转速/(r/min)	2692	2718
气缸内径/in	5.125	5.125
活塞行程/in	4.375	4.375
气缸工作容积/in³	541.5	541.5
压缩比	8.5∶1	8.7∶1
点火顺序	1—4—5—2—3—6	1—4—5—2—3—6
提前点火角/(°)	25	20
气门摇臂间隙（液压挺杆无压力时）/in	0.028～0.080	0.028～0.080
发动机质量/lb	272	447

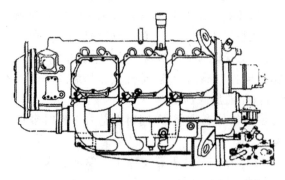

图 28-2　莱康明发动机 IO-540-AE1A5 外形

4. 发动机在 R44 直升机上的布局

发动机水平安装在 R44 直升机的机体防火墙后下部机架的 3 个减震器支座上（见图 28-2），其发动机输出传动轴朝向直升机的后方，附件机匣端朝向直升机的前方，所以发动机的左、右侧与直升机的左、右侧是相反的，也就是说，发动机的左侧是在直升机的右侧，直升机的左侧是在发动机的右侧。直升机的机头为前面,尾桨为后面,而发动机输出轴为前面,附件机匣为后面。收油池为下部,顶杆套为上部。气缸从前往后编号,单数在右侧(1、3、5 号缸),双数在左侧(2、4、6 号缸)。对于曲轴的旋转方向,从后面向前看,为顺时针。

28.1.2　莱康明活塞式发动机代码

代码由前缀字母和数字组成,它们都代表了一定的含义。常见的莱康明发动机型号代码的含义见表 28-2 所列。

表 28-2　型号代码的含义

前缀	工作容积/in³	后缀
TO	360	CIA6D
IO	450	AA1A5
SO	360	A3B6D
O	320	B2C
说　明		
L—旋转曲抽 T—涡轮增压(排气驱动式) I—喷射式 G—轮传动(减速齿轮) S—增压式(机械式) V—垂直式直升机 H—水平式直升机 A—特技飞行式 AE—特技飞行发动机 O—对置式气缸	如 541 工作容积后以"1"结尾,表示采用整体式附件驱动的特定型号的发动机	A/AA—动力部分与额定功率 3—发动机头部 B—附件部分 6—适用的配重 D—双磁电机(型号序列的变化在后缀里可反映出来)

28.1.3　发动机的颜色标记

1. 气缸的颜色标记

位置:气缸头与顶杆之间或气缸身底座周围。

灰色或未涂色:标准钢质气缸筒。

橙色色带:气缸壁镀铬。

蓝色色带:气缸壁渗氮硬化。

绿色色带:气缸加大 0.010in³。

黄色色带:气缸加大 0.020in³。

2. 电嘴的颜色标记

位置:在电嘴与摇臂室之间的散热片周围。

灰色或未涂色:短电嘴。

黄色:长电嘴。

28.1.4 莱康明推荐使用的滑油

莱康明发动机所使用的滑油见表 28-3 所列。

表 28-3　康明发动机使用的滑油

平均环境大气温度	MIL-L-1608 或 SAEJ1966 特定的矿物质等级	MIL-L-22851 或 SAEJ1899 特定的无灰粉沉淀等级
所有温度	...	SAE15W50 或 SAE20W50
80°F 以上	SAE60	SAE60
60°F 以上	SAE50	SAE40 或 50
30~90°F	SAE40	SAE40
0~70°F	SAE30	SAE30,SAE40 或 SAE15W50
0~90°F	SAE20W50	SAE20W50 或 SAE15W50
10°F 以下	SAE20	SAE30 或 SAE20W50

28.1.5 莱康明规定的燃油等级

1. 以前商业燃油等级（ATSM D910 标准）

以前商业燃油等级（ATSM D910 标准）见表 28-4 所列。

表 28-4　以前商业燃油等级（ATSM D910 标准）

等级	颜色	含铅量/(ML UKGA)
80/87	红色	0.5
91/96	蓝色	2.0
100/130	绿色	3.0
115/145	紫色	4.6

2. 现在商业燃油等级（ASTM-D910-75 标准）

现在商业燃油等级（ASTM-D910-75 标准）见表 28-5 所列。

表 28-5　现在商业燃油等级（ASTM-D910-75 标准）

等级	颜色	含铅量/(ML UKGA)
80	红色	0.5
91/96LL	无	0
100LL	蓝色	2.0
100	绿色	3.0

3. 现在商业燃油等级(* * MIL - G - 5572f 标准)

现在商业燃油等级(* * MIL - G - 5572f 标准)见表 28 - 6 所列。

表 28 - 6　现在商业燃油等级(* * MIL - G - 5572f 标准)

等级	颜色	含铅量/(ML UKGA)
80/87	无	0.5
100/130	蓝色	2.0
115/145	紫色	4.6

注:表 28 - 4 至 28 - 6 中 ASTM 为美国材料试验标准, * * MIL 为美国军用标准。

28.2　动力装置的特点

28.2.1　R44 Ⅰ型直升机(RAVEN Ⅰ)

R44 Ⅰ型直升机动力装置为一台 Textron - Lycoming O - 540 - F1B5 发动机,该发动机为六汽缸、水平对置、顶部气门、空气冷却、汽化器发动机并带有湿的收油池滑油系统(滑油箱在发动机内部)。起飞时正常额定功率为 260 马力,转速为 2800 转。通过限制进气压力(参见飞行员操作手册)和转速,该发动机可降格至最大连续功率为 205 马力,5 分钟起飞功率为 225 马力,转速表指示 102% 时为 2718 转。

28.2.2　R44 Ⅱ型直升机(RAVEN Ⅱ)

R44 Ⅱ型直升机动力装置为一台 Textron - Lycoming IO - 540 - AE1A5 发动机,该发动机为六汽缸、水平对置、顶部气门、空气冷却、直喷发动机并带有湿的收油池滑油系统。功率为 300 马力,起飞时正常额定功率为 260 马力,转速为 2800 转。

通过限制进气压力(参见飞行员操作手册)和转速,该发动机可降格至最大连续功率为 205 马力,5 分钟起飞功率为 245 马力,转速表指示 102% 时为 2718 转。

R44 Ⅱ型直升机通过直升机右侧的一个气滤进气,穿过气室内的过滤器,进入导管,通过燃油控制进入发动机。如果气滤堵塞,气室的弹簧门会自动打开给发动机舱供气。

用螺栓固定在螺旋桨法兰上的皮带轮通过 4 条三角皮带将发动机动力传送到离合器组件,皮带由一个垂直安装的电子皮带张力致动器啮合。两种型号直升机的参数对比见表 28 - 7 所列。

表 28 - 7　正常条件的额定参数

型号	LycomingIO - 540 - AE1A5	LycomingO - 540 - F1B5
类型	6 缸,水平对列、直接驱动气冷,燃油喷射式,正常吸气	6 缸,水平对列、直接驱动气冷,浮子式汽化器,正常吸气

（续表）

型号	LycomingIO－540－AE1A5	LycomingO－540－F1B5
工作容积	541.5 立方英寸	541.5 立方英寸
最大连续功率	2718 转/分时为 205 马力 （转速表指示 102%）	2692 转/分时为 205 马力 （转速表指示 102%）
起飞功率(5分钟)	2718 转/分时为 245 马力	2692 转/分时为 225 马力
冷却系统	直接驱动鼠笼式冷却风扇	直接驱动鼠笼式冷却风扇

28.3　动力装置的维护

当怀疑发动机动力低时，按照下列检查单进行检查：

(1)直升机不超重。如果最后一次大修时没称重直升机，需称重。

(2)发动机滑油压力、滑油温度和 CHT 应在极限内。

(3)当发动机关闭时，MAP 表指示外部压力。

(4)燃油品级符合飞行员操作手册要求。

(5)主旋翼桨叶干净平滑，漆面不粗糙。

(6)排气通道无阻塞。

(7)主旋翼桨叶配平调整片无过度弯曲。

(8)如果安装汽化器加温装置，汽化器加温阀在 OFF 位置全关闭。

(9)进气系统无阻塞，气滤和两个进气软管（外部和汽化器加温）干净、无阻塞，在飞行中无破裂，汽化器-发动机的垫子大小合适。

(10)喷油嘴无阻塞(仅 IO－540)，按莱康明维护说明 SI1414 清洗喷嘴。

(11)发动机转速表指示正确，用数字转速表在新的动平衡设备上或相似设备进行验证。

(12)滑油滤没有发现由发动机内部损坏导致的金属屑。

(13)气缸压力渗漏符合莱康明要求。

(14)混合比贫富油合适，比较燃油流量，确保油滤清洁，检查电嘴指示，按莱康明 SB366 检查汽化器油门螺钉固定良好。

(15)电嘴型号正确，状况良好。

(16)磁电机-发动机定时正确，当点火开关在位时，确保发动机左（直升机右）磁电机没在延迟点操作（起动发动机后断开延迟点的连接，比较悬停 MAP 指示；延迟点断开连接后较小的悬停 MAP 表明磁电机操作延迟）。

(17)燃油流量正确，汽化器/燃油控制进油滤无堵塞，并进行油量检查。

(18)对于装注油器的汽化器发动机，确保燃油无渗漏出注油泵（确保注油泵锁定），空气无渗漏出气缸头的接头。

(19)汽化器或燃油控制油门杆接触全油门止动块，总距杆能轻抬起。

(20)当混合比控制在全富油位置时，汽化器或燃油控制混合比臂接触止动块，当混合比臂断开与控制钢索/保险弹簧(由于内部卡滞)的连接时,在全行程混合比臂没有回弹。

（21）进气/MAP 系统无渗漏,检查 MAP 系统,在气缸头接头处断开 MAP 管路,用针管吸气直到 MAP 表指示 10 英寸汞柱,监视 MAP 表 1 分钟,指示上升不超过 1 英寸汞柱。确保汽化器油门轴衬套无磨损,检查轴向和径向间隙。由于油泵进气管连接松动或者油泵管道的破裂也会导致进气口渗漏。在燃油喷射的发动机上,确保进气口总管放油阀没有将空气渗漏到进气总管。

（22）排气阀导套间隙符合莱康明 SB388 或者最新修订版要求。

（23）干的挺杆间隙符合莱康明大修手册。

（24）卸下气门栓,给顶杆充气,每个进气活门在打开时,用指示盘测量,行程应相等。同样,每个排气阀在打开时行程也应一样,行程不相等则表明凸轮角损坏。

（25）磁电机内定时正确。

（26）汽化器浮子燃油量正确。

（27）气缸头进气端口边缘为径向状,进气流可朝向阀门转 90 度。

（28）曲轴-凸轮轴定时正确,当 1 号气缸活塞在压缩冲程通过 TDC 时,2 号排气阀关闭,同时 2 号进气阀应打开。

（29）大修后,如果发动机出现低动力,验证安装的是正确的 8.5：1 压缩比的活塞,P/N 为 75089 且代替 7.0：1 低压缩比活塞,P/N 为 75413。

复习思考题

发动机上的附件传动装置有哪些?

第 29 章 发动机

29.1 概述及主要机件

罗宾逊 R44 型直升机的发动机位于直升机钢管结构下方,如图 29-1 所示。发动机主要由机件和附件系统两大部分组成。

图 29-1 发动机在直升机上的位置及发动机组件结构

主要机件包括:气缸活塞组件、连杆、曲轴、机匣、气门机构、附件传动机构和进、排气装置等,如图 29-2 所示。

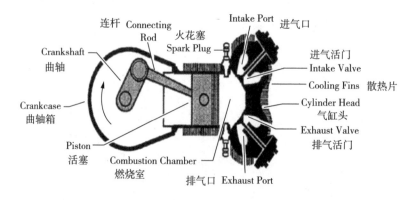

图 29-2 活塞发动机主要机件

附件系统包括：燃油系统、滑油系统、点火系统、起动和发电系统。

O-540 发动机的燃油系统为汽化器式，燃油和空气在进入气缸前在汽化器内混合，组成混合气体，然后经分气室分配至每个气缸的进气管中。

IO-540 发动机的燃油系统为喷射式，是一种低压、多喷嘴系统，它将燃油连续喷射到每个气缸头部的进气道外，随进气吸入发动机。

29.1.1　气缸活塞组件

气缸活塞组件包括气缸、活塞、活塞销、活塞销堵盖、涨圈。它用来将混合气燃烧后产生的热能转变为机械能。发动机工作时，气缸活塞组件中各机件都处于高温环境中，为了保证其工作可靠，对设计和制造者而言，应根据气缸活塞组件的受力、受热情况，从构造和生产工艺上采取相应的强化措施；对使用者而言，在使用维护中应当防止气缸活塞组件中各机件因受力、受热过于严重而出现裂纹等故障。

1. 气缸

气缸（见图 29-3）为普通气冷式结构，由气缸头和气缸筒两部分组成，经过加热旋压结合成一体。气缸头为铝合金铸成，燃烧室经过完全机械加工，摇臂轴轴承座、摇臂壳体与气缸头整体浇铸在一起，摇臂室中有两个气门摇臂。气缸筒是铬镍钼钢锻件，经机械加工制成，周围有很深的散热片，气缸筒内部经过特殊的研磨处理。

2. 气缸头

铝制气缸头提供了混合气燃烧的空间，在气缸头上安装有进气门和排气门组件，包括钢制气门座和青铜气门导套，两个带钢制螺旋线圈的电嘴安装孔，进、排气摇臂安装座（含青铜衬套）及散热片。气缸头为半球形燃烧室，强度大，气流进出气缸转弯最小，在高转速下仍能保持满意的充量系数，又有助于更快、更彻底地排气。气缸头承受着极高的温度，因此需要有足够的散热面积，并应使用导热好的材料。由于气缸头各处的温度不同，所以各处散热片的多少也不一样，通常散热片大而密的位

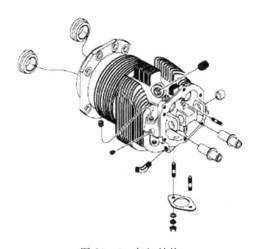

图 29-3　气缸结构

置处的气门为排气门，散热片小而疏的位置处的气门为进气门，气缸剖面图如图 29-4 所示。

3. 气缸筒

钢制气缸筒外部有很深的整体钢制散热片，下部有安装凸缘，凸缘上有 8 个螺栓孔，以便将气缸安装到机匣上。渗氮缸筒内壁经研磨后达到规定的精度和交叉花纹，渗氮处理提高了气缸壁的耐磨性和强度，防腐能力也有所提升。成 45° 的交叉网纹则有利于调节滑油储存能力和提高内壁抗划伤能力。

由于气缸筒上部比下部温度高，发动机工作时将使气缸筒上部膨胀比下部膨胀大而变

图 29-4　气缸剖面图

成锥形,引起活塞与气缸的间隙和涨圈的开口间隙发生变化,且在活塞靠近上死点位置时都将增大,造成气缸活塞组各机件的工作条件变差。为了消除这种受热不均匀,在制造时采用了收缩变形的气缸。另外,由于气缸受热不均匀,必然导致各部分膨胀不一致,容易引起气缸头裂纹、翘曲等故障的产生。因此,在使用过程中要严防气缸头温度过高和温度急剧变化。

　　为了防腐,气缸组件表面都喷涂了油漆,渗氮气缸为蓝色,绿色或黄色表示该气缸为修理件。同时为了区别不同热处理工艺和需使用何种类型(电嘴)的气缸,在气缸头上部电嘴前后的散热片上又喷涂有不同的颜色来标示,比如电嘴前部散热片为深蓝色则表示气缸经过渗氮处理,而橙色则表示经过镀铬处理;电嘴后部散热片为蓝色油漆则表示该气缸使用热电嘴,而涂有黄色油漆则提醒用户需要使用冷电嘴。

4. 活塞

　　活塞由铝合金锻件加工制成。活塞销为全浮动式,在销的两端用卡子固定。根据气缸组件不同,活塞环可能是 3 道或 4 道,为半楔形或楔形环,如图 29-5 所示。

图 29-5　气缸活塞

　　由于活塞在工作过程中要承受很大的燃气膨胀压力、惯性力和摩擦力等负荷,所以用导热性良好又有足够强度的合金锻造后加工而成。在活塞上加工有三道涨圈安装槽,顶部两道为楔形气密涨圈的安装槽,最下部一道为内部有弹簧圈的刮油涨圈的安装槽。工作过程中大部分的热量是经过活塞涨圈传导到气缸上,再通过散热片传出。活塞顶面被加工成平面,没有凹坑。

发动机工作时,活塞顶部到活塞裙的温度逐渐下降,其膨胀量是上大下小。所以,活塞预先制成上小下大的锥形体,受热膨胀后,活塞上下直径接近一致。由于沿活塞销孔方向的金属多于垂直销孔方向,加之在销孔方向受力较大,活塞在高温下工作时,就会变成长轴在销孔方向的椭圆形。因此,将活塞预先制成椭圆形,其长轴垂直于活塞销孔,这样,工作时活塞就接近正圆形,以此保证活塞周围间隙均匀。

5. 活塞销

活塞销是由合金钢制成的空心结构。活塞销两头连接在活塞上,中间部分连接在连杆上,在工作过程中活塞销可以自由转动。活塞销表面经硬化处理后再进行磨削加工,因此活塞销的耐磨性比较强。在装活塞销的活塞两边铣去了一部分,目的是减轻活塞重量。在活塞销的两端装有耐磨堵盖,以防活塞销与气缸壁直接摩擦,如图 29-6 所示。

图 29-6　气缸活塞销

6. 涨圈

涨圈安装在活塞上的涨圈安装槽里,借本身的弹力紧压在气缸壁上。其作用是防止过多的混合气体或燃气从燃烧室中泄漏出去;控制气缸壁上滑油油膜的厚度,并使渗到燃烧室中的滑油量降到最小。涨圈由高级铸铁铸造,制成后,将其研磨到所需型面。涨圈具有良好的耐磨性并在高温下能够保持足够的强度,但其缺点是脆性大,容易折断,在维护时应特别注意。

涨圈安装时各缺口互成 120°,且刮油涨圈的缺口与收油池方向成 180°。涨圈装在涨圈槽内,上下有一定的间隙,它使涨圈具有一定的"泵"作用,不断地将滑油由气缸壁下部抽向燃烧室,确保涨圈润滑和密封的需要。

罗宾逊 R44 型直升机发动机的活塞上安装有 2 道气密涨圈和 1 道刮油挡油涨圈,如图 29-7所示。气密涨圈的功用是避免燃气通过活塞泄漏。它位于活塞的最上部,横截面为梯形,它可以提高抗积炭的能力,该涨圈的端面与涨圈槽的配合间隙随活塞在侧向力作用下作横向摆动而改变,能将槽中的积炭挤掉,防止涨圈胶结卡住;同时在附加侧压力的作用下使涨圈靠紧气缸壁。在气密涨圈下面装的是刮油涨圈,其功用是控制气缸壁上滑油油膜的厚度。

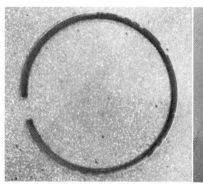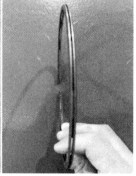

图 29-7　气密涨圈与刮挡油涨圈

29.1.2 机匣

机匣(见图 29-8)是发动机所有部件的基座,由两个铝合金铸件组成,使用双头螺栓、埋脚螺桩和螺帽固定在一起。两铸件配合面之间不用衬垫密封,铸件上加工有主轴承安装孔和凸轮轴安装孔,并且主轴承孔经机械加工达到高精度要求以便插入主轴承。机匣主要承受各种应力,特别是作用在机匣上面的振动力和各种周期性应力。一是气缸固定在曲轴机匣上,而活塞工作时所产生的力的趋势是将气缸从机匣上拔出,因此机匣必须将气缸牢固地固定在机匣上面;二是曲轴在进行旋转工作时,其主要作用是平衡活塞产生的力,如果有一些未被曲轴平衡的离心力和惯性力存在,这些力必然就作用在机匣上面,而这些力基本上是以弯矩的形式作用在机匣上,同时这些弯矩的大小和方向又都是连续变化的,所以机匣要有足够的刚度来承受这些弯矩;使螺旋桨产生的拉力也是通过机匣传递到飞机上面的,所有这些力和由这些力所产生的附加力也是作用在机匣上面的,所以容易导致机匣某些部位出现裂纹和结合面出现微振腐蚀。

附件机匣(见图 29-9)是铝合金铸造件,固定在曲轴后方,收油池的上后方,它构成了滑油泵和各种附件传动的机匣。在附件机匣上装有一些发动机的附件,例如磁电机、燃油泵、滑油泵、真空泵、主滑油滤安装座等,它们分别安装在附件机匣不同的位置以便使用维护时方便操作。

发动机机匣

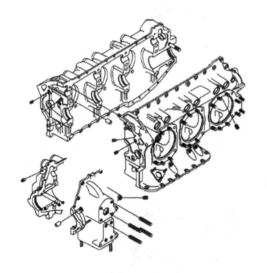

图 29-8 机匣

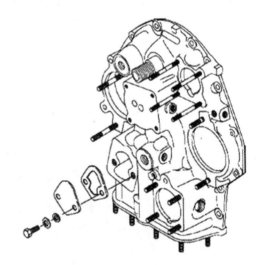

图 29-9 附件机匣

29.1.3 曲轴

曲轴将活塞和连杆的往复运动变为其旋转运动。曲轴(见图 29-10)由镍铬钼合金锻件制成,所有支承轴颈表面都经过渗氮硬化处理。曲轴前端有安装盘和起动大齿轮固定。起动大齿轮后面装有传动皮带,带动发电机转动。起动大齿轮上有定时标记,曲轴后端装有曲轴齿轮,曲轴转动时该齿轮带动附件工作。

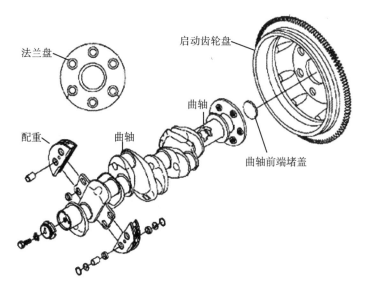

图 29 - 10 曲轴

29.1.4 连杆

连杆是将活塞与曲轴连接起来,将活塞所承受的力传给曲轴。连杆(见图 29 - 11)由合金钢锻件制成,截面为"H"型。在曲轴端有可更换的内轴承,在活塞端有青铜轴衬套,曲轴端上的轴承盖由穿过每一个轴承盖的两个螺栓和螺帽来固定。

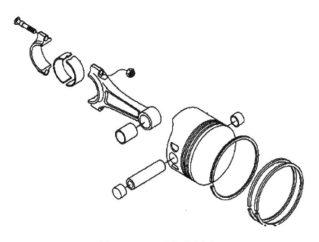

图 29 - 11 连杆与活塞

29.1.5 气门工作机构

气门工作机构由一个普通的位于曲轴上方并与曲轴平行的凸轮轴驱动。凸轮轴(见图 29 - 12)驱动液压挺杆通过推杆和气门摇臂使气门作动。气门摇臂支撑在全浮动式钢轴上。

气门弹簧紧压在坚硬的气门座上,由两瓣键锁卡在气门杆上。

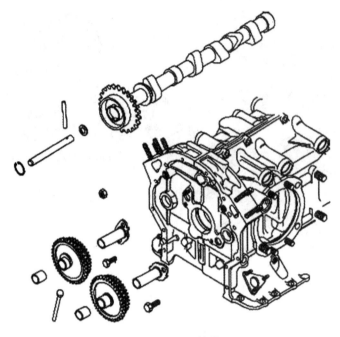

图 29-12　凸轮轴

气门机构(见图 29-13)包括进气装置和排气装置。气门机构按照发动机工作循环的要求,保证混合气及时进入气缸,在压缩和膨胀过程中,保持燃烧室的密封,并及时排除燃烧后的废气,工作过程如图 29-14 所示。

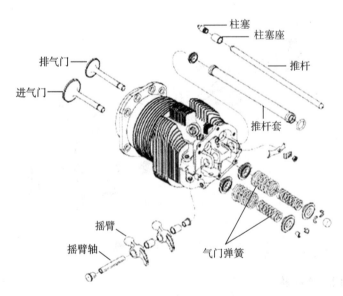

图 29-13　气缸与气门机构

当凸轮转动时,凸轮凸峰顶起挺杆和推杆,推杆顶摇臂的一端,使摇臂绕轴转动,摇臂的

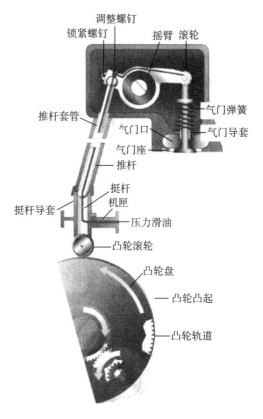

图 29-14　气门机构的工作过程

另一端顶在气门杆的顶端,把气门顶开。在顶开气门的同时,气门弹簧被压缩。当凸轮的凸峰转过时,气门在弹簧张力的作用下关闭,摇臂和挺杆也恢复到原来的位置。

　　凸轮轴是气门机构的动力来源,凸轮用来控制进气门、排气门的开和关,凸轮在轮轴上的相对位置,决定气门的开闭时机,凸轮的高度,决定气门的行程。挺杆能自动地使气门杆在发动机任何受热程度和工作情况下都紧密地贴附于摇臂上,消除气门机构中的间隙。推杆是将挺杆的力传递给摇臂。

29.2　四冲程发动机工作原理

　　四冲程活塞发动机工作按照进气、压缩、膨胀、排气四个行程,周而复始地循环工作。完成一个循环,曲轴转动两圈,进、排气门各开关一次,点火一次,气体膨胀做功一次,四冲程工作原理如图 29-15 所示。

　　1. 进气行程

　　进气行程的作用是使气缸内充满新鲜混合气。开始时活塞位于上死点,进气门打开,排气门关闭。活塞在曲轴的带动下由上死点向下死点运动,气缸容积不断增大,混合气被吸入气缸。活塞到达下死点,进气行程结束,曲轴转了半圈。

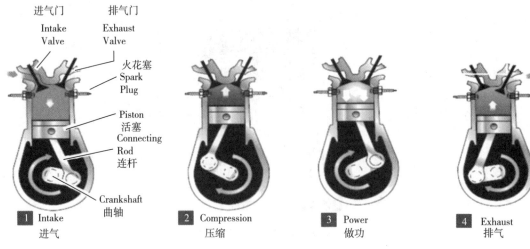

图 29 - 15　四冲程活塞发动机工作原理

2. 压缩行程

压缩行程的作用是对气缸内的混合气进行压缩,为混合气燃烧后膨胀做功创造条件。开始时活塞位于下死点,进排气门关闭。活塞在曲轴的带动下由下死点向上死点运动,气缸容积不断缩小,混合气受到压缩。活塞到达上死点时,压缩行程结束。当活塞即将到上死点一瞬间电嘴跳火将混合气点燃并完全燃烧,此时曲轴转了半圈。

3. 膨胀行程

膨胀行程的作用是使燃料的热能转换为机械能。开始时活塞位于上死点,进排气门关闭。混合气燃烧后的高温高压燃气猛烈膨胀,推动活塞使其从上死点向下死点运动,燃气对活塞做功。在该行程中,气缸容积不断增大,燃气压力和温度不断降低,热能不断转换为机械能。活塞到达下死点时,曲轴转了半圈。

4. 排气行程

排气行程的作用是将废气排出气缸,以便再次充入新鲜混合气。开始时活塞位于下死点,排气门打开,进气门仍关闭。活塞被曲轴带动,由下死点向上死点运动,废气被排出气缸。活塞到达上死点,排气行程结束,排气门关闭,曲轴转动半圈。

四个行程曲轴转动两圈,完成了一个循环。但从实际看,发动机四个行程,有五个工作过程,分别是进气过程、压缩过程、点火过程、膨胀过程、排气过程。

29.3　发动机的维护和故障分析

29.3.1　气缸压缩性检查

1. 目的和意义

气缸压缩性检查的目的是检查气门、活塞和活塞涨圈对燃烧室的密封情况,以确定是否需要更换气缸。通过气缸压缩性检查可确定气缸燃烧室内部件的工作状况,即测量气缸的静态泄漏率,并与规定面积的孔泄漏率进行比较。它是追踪飞行一段时间后发动机状态变化趋势的最好方法。

2. 气缸压缩性检查时间

气缸压缩性检查是发动机 100h 定检和年检的内容之一。另外,无论何时,当发动机动力下降时,出现油耗增加、起动困难或其他解释不清的异常情况,建议使用压差设备进行气缸压缩性检查。

3. 检查方法

(1)使用压差试验设备来检查气缸压力的变化。压差试验设备有压缩空气源、调压器、关断活门、压力表。

(2)将带有小孔的压差测量设备连接到气缸上的某个电嘴孔中,确保活塞处于压缩行程上死点,因为此时进气门、排气门均关闭,这样试验所用的空气量最少。通过压差设备将空气压力施加到燃烧室时,要牢牢把住风扇,防止发动机转动,将活塞保持在气缸上死点。为确保活塞涨圈到位,施加空气压力时,要以晃动的方法,轻轻地上下转动风扇,这样可获得更准确的读数。同时,由另外一人将进气压力调至 $80LB/in^2$,读数显示在压差设备的进气压力表上。然后观察发动机气缸压力表,以此确定气缸燃烧室内的部件状况。

4. 检查程序及故障判断

(1)运转发动机,直到获得正常的气缸头和滑油温度。然后关闭发动机,确认磁电机开关和燃油供应阀关闭后,尽快检测,其目的是使气缸壁与涨圈有均匀的润滑。

(2)使用压差设备,按规定进行检测。

(3)所有气缸的压力数应相近,$5LB/in^2$ 的差值是满意的;如果出现 $10\sim15LB/in^2$ 差值,应进一步检查。

(4)除非压力差超过 $15LB/in^2$,否则不需要拆下气缸;在随后的 10h 操作检查中,往往阀体会自身就位,并产生可接受的压缩。

(5)如果所有气缸的压力读数相同,并超过 $70LB/in^2$,发动机状况为满意;小于$65LB/in^2$表明出现磨损;在 100h 定期检查时,应当再次进行压缩性检查,来确定磨损率和磨损量;如果压力读数小于 $60LB/in^2$ 或磨损率迅速上升,表现为气缸压力明显下降,应当拆下并进行大修。

(6)单独一个气缸压力低,表明有空气通过活塞或气门。

(7)通气孔或滑油加注口有空气泄漏,表明活塞涨圈出现泄漏。

(8)进气系统泄漏表明进气门出现泄漏。

(9)排气系统泄漏表明排气门出现泄漏。

5. 检查人员的要求

发动机气缸的压缩性检查,应由熟悉该设备和该发动机型号的有经验的工作人员完成。

29.3.2 发动机的保养

锈蚀特别容易发生在是新的和翻修的发动机上,且在长时间未工作(短至两天)的发动机的汽缸壁上。因此,推荐用以下防护程序维护停放的发动机,可起至少 30 天的防护作用。此外,地面短时运转发动机不可替代停放;实际上地面操作发动机不但不能减轻锈蚀,反而会加重锈蚀。具体油封步骤如下：

（1）发动机关车后,尽快将飞机移动至机库或其他可进行维护处理的仓库内。

（2）将所有火花塞从各个汽缸上拆下。

（3）用大约 2 盎司的防锈油喷洒在每个汽缸的内部,同时用风扇转动发动机大约五周。喷枪嘴可放置在任一火花塞孔内。

注：应使用无气喷枪喷洒。如果没有无气喷枪,操作人员应在常用喷枪气管内安装一个除湿器并确保喷洒入汽缸前喷嘴处滑油足够热。

（4）固定好曲轴,再次用 2 盎司防锈油穿过火花塞孔喷涂每个汽缸。装上火花塞,喷涂汽缸后不可转动曲轴。使用的防锈油应与规定 MIL－L－65291 型符合,加热至 $200 \sim 220°F$（$93 \sim 104°C$）喷嘴温度。

注：提的滑油类型只在莱康明飞机发动机上做防锈使用,不可用于润滑。

复习思考题

1. R44 Ⅱ 直升机所用发动机是什么？ 该型号的含义是什么？

2. R44 直升机的发动机的重要组成部分是什么？

3. 气缸组件包括哪几部分？

4. 涨圈的作用是什么？ 一个活塞上有多少个涨圈？

5. 简述发动机的四个工作行程。

6. 简述气缸压缩性检查的方法。

第30章 发动机燃油和控制

30.1 发动机燃油系统的组成和功用

30.1.1 直喷式燃油系统的组成

直喷式燃油系统主要由膜盒式机械燃油泵、喷射式燃油调节器、燃油分配器、燃油导管以及燃油喷嘴组成,如图 30-1 所示。

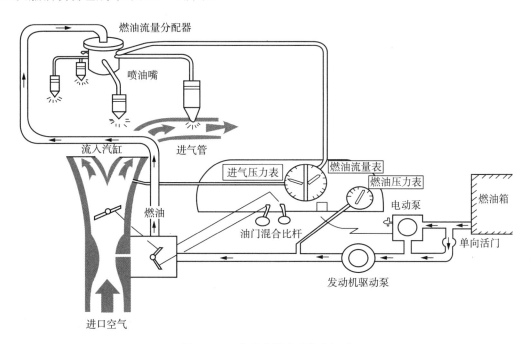

图 30-1 直喷式燃油系统的组成

30.1.2 发动机燃油系统的功用

发动机燃油系统的主要作用是向发动机提供适量的燃料,促使其雾化和汽化,以便与空气均匀地混合,组成混合比适当的混合气,满足发动机在各种工作情况下的需要,并在相应的仪表上进行显示。

30.2　发动机燃油系统主要部件

30.2.1　发动机燃油驱动泵

发动机燃油驱动泵安装在发动机附件端,如图 30-2 所示。发动机燃油驱动泵为恒压、隔膜型泵,可产生 14～35psi 的压力,而且具有一个可变量燃油室,一侧具有进口和出口活门和柔性隔膜,其结构和工作原理如图 30-3 所示。

图 30-2　燃油机械泵

燃油泵摇杆臂通过一拉杆来操纵,该拉杆位于摇臂和发动机传动双凸起凸轮轴偏心轮间。摇杆臂运动带动着连杆,连杆通过隔膜拉杆与隔膜组件相连。隔膜连接在燃油室的底部,其顶部具有相同的进口和出口活门,一个朝上,一个朝下。隔膜下的弹簧迫使隔膜向上,可减小燃油室容积。发动机驱动泵的中部摇杆臂下拉隔膜并靠住弹簧时,隔膜上方的容积会增加,并产生局部真空。真空会将出口活门保持在关闭位置上。燃油箱的燃油在重力作用下流出后进入燃油泵,通过进口活门的燃油填入燃油室增大的空间。

凸轮旋转 1/4 圈后,摇臂会释放隔膜,而弹簧会上推隔膜,使燃油室产生一个 14～35psi 的正压力。在这个压力下,将关闭进口活门,打开出口活门,从而迫使燃油进入燃油喷射器伺服装置,并对燃油进行计量以匹配发动机的需要。

油门全开时,通过伺服的燃油量总是小于燃油泵的出油量。因此,隔膜弹簧仅以燃油泵流出速率移动隔膜。由于隔膜移动受油泵的出油量的限制,因此摇臂无法在全行程内移动。

为了补偿这个不足,摇杆臂由重叠的共用同一转轴的两个连杆构成,这样一来,在不移动隔膜的情况下,摇杆臂可全程移动。摇杆臂通过一个弹簧,不断保持与发动机凸轮轴的接触,当凸轮作动时,摇杆臂会一直转动,直到其内侧平整区域触到连杆,然后连杆再使隔膜移动。

膜片往复运动会引起燃油管路内燃油压力的波动。在燃油进口和出口室内安装一个脉动式隔膜,可消除该现象。隔膜由柔软材料制成,可吸收燃油脉动,使伺服喷射器得到均匀的燃油流量。

拆卸膜片式燃油泵前,确定燃油泵传动柱塞完全竖起,齿轮凸轮在内侧。如果安装时泵柱塞向下,泵臂将接触柱塞的侧缘,从而折断柱塞底部的附件机匣。将泵直接移进发动机,否则会对泵的摇杆臂造成损害。

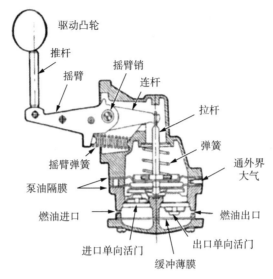

图 30 - 3　燃油驱动泵结构和工作原理

30.2.2　总距杆与节气门控制

总距杆结构如图 30 - 4 所示,主驾驶和副驾驶总距杆是关联的,并且在控制手柄处都有一个节气门调节旋转手柄。总距杆组件上连接一个节气门控制连杆,该节气门控制连杆通过传动杆与汽化器上的节气门调节摇臂相连接(见图 30 - 5)。节气门调节旋转手柄通过中空的总距杆上的内联装置也与节气门控制连杆相连接。

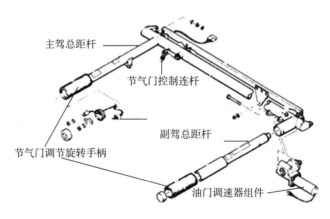

图 30 - 4　总距杆结构图

在 R44 直升机飞行过程中,提总距杆时会相应地通过节气门控制连杆和传动杆带动节气门摇臂转动,进而控制节气门的开度,依次来调整发动机进气口所进入的油气混合气的量,进而相应地调整发动机的功率。

当总距杆到达某一位置,而发动机功率不能满足飞行姿态需要时,可以通过调整节气门调节旋钮来控制节气门的开度,进而相应地调整发动机的功率。

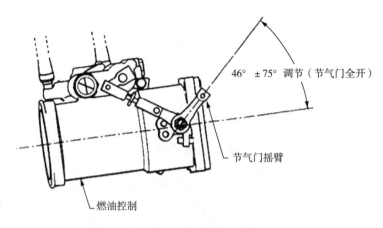

46° ±75° 调节（节气门全开）

节气门摇臂

燃油控制

图 30 - 5　节气门调节摇臂

30.2.3　汽化器混合比控制

在周期控制杆与中央控制台接触板上有一个红色的汽化器混合比控制推拉杆。该推拉杆通过钢索与混合比控制摇臂连接（见图 30 - 6、图 30 - 7）。混合比控制摇臂的转动可以调节汽化器中油和气的比例。

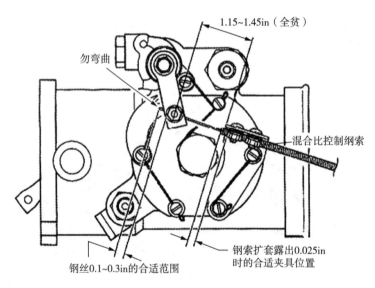

1.15~1.45in（全贫）

勿弯曲

混合比控制钢索

钢索扩套露出0.025in时的合适夹具位置

钢丝0.1~0.3in的合适范围

图 30 - 6　汽化器混合比控制钢索的安装

在发动机起动前，将红色的汽化器混合比控制推拉杆向上提起，使发动机处于贫油位置，随着发动机的起动，需要的功率增大，向下推汽化器混合比控制推拉杆增加油气混合比中的汽油含量。在飞行过程中汽化器混合比控制推拉杆推到最低，处于富油位置。为了防止飞行员的误操作，要求在汽化器混合比控制推拉杆外罩一个透明的塑料圆柱套，以对其进行保护。一旦混合比控制钢索断裂，在混合比保险弹簧的作用下，使汽化器处于富油位置而保证正常的飞行。

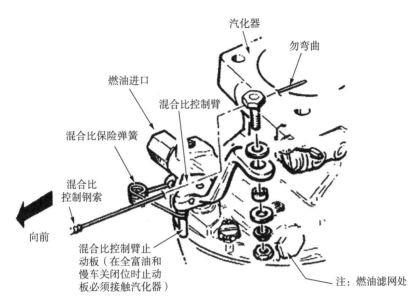

图 30 - 7　汽化器混合比控制钢索与保险弹簧

30.2.4　燃油关断活门

燃油关断活门用于保证燃油的正常供给,并确保在任何特殊的情况下,燃油能被迅速有效地切断,同时保证在各类检查中,阻断燃油供给。

燃油关断活门手柄是位于驾驶舱正、副驾驶员座椅之间的一红色旋钮手柄,并标注有英文字符"ON"和"OFF",当"ON"位于正上方位置时,燃油处于接通状态;当"OFF"位于正上方位置时,燃油处于关断状态。

30.2.5　燃油喷油嘴

直喷式发动机的每个气缸有一个喷油嘴安装在气缸头上,喷油嘴的出口指向进气口。每个喷嘴的中心有一个经校准的节流孔,喷嘴周围有滤网和防护罩。燃油通过节流孔进入燃油喷油嘴的内部空间,这时和通过滤网进入的空气混合,以促进雾化,从喷口喷出,如图 30 - 8 所示。

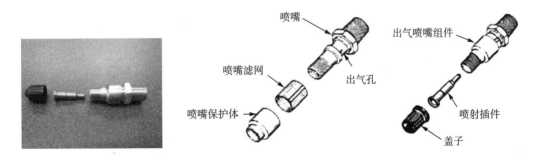

图 30 - 8　燃油喷嘴

要得到正确的燃油喷雾,喷嘴必须干净。燃油喷嘴脏会引起发动机运转不稳,并伴随发动机功率下降。如果喷嘴插件、喷嘴本体滤网或油气孔受污染,将不会产生正确的燃油流量,燃油不会正确对准油气孔,且燃油流动不会形成最佳喷雾。实际维护中,应每 100 小时拆下喷嘴,进行清洁和流量测试。

30.2.6　进口燃油滤

进口燃油滤呈管状,内有 74 微米网眼的不锈钢滤网,管一端接有弹簧,另一端接有一接头。接头的凹槽内有一个 O 型环,还有数个用于在滤芯堵塞时旁通燃油的孔。滤芯的旁通接头可滑入一个可拆卸的进口燃油管接头内,弹簧会使滤芯 O 型环保持抵住进口接头。如果滤芯堵塞,进口燃油压力将压缩弹簧,使滤芯 O 型环离开进口接头,并允许未过滤燃油通过旁通孔。此外,50 小时间隔时,拆卸进口接头,取下滤芯并清洁。

30.3　直喷式燃油调节器的工作原理

30.3.1　燃油喷射系统的组成、位置和功用

直接喷射式燃油调节器(简称燃调)是 R44 Ⅱ型直升机 IO - 540 - AE1A5(型号 RSA - 10AD1)发动机的标准设备。燃油喷射系统的功用是通过计量发动机的空气流量并用气动力控制供给发动机的燃油流量,把燃油喷射到各气缸进气口进气门之前。

气门关闭期间,通过燃油喷嘴在进气口连续喷射,燃油积存在进气口处,这样的喷射系统比较简单,在气门同开角不是很大的情况下,其性能几乎与定时喷射一样,同时还为油气混合和蒸发提供了足够的时间。

与汽化器式燃油系统相比较,直接喷射式燃油的进气系统结冰的可能性较小;各气缸的燃油分配比较均匀;有较精确的油气比控制,因而发动机的燃油经济性较好;便于寒冷天气的起动;油门响应快,特别是改善了加速性能。比较突出的缺点是热发起动比较困难;在炎热天气地面运转时容易形成气塞,因此通常用电动增压泵解决这一问题。

30.3.2　燃油伺服控制装置的组成和工作原理

燃油伺服控制装置包括主燃油调节器和混合比调节装置。主燃油调节器包括文氏管、二个空气室及空气薄膜、二个燃油室及燃油薄膜和与空气薄膜和燃油薄膜相连的球形活门。空气流量部件通过感受节气门处冲压的压力和文氏管喉部压力,计量发动机空气流量的消耗量。这个压力作用于空气薄膜的两侧,空气薄膜两边的压差叫空气计量力。燃油薄膜的一边作用进口燃油压力,一边作用计量燃油压力。燃油薄膜两边的压差叫燃油计量力,原理如图 30 - 9 所示。

混合比调节装置由混合比调节活门、慢车定油孔、连接油门的慢车活门操纵杆和连接混合比活门的操纵杆组成,其功用是计量和调节流到流量分配器的燃油。

其中 A 室和 B 室为空气室,中间由空气薄膜隔开;C 室和 D 室为燃油室,中间由燃油薄

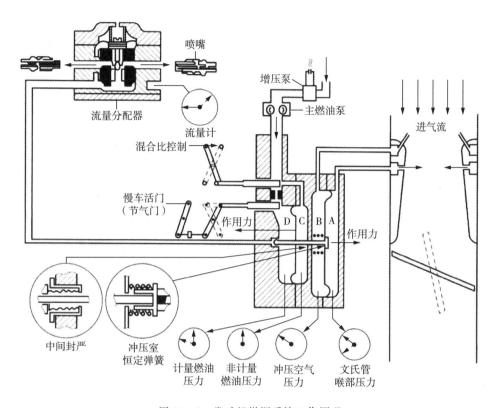

图 30 - 9   发动机燃调系统工作原理

膜隔开。C 室直接通油泵来的油,D 室通经过混合比调节器调节后的燃油。A 室通过文氏管喉部,室内的空气压力为文氏管喉部的空气压力。

B 室通冲压空气,其压力为大气压力,当文氏管内有空气流动时,A 室的空气压力低于 B 室的压力,其差值为气压差。气压差是空气流量的函数,节气门开度越大,文氏管喉部的空气流速越大,A 室内的空气压力越低,A、B 两室间的气压差越大。气压差作用在空气薄膜上,形成球形活门开大的力量。

从驱动泵来的燃油到 C 室,为非计量油压,另一路经定油孔后通往 D 室,为计量油压。C 室和 D 室之间由燃油薄膜隔开,由于非计量油压大于计量油压,形成油压差。油压差是燃油流量的函数,流量越大,油压差越大,油压差作用在燃油薄膜上形成使活门关小的力量。

作用在空气薄膜上的使球形活门开大的力量和作用在燃油薄膜上使球形门关小的力量的大小,决定着球形活门的开度。

当气压差等于油压差时球形活门处于平衡状态,开度不变,喷油量保持为定值,节气门开大时,空气量增多。同时气压差增大,气压差大于油压差,球形活门开大,去分配器的流量增加。这时进 D 室的流量也增加,油压差增加,当气压差等于油压差时球形活门处于新的平衡状态,喷油量保持为定值。开大或者关小节气门时,在气压差和油压差的作用下,球形活门能随之开大或者关小,以调节喷油量,燃油伺服器原理如图 30 - 10 所示。

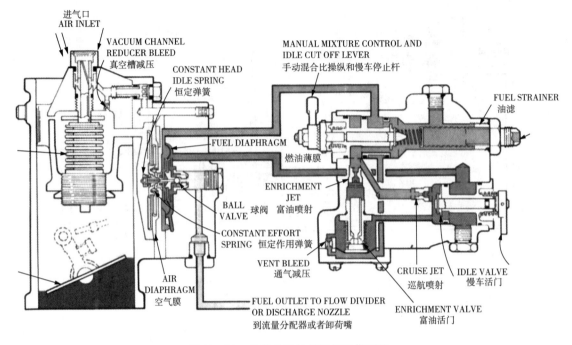

图 30-10　发动机燃油伺服器工作原理

30.3.3　燃油喷射系统工作原理

1. 空气部分

进气区域的文氏管具有气动曲线外形,安放在直壁筒体的中部,空气绕着文氏管流动,而非穿过它。文氏管含有测量空气压力和文氏管喉部压力的开口,为了补偿空气密度和温度的变化,该管还具有充着氖气的波纹筒。

密封的波纹筒自动进行混合比操纵,在直升机高度变化时,可自动改变混合比的设定。进口空气冲压与油门的文氏管喉部间的压差大于燃油压差时,进入发动机燃油就越多。一个板形油门活门(节气门)控制着从伺服装置进入发动机的气流量,空气部分如图 30-11 所示。

2. 油门活门位置操纵

油门活门位置操纵由连在活门轴端臂上的机械油门操纵系统实现。油门活门移动时,会改变进入发动机的空速,并立即引起隔膜压差的变化。

3. 自动混合比操纵

自动混合比操纵包括一个波纹筒和一根插在空气冲压管节流孔内的锥形针。密封波纹筒内填充着用于感应空气密度和温度变化的氖气和少量缓冲振动的惰性油。波纹筒安装在文氏管低压室内,并连接在其后端。锥形针具有特殊轮廓,可在空气密度和温度变化时利用其位置的变化,向隔膜两侧发出正确的空气计量信号,来保持相对恒定的油气比。

环境空气压力或温度变化时,波纹筒会延长或收缩,并改变着空气冲压管节流孔内锥形针的位置。因此,这会改变进入冲压室的气流和隔膜两侧的压差。为了让自动混合比操纵

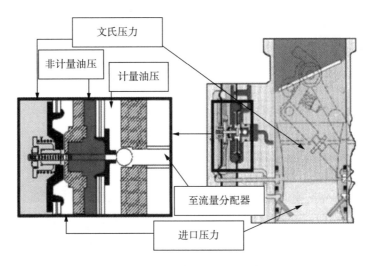

图 30 - 11　燃油伺服装置空气部分

系统正常工作,空气冲压管和压力文氏管之间还装有一个进气节流孔。这会防止空气冲压管内形成空气静压,否则会对自动混合比操纵指针位置带来不利变化。

4. 调节器区域

调节器区域包含一个燃油隔膜,可反作用于空气隔膜的受力。该力通过一根连接在两隔膜间的调节器杆来传递。计量燃油通过一个球形活门流出伺服装置。球形活门的球连接在调节器的杆端,球在活门节流孔内的位置决定着燃油流量,如图 30 - 12 所示。

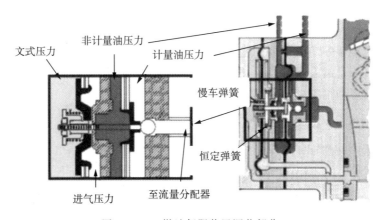

图 30 - 12　燃油伺服装置调节部分

5. 燃油计量部分

未计量燃油进口压力施加在燃油隔膜一面,并迫使球进入出口活门的节流孔内,以防止燃油流出。燃油经过主计量活门的压力叫做计量燃油压力。由于计量燃油流量 4 个压力中的 3 个是固定压力,即空气冲压、文氏压力和未计量燃油压力,第 4 个被计量压力必须发生变化来保持调节器平衡,该变化通过操纵出口节流孔打开的球形活门来实现。

计量燃油以某个流速提供。如果燃油无法以流入速度流出,则燃油计量压力将等于未计量压力。因为空气隔膜两侧气压差的作用是让气流进入发动机，所以燃油隔膜两侧燃油压差必须与空气压差成比例。

6. 压力平衡部分

空气压差会打破燃油隔膜两侧的压力平衡，使球发生移动。然后计量燃油压力下降，直到与 3 个固定压力的合力相匹配。压力相等后，球会停止移动，形成稳定的燃油流速，并保持正确的油气比率。

发动机慢车转速下，通过伺服装置的气流，不足以为气动隔膜室提供一个有用的压差。为了补偿这个不足，在调节器杆与球相对的部分上安装有固定压头慢车弹簧，并抵在气动隔膜上。弹簧施加球形活门打开所必需的力，并在慢车范围内提供充足的燃油供应。当空气计量力增加时，空气隔膜会压缩弹簧，直到隔膜接触到弹簧座圈，并不再发生移动。

7. 计量活门部分

燃油计量区域包括进口燃油滤、混合比计量活门、慢车活门和主计量活门，计量活门原理如图 30-13 所示。

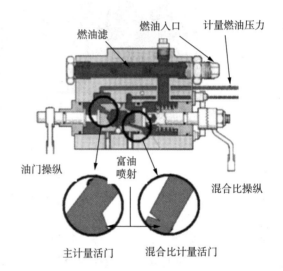

图 30-13　燃油伺服装置计量活门部分

30.3.4　混合比调节器

喷射系统是基于发动机计量空气量与控制燃油流量成正比的工作原理进行工作的。流过文氏管的空气流量越大，喷入发动机内的燃油也越多；相反，流过文氏管的空气流量越少，喷入发动机内的燃油也越少。原理如图 30-14 所示。

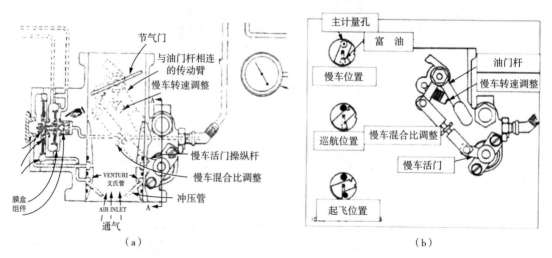

（a）　　　　　　　　　　　　　　　　　　（b）

图 30-14　慢车活门调节

　　座舱中的混合比操纵拉杆靠住全富油止动(最前)时,混合比计量活门会产生一个全富油状态。拉杆移至关断位置时可产生一个渐进贫油混合比。使关断活门移动至关闭位置,可检查慢车混合比设定,但发动机是在关断活门完全打开时工作。关断活门不是断油活门,允许每分钟 5cc 的泄漏率(约 50 滴/分钟)。为了防止燃油泄漏引起着火或整个燃油系统损失,在发动机不工作时保持混合比操纵在慢车关断位置。

　　为了得到正确的燃油计量,油的消耗量应符合空气的重量消耗量,而不是容积消耗量。但是当高度增加或温度增高时,外界空气密度减小,而气压差并没有改变,也就是使球形活门打开的力量没有改变,因而随着高度增加或者温度的增加,混合气将出现富油现象。

　　混合比调节活门通过钢索与座舱中仪表板上的混合比开关(全富油和慢车关断位置)相连。其功能是进行混合比调节,另一方面是作为停车使用。操纵混合比开关改变混合比调节活门的开度。按进去,活门开度增大,计量燃油量增加,混合气富油;拉出来时,混合气往贫油方向变化,当混合比操纵杆拉到最后为慢车关断。

30.4　汽化器式燃油调节器的工作原理

30.4.1　汽化器

　　活塞发动机的燃油系统一般分为汽化器式燃油系统(见图 30-15)和直接喷射式燃油系统(见图 30-16)。汽化器式燃油系统根据发动机在各种工作情况下的进气量喷出适量的燃油与空气混合,组成混合气体,然后经分气室分配至每个气缸的进气管中。直接喷射式燃油系统则直接将燃油喷入气缸,在气缸内与空气混合。

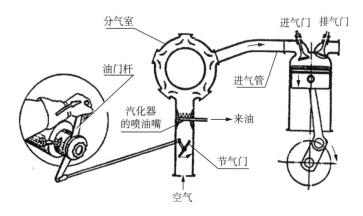

图 30-15　汽化器式燃油系统

　　汽化器是汽化器式燃油系统的主要部件,汽化器的本质是一个两端粗中间细的文氏管(见图 30-17)。它的作用是将燃油喷入进气通道中,并促使燃油在气流中雾化和汽化,以便与空气组成均匀的余气系数适当的混合气。汽化器的工作是否正常,对发动机在各种状态下的工作有决定意义。

图 30-16　直接喷射式燃油系统

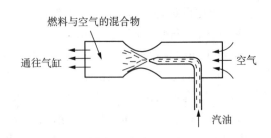

图 30-17　汽化器工作原理

图 30-18 所示为浮子式汽化器的组成和工作原理图。

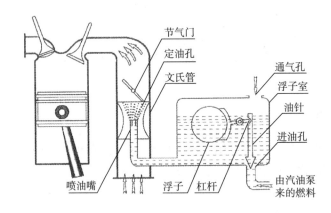

图 30-18　浮子式汽化器的组成与工作原理

　　发动机工作时,活塞在进气行程向下死点运动的过程中,气缸内的气体压力降低,外界大气经汽化器流入气缸。空气流经汽化器的文氏管的喉部时(文氏管的最窄处),通道变窄,流速增大,压力减小,以致低于浮子室的空气压力(此处的压力等于大气压力)。这样,在浮子室与文氏管喉部的空气之间便产生了压力差(简称浮子室与文氏管喉部的压力差)。浮子室内的燃油便在这个压力差的作用下,从喷油嘴喷出,在空气动力的作用下雾化为极细微的油珠,并吸取空气的热量,逐渐汽化,然后与空气均匀地混合,组成混合气。

　　喷油嘴喷出燃油的多少,取决于浮子室与文氏管喉部的压力差和定油孔的直径的大小。浮子室与文氏管喉部的压力差和定油孔的直径越大,喷油嘴喷出的燃油越多;反之,喷出的燃油越少。对于简单浮子式汽化器来说,浮子室与文氏管喉部的压力差和定油孔前后的压力差是相等的。这是因为定油孔后的压力即为文氏管喉部空气的压力,定油孔前的压力也等于浮子室空气压力(在喷油嘴内油面高度等于浮子室内油面高度的情况下)。所以又可以说,喷油嘴喷出燃油的多少,取决于定油孔前后的压力差和定油孔直径的大小。

　　已制成的汽化器,定油孔的直径是固定不变的,而浮子室与文氏管喉部的压力差则随节气门开度的变化而变化。开大节气门,文氏管喉部的空气流速增大,压力减小,因而浮子室与文氏管喉部的压力差增大,定油孔前后的压力差随之增大,喷油量随之增多;反之,关小节气门,浮子室与文氏管喉部的压力差减小,定油孔前后的压力差随之减小,喷油量也随之减小。可见,操纵节气门的开度,不仅可以改变空气量,同时,还能借助于压力差的变化改变喷油量。也就是说,操纵节气门可以改变进入气缸的混合气量,从而改变发动机的转速和功率。

发动机不工作时,进气通道内的空气不流动,文氏管喉部空气的压力和浮子室内空气的压力都等于大气压力,两者之间没有压力差,燃油也就停止喷出。

还要指出的是,如果汽化器安装在增压器之后,则进入汽化器的空气是增压空气,浮子室就不应与外界大气相通。否则,文氏管喉部的空气压力显然因流速很大而小于增压空气的压力,但仍比大气压力大。文氏管喉部空气的压力反而大于浮子室内空气的压力,燃料就不可能从喷油嘴喷出。因此,对于汽化器安装在增压器之后的发动机,浮子室内应通入增压空气,以保证燃油顺利进入气缸。

马弗尔-谢布勒 MA - 4 - 5 汽化器为单气缸浮子式汽化器,配备有人工混合比控制杆和慢车停车开关。

马弗尔-谢布勒 HA - 6 是一个水平固定式的汽化器,配备有人工混合比控制杆和慢车停车开关。

IO - 540 系列发动机装有本迪克斯型 RS 或 RSA 燃油喷射器。燃油喷射系统按气流成正比例调节燃油流量。在进气口中发生燃油汽化作用。

本迪克斯 RS 型燃油喷射器系统由计量气流通过伺服阀门调节器控制的油门体工作,用这种计量方法使伺服阀门在控制之内。由伺服阀门调节的稳定的燃油压力控制分配器阀门装置,然后将预定的燃油流量按适当比例与空气流量混合。

本迪克斯 RSA 型燃油喷射器系统是根据在柱型调节器中测量气流和使用气流信号的原理,将空气压力换成燃油压力。当燃油压力(燃油压差)加在燃油调节面(喷射系统)两端时,使得燃油流量与气流成正比。

30.4.2 汽化器加温

空气流经节气门时,会使气流速度增加,压力和温度下降,如果空气温度下降到冰点以下,空气中的水蒸气就会在节气门上结冰。同时,燃油和空气在汽化器中混合并蒸发,燃油蒸发时所需的热量来自进入汽化器的空气,也将使空气的温度下降,若空气温度降到冰点以下,同样会使空气中的水蒸气结冰。因此,为了防止或清除结冰,就需要吸入热空气,该机构叫汽化器加温装置。汽化器加温热空气来自发动机散热后的空气,由一个空气活门进行控制,没有结冰危险时该活门关闭,需要时人工打开加温活门引入热空气进行防冰除冰。

R44 直升机配备了汽化器加温装置。在发动机排气管上安装一个加温进气盒,通过该进气盒的空气直接被排气管加热。加热过的空气通过管路连接至汽化器进气盒,如图 30 - 19 所示。当飞机进入结冰区或外界气象条件需要进行汽化器防止结冰或除冰操作时,通过驾驶舱手柄控制汽化器进气盒活门,将进气选择为热空气进气后,热空气进入汽化器。

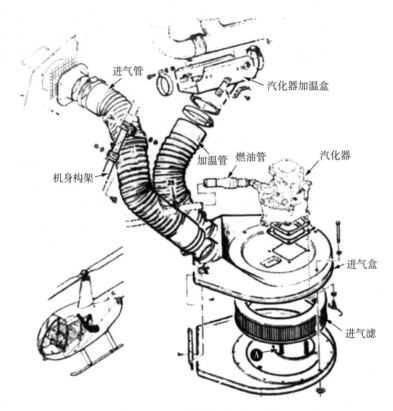

图 30-19 汽化器进气和加温

30.5 燃油调节器的维护和故障分析

30.5.1 使用维护特点

1. 燃油喷嘴

安装在发动机上时,应特别注意打印在燃油喷嘴壳体上的一个六边形平面上的辨别标记。这个标记位于离通气孔 180 度的地方,安装时必须朝下,这样就能保证通气孔在顶部,防止在刚停车后燃油从这个开口处漏出。

使用丁酮、丙酮清洁燃油喷嘴时,要用干燥的压缩空气吹,但气压不能超过 30psi。不能用探针式毛刷去清洁,对于顽固的沉积物更有效的是使用超声波方法清洗。安装燃油喷嘴时的拧紧力矩为 55～60 英寸磅,并将六边形平面上打有字母面尽量朝向收油池方向。

安装燃油喷嘴时,在燃油喷嘴的螺纹上只能使用可溶于燃油的润滑剂,如发动机润滑油或维护手册推荐其他防滞剂等。

2. 预防水分进入燃油系统

按规定放沉淀,飞机停放时应加满油。此外,不要在雨天加油。

3. 燃调故障

燃调出现故障时一般只允许对油滤进行清洗,对慢车混合比及转速进行调节,决不允许在外场对其进行分解排故,因为其部件在组装好后还必须在专门的测试台上进行校定。一旦确定故障无法在外场排除时,应送专业维修厂家修理。可以使用发动机滑油润滑燃调风门轴。

4. 燃调内漏

燃调内漏时将使更多的燃油进入汽缸,发动机呈富油状态,这在小功率时更明显。维修人员不得不经常调整慢车混合比,飞行员不得不拉回混合比操纵杆以防止富油。

为了判明是否内漏,可做如下的内漏检查:拆下进气系统的有关部件,露出燃调的冲压管,然后拆开从燃油喷射器到流量分配器的油管,并用盖子将燃调的管接头盖牢。将油门杆和混合比操纵杆往前推到全油门和全富油位置,打开电动增压泵,观察冲压管处是否有漏油,如有燃油从冲压管漏出,表明有内漏,需送厂检修。

在脱开的燃油软管、导管和接头处一定要加装堵塞或防护盖,以避免系统内多余的燃油流出,或是造成螺纹损伤,或是灰尘及其他外来物进入燃油系统。燃油系统一旦打开,要用燃油增压泵打出 0.5 加仑的燃油,从燃油喷射器和分配器进口对系统进行冲洗。对燃油喷射系统进行维护工作时,要保持所有零件的清洁干净,不能有杂质。

5. 检查燃油喷嘴是否堵塞或局部堵塞

从汽缸上拆开燃油管,拆下燃油喷嘴,然后将燃油喷嘴连接到燃油管上,将各燃油喷嘴放入相同尺寸的玻璃瓶内。将油门杆和混合比操纵杆放到全油门和全富油位置,接通电动增压泵,燃油就从燃油喷嘴喷入瓶内,大约充入瓶子一半容积时,关断电动增压泵,并将油门和混合比操纵杆拉回。

取出瓶子,放在台面上检查各瓶内的燃油量,哪一个瓶内的燃油少,说明有堵塞现象。但要注意检查流入瓶子内的燃油是从燃油喷嘴喷口中流出的,而不是从其他地方渗出的。找到堵塞的燃油喷嘴后,可在丁酮或丙酮中清洗,并用压缩空气吹净。如洗不掉,应更换燃油喷嘴。

6. 燃油分配器倒置安装

如果发动机经常出现慢车状态工作不稳定或自动停车时,通常是由于出现了气塞,此时可以通过更换分配器弹簧和倒置安装分配器来改善,可参见最新版的 Lycoming 服务说明 SI1489、SI1497、SI1498、SI1502。

30.5.2　慢车转速和混合比的调整

(1)按通常程序起动发动机和暖机直到滑油温度和汽缸头温度正常为止。

(2)检查磁电机。如果磁电机掉转速正常(参见发动机操作手册第 3.6 章),进行慢车调整。

(3)将油门止动螺钉调整到飞机制造厂推荐的慢车转速范围内。在按步骤调整的过程中,在调整了慢车混合比后,如果转速有变化,要重新调整慢车转速。

(4)当慢车转速平稳时,慢慢地将座舱混合比杆拉向"慢车切断(Idle Cut - off)"位置,并且注意观察转速表在贫油过程中的变化。必须注意在转速降到发动机将要停车时,将混合比杆推回"全富油(Full Rich)"位置。当在"贫油切断"位置时,转速上升超过 35 转/分

(RPM),则表明慢车混合比过富油;转速立即下降(如果不是瞬间又增加),则表明慢车混合比过贫油。如果上述过程显示了慢车混合比过贫油或过富油,按修正方向转动慢车混合比。调整后,按上述过程检查这个新位置是否符合要求,根据需要,并做进一步的调整直到在检查中出现转速瞬时上升大约 10~25 转/分为止。每一次的转速调整,在检查转速前,应将发动机在 2000 转/分运转来清洁发动机。慢车转速的最后调整是获得在油门全关时的最理想的慢车转速。上述方法的目的,在于一种能以最小的进气压力来获得最大转速。在这种设置下,还不能保持稳定,就要检查慢车连杆有无松动,任何的松动会造成慢车工作不稳定。当然,还有天气条件、机场高度的影响对慢车的调整要考虑进去。

30.5.3 故障分析

发动机燃油系统常见故障产生原因与排除方法见表 30-1 所列。

表 30-1 常见故障产生原因与排除方法

故障	可能原因	排除方法
发动机慢车	慢车混合比不正常	调整混合比
不正常故障	进气系统漏气	拧紧进气系统的所有接头,更换任何有问题零件
	慢车转速调整不正确	调整油门止动钉,达到正确的慢车转速
	气缸压力不一致	检查活塞涨圈和气门座的情况
	点火系统故障	检查整个点火系统
	燃油压力不够	调整燃油压力
	喷嘴平衡管渗漏	检查连接,如有必要更换
	燃油喷射器喷嘴堵塞	清洗或更换喷嘴
	流量分压附件堵塞	清洁附件
功率低及运转不稳定	混合气过富油;发动机运转迟缓、吃力;夜间可见红色火焰,严重时排气管冒出大量黑烟	重新调整汽化器或燃油喷射器(需要有资格的人员来调整)
	混合气过贫油;发动机过热或回火	检查燃油导管或其他限流器内无脏物(需要有资格的人员来调整汽化器或汽化器喷射器)
	进气系统漏气	拧紧所有连接件,更换失效零件
	火花塞失效	清洗和调整间隙或更换火花塞
	燃油不合适	用规定的燃油牌号加满油箱
	磁电机断电点工作不正常	清洁断电器触点;检查磁电机内定时
	点火导线失效	用电子试验器检查导线;更换失效导线
	火花塞终端接头失效	更换火花塞上的接头
	燃油喷射器喷嘴堵塞	清洗或更换喷嘴

（续表）

故障	可能原因	排除方法
发动机达不到最大功率	进气系统漏气	拧紧所有连接杆,更换失效零件
	转速表失效	更换转速表
	燃油喷射器喷嘴堵塞	清洗或更换喷嘴
	油门杆失调	调整油门杆
	燃油流量不合适	检查燃油滤网、流量表和燃油导管流量
	进气口有限流	检查进气管道并去除限流障碍
	燃油不合适	放掉原来的燃油,重新加入推荐的燃油
	点火故障	将所有连接头拧紧,用检测仪表检查该系统;检查点火定时是否良好

复习思考题

1. 简述直喷式燃油系统的组成和工作原理。
2. 简述汽化器式燃油系统的组成和工作原理。

第31章　点　火

31.1　点火系统的组成和工作原理

31.1.1　点火系统的组成

点火系统由两个磁电机、每个气缸两个电嘴、十二根高压导线、一个磁电机开关组成。磁电机是产生高压电的设备,电嘴是利用磁电机产生的高压电产生火花点燃气缸内混合气,导线是将磁电机产生的高压电输送给电嘴,磁电机开关控制磁电机工作,同时与起动开关组合在一起。所有发动机都配备起动注油系统装置。

31.1.2　磁电机的功用

磁电机在工作时,适时地产生高压电,并按照点火次序分配到各汽缸,供电嘴产生电火花。点火系统为磁电机式点火系统,装有两个美国 TCM 公司生产的 S6LSC - 20/204T 磁电机。如图 31 - 1 所示,磁电机分别向每个气缸的两个电嘴供给高压电,以此保证点火系统的可靠性并提高发动机的功率,点火顺序如图 31 - 2 所示。

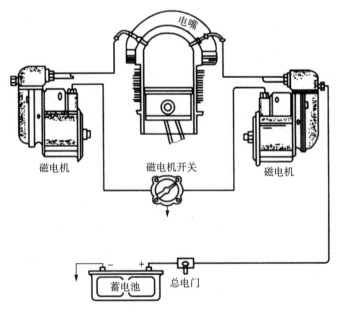

图 31 - 1　点火系统的组成

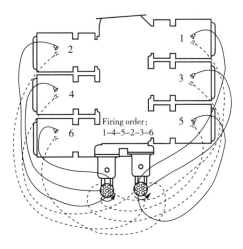

图 31-2　点火顺序

31.1.2　磁电机的工作原理

磁电机工作原理如图 31-3 所示。当磁铁转子转动时,转动的磁场切割软铁架(定子)上的一级线圈,由于基本磁通的变化,不但一级线圈产生感应电动势,而且二级线圈也同时产生感应电动势,一级线圈感应电动势最大值约 40~50V。

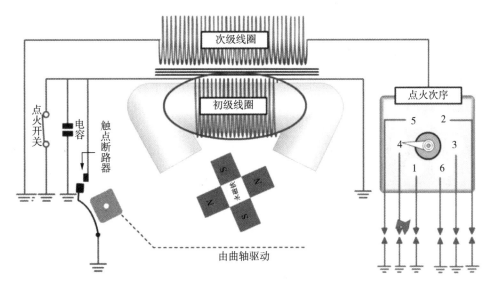

图 31-3　磁电机的工作原理

二级线圈圈数较多,感应电动势较大,约为 2000V。飞轮转过一定角度后,触点断开,切断电流,铁心中磁通迅速变化,使二级线圈产生感应电动势。感应电动势和磁通变化率与线圈的匝数成正比,致使二级线圈中感应出高达 15000~18000V 的电动势,此高压电可击穿火花塞间隙,产生强大火花,在汽缸内完成点火任务。

磁电机工作原理

为了避免一级线圈中 300～500V 的电动势烧毁触点和防止减弱次级线圈电动势，故在初级线路与触点间并联一电容器。当接线断脱或电容器击穿后，将很快引起触点烧坏。所以必须及时修复，方能安全工作。磁电机内部具体由以下部分组成。

1. 磁铁转子

磁铁转子由永久磁铁和转子轴组成。永久磁铁是铁镍铅合金制成的圆柱体，沿轴向磁化成两极（S 和 N）的永久磁铁，与其外面的钢块形成互成 90 度的 4 个磁极。

转子轴由前后两个轴承分别支撑在磁电机转子壳体和断电器壳体上，前轴承后面有轴承盘。轴的前端有两个键槽，用键销分别固定冲击联轴器和传动齿轮，转子的后面有定时标志。

转子轴的后面有传动齿轮，分别带动左、右分电器齿轮，后轴还装有凸轮，并用螺钉固定在轴端。

2. 转子壳体

转子壳体由铝合金制成，壳体内腔安装磁铁转子、铁心架、线包。为了减小涡电流损失，铁心用很薄的矽钢片叠成，片与片之间涂有绝缘漆。壳体两边（左、右）有通气孔，通气孔由螺纹套和通气塞组成。

3. 线包

线包安装在铁心架上，中间为软铁心，铁心外面绕有一、二级线圈。一级线圈的一端焊在铁心架上，另一端经引线接到断电器固定触点，一级线圈电阻为 1Ω。

二级线圈的一端焊在一级线圈的末尾，另一端焊在线包外面的高压接触片上。二级线圈的电阻为 $5900～7500\Omega$。

4. 断电器

断电器由底盘、凸轮、接触点、接线座等组成。底盘由钢制成，用螺钉固定在壳体上。松开固定螺钉，移动底盘即可调整断电器间隙。在断电器上有两个接线插座，一个接一级线圈，另一个接电容器。凸轮在转子轴一端，凸轮上有凸峰，用来接通或断开低压电路。

接触点一般为钼铱合金制成。它分为活动接触点和固定接触点。活动接触点由弹簧片压紧，与磁电机壳体绝缘，并与一级线圈相连接。固定接触点与底盘相接，并通过壳体接地。

胶木顶杆一端顶在活动接触点摇臂上，另一端穿过毡片顶在凸轮上。

接触点正常颜色是浅灰色，使用过的接触点的表面通常是光亮的。如果接触点表面呈黑色，表明有滑油、尘埃和其他外界物质污染。如果呈蓝色，原因多半是中心不准或过热。

5. 分电机构

点火系统磁场原理

分电机构由炭棒、分电齿轮、分电臂、分电站等组成。高压电从线包中高压接触片经炭棒接到分电齿轮的正中。分电齿轮的后面固定有分电臂，高压电就经分电臂跳过分电臂与分电站的间隙按点火顺序接到各汽缸。左磁电机连接到左排汽缸的下部电嘴和右排汽缸的上部电嘴，右磁电机连接到右排汽缸的下部电嘴和左排汽缸的上部电嘴。分电机构如图31－4所示。

31.1.3 启动点火装置

启动加速器,也叫冲击联轴器,它的作用主要有两方面。一是启动时使磁电机得到一个短暂的加速,从而产生强烈的电火花,供电嘴跳火;二是起延迟启动点火的作用。启动加速器主要由主动盘、弹簧、被动盘、飞重块组成,如图 31-5 所示。

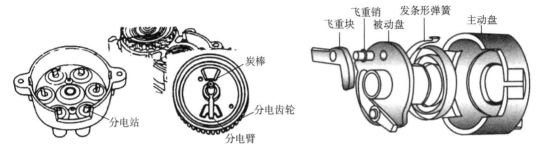

图 31-4 磁电机分电器　　　　　图 31-5 启动加速器

31.1.4 电嘴(火花塞)

电嘴的功用是产生电火花,点燃汽缸内的混合气。

1. 电嘴的工作条件及要求

(1)机械方面。电嘴应能承受混合气燃烧时产生的高压。

(2)受热方面。电嘴工作时,要交替地承受高温燃气加热和低温新鲜混合气的冷却。要求绝缘体材料在高温条件下,要有足够的强度和良好的绝缘性,还应具有较好的传热性能和适当的膨胀系数,其与中央极的膨胀系数大致相等。

(3)电的方面。电嘴的绝缘体应具有良好的绝缘性,在 15000～20000V 的电压下,应能保证不被击穿。

(4)电嘴的密封性能。电嘴的全部结构应当保证电嘴的完全密封。当电嘴密封性能不好时,废气将使绝缘体破裂。

(5)电嘴的热特性。保证中央极及绝缘套的温度不超过 800℃。否则将易引起混合气自燃;另一方面中央极和与混合气接触的绝缘套的温度不应低于 500℃,这一温度称电嘴的自洁温度。若比这个温度低,落在中央极和绝缘体上的汽油与滑油将不能烧掉,形成导电的炭层。

2. 电嘴的组成

电嘴由壳体和中心部分组成。壳体为钢制,可起隔波作用。壳体上下都有螺纹,上螺纹接高压导线,下螺纹拧入汽缸头,接合面有铜密封垫。壳体底端环形槽上焊有一个镍铬环,环上有两个旁极。中心部分由绝缘瓷管、中央极附加电阻和密封填料组成,如图 31-6 所示。

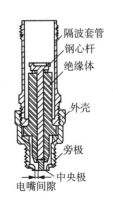

图 31-6 电嘴的组成

3. 电嘴的工作情形

电嘴有中央极和旁极,发动机工作时,磁电机产生的高压电接到中央极,在中央极和旁极之间形成很高的电位差。

当二级线圈的电压达到电嘴的击穿电压时,电嘴电极间的气体便发生强烈的电离,形成深蓝色发亮的电火花。由于旁极经电嘴壳体与隔波装置和发动机机体塔铁,所以,电流经过高压导线、电嘴、隔波装置和发动机机体以及磁电机本身便组成回路。

二级线圈感应电动势的方向是正负交变的,所以,高压电路中电流的方向也是变化的。电嘴跳火时,电火花总是在最小的一个间隙中产生,当这个间隙由于电极腐蚀和电侵蚀而增大以后,电火花就在另一个间隙中产生。

4. 冷电嘴和热电嘴

电嘴传热能力主要取决于电嘴下部绝缘瓷体的长短。下部瓷体长的,传热距离长,不易散热,叫热电嘴;下部瓷体短的,传热距离短,易散热,叫冷电嘴。冷热电嘴如图 31-7 所示。

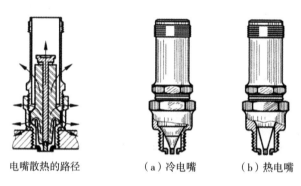

电嘴散热的路径　　　（a）冷电嘴　　　（b）热电嘴

图 31-7　冷热电嘴

电嘴冷、热特性一般在电嘴牌号上都有标明。如:RHM38E、RHM40E。"R"表示有附加电嘴;"H"表示有屏蔽(筒式隔波);"M"表示拧入汽缸部分的螺纹直径为 18mm;"40"表示冷热,数值大的是热电嘴,数值小的是冷电嘴;"E"表示有两个旁极。

为了保证电嘴的热性能与发动机匹配,每种型号的发动机在选用电嘴前都是在标准发动机上进行试验的,然后由厂家确定电嘴型号。因此,在使用中不能随意更换,特别在同一台发动机上冷热电嘴不能混用。

5. 影响电嘴产生电火花的因素

（1）电嘴间隙

在正常情况下,每类电嘴都具有规定的电嘴间隙,如图 31-8 所示。如间隙大于规定值,会使击穿电压升高,造成点火困难,可能把绝缘体击穿,还降低了磁电机的高空性。如间隙过小,造成火花强度减弱,还有可能使电嘴间隙处因积炭造成短路而不产生电火花。

（2）电嘴挂油、积炭、积铅和受潮

涨圈磨损会使大量滑油进入燃烧室,而长期富油工作,未燃尽的燃油会挂在电嘴绝缘体表面形成积炭,使用

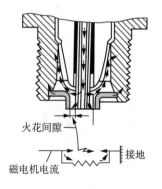

火花间隙

磁电机电流

接地

图 31-8　电嘴的间隙

含铅量高的燃油燃烧形成氧化铅沉积在电嘴上形成积铅。还有当电嘴保管不当受潮时,相当于电嘴并联了一个分路电阻,引起漏电,导致二级线圈电压降低。积碳、积铅越厚,分路电阻越小,漏电越严重,甚至电嘴不点火。

(3)电嘴温度

温度过高时,易产生早燃,温度过低时,电嘴不能自洁。

31.1.5 磁电机开关

磁电机开关用来控制磁电机产生高压电。常见的磁电机开关有按钮式和钥匙式。某些磁电机开关还和起动开关组合在一起,称为起动点火开关或磁电机/起动开关。

1. 磁电机开关的功能

磁电机开关并联在低压电路上。磁电机开关在"开"位,电路是断开的,磁电机开关在"关"位,电路是接通的。

向里压磁电机开关钥匙,向右转到"启动"位置(即前推右转)接通启动线路,发动机爆发后,松开钥匙,自动跳到"双磁"(BOTH)位置。磁电机开关在"双磁"位置,左、右磁电机的低压电路都在关断位置,两个磁电机都能产生高压电。磁电机开关在"右"位置,右磁电机低压电路在开关处断开,右磁电机产生高压电;而左磁电机在开关处与地线接通,左磁电机不产生高压电。磁电机开关在"左"位,左磁电机的低压电路在开关处断开,左磁电机能产生高压电;而右磁电机的低压电路在开关处与地线接通,右磁电机不产生高压电。磁电机开关在"关"位,两个磁电机的低压电路都在开关处与地线接通,两个磁电机都不产生高压电。

2. 磁电机开关的关断试验

关断试验的目的是检查磁电机开关的接地导线是否接地。若磁电机开关在"关"位发动机不熄火,说明磁电机开关在"关"位不起作用,接地导线是断开的,开关仍然是工作状态,特别是装启动加速器的磁电机更是如此,若有此情况发生必须进行排故。在关断试验时,判明发动机不爆发,转速下降 200~300r/min 以后,应尽快地把开关放回"双磁"位置。这样可减少放回"双磁"位置时的放炮现象。

31.1.6 点火系统的隔波装置

1. 隔波的必要性

点火系统工作时,电器上有交变电流流过,因而在电路周围形成变化的电磁场,引起无线电信号失真,产生噪音和杂音,干扰飞机无线电通信。为了消除点火系统对飞机无线电通信的干扰,需要用金属罩遮蔽起来,这种金属罩叫做点火系统的隔波装置。

2. 隔波装置的种类

磁电机和电嘴等机件的内部电路以它们本身的金属外壳作为隔波装置,外部的导线则以隔波软管或金属压成的套管作为隔波装置。金属外壳或金属套管称为硬式隔波装置,隔波软管(金属网)则为软式隔波装置。

3. 隔波装置的工作原理

隔波软管套在导线外面,将导线完全包围起来,其两端均与发动机搭铁面连接形成闭合的通路。当交变电流通过导线并在导线周围形成变化的电磁场时,隔波软管上就产生感应电动势和感应电流。根据楞次定律,隔波软管上的感应电流的方向与导线中电流的方向相反。

因此,便产生了一个方向与导体电磁场方向相反的新磁场,即隔波软管的电磁场。在没有电磁损失的条件下,它们的强度相等,互相抵消,从而消除对无线通信的干扰,如图 31-9 所示。

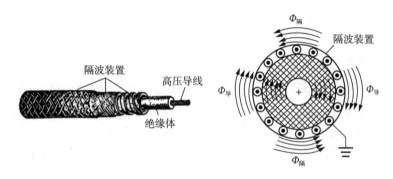

图 31-9　隔波装置的工作原理

31.2　点火系统的维护和故障分析

点火系统的故障最后都表现在电嘴火花弱或不跳火。由于火花弱或部分电嘴不跳火,会出现下列后果:

(1)由于各汽缸爆发后压力不均,使发动机振动。

(2)由于燃料在汽缸内燃烧不完全,到排气管复燃,引起"放炮"。

(3)由于燃烧时间延长,使发动机的功率和经济性下降。

(4)由于启动时点火不好,发动机启动不起来。

31.2.1　磁电机定时

磁电机定时的目的是保证发动机在工作中,当曲轴转到最有利的提前点火角度时,电嘴恰好获得最高的电压而产生强烈的电火花,以使发动机发出最大功率。磁电机定时时,下列四个条件要同时具备。

(1)一号汽缸的活塞位置必须在压缩行程上死点前规定的提前点火角。

(2)磁电机的磁铁转子必须在中立位置后"E"间隙位置。

(3)凸轮的凸起正好使断电器触点初断。

(4)分电器的分电臂必须对准一号汽缸分电站电桩。

如果上述四个条件有一个没有达到,则定时不准确。

① 定时过"早"

当汽缸点火发生在最佳曲轴位置之前,则叫定时过"早"。这时燃烧产生的压力将抵抗活塞向上运动,导致发动机功率的损失、过热并可能产生不正常燃烧。

② 定时过"晚"

如果点火发生在最佳曲轴位置之后,则叫定时过"晚"。这时燃气最大压力不在上死点后 10°～15°时出现,而在更晚的时刻出现,并且其数值也将减少;同时,混合气没有足够的时间燃烧,使燃烧不完全,同样会导致发动机功率的损失和经济性的下降。

③ 磁电机的内定时

将磁电机内部各机件的配合关系调整到使电嘴能够获得最高电压的状态,叫磁电机的内定时。磁电机内部各机件包括磁铁转子、断电器和分电器在工作中必须遵循一定规律,即磁铁转子转到中立位置后"E"间隙位,断电器触点开始断电,而分电器中的分电臂正好对准一号汽缸分电站电桩。所以磁电机内定时包括三方面,为定开始断电的时机、检查断电器触点间隙、分电臂定时。

④ 定开始断电的时机

保证磁铁转子在中立位置后"E"间隙位开始断电。初断时机的早晚决定了断电器间隙的大小。断电间隙是指当活动触点的支臂与凸轮峰垂直时,断电器的固定触点与活动触点之间的间隙。当初断时机提前时,断电器间隙增大;当初断时机延后时,断电器间隙减小。断电器间隙大小可通过松开断电器底盘螺钉,移动底盘来调整断电器初断时机来改变。

31.2.2 磁电机对发动机的定时(本迪克斯)

(1)拆下 1 号缸的火花塞,用拇指按住火花塞孔。按正常旋转方向转动曲轴直至到达压缩行程。这时气缸内的压力通过火花塞孔向外推大拇指。继续转动曲轴,直到起动机环形齿轮盘前的点火定时标志线与起动机壳体前位于 2 点钟位置上的小孔对准成一直线为止。(按照本发动机的提前点火角度数)在这个点上,准备好磁电机的安装。

(2)单磁电机-从两个磁电机上拆下检查堵塞,按正常旋转方向转动传动轴直到(-20 和-200 系列)分电器齿轮上的第一个上了漆的倒角齿对准检查窗(-1200 系列)的中心为止,分电器齿轮上的定时标志同分电器底座上的标志大致对齐,如图 31-10 所示。确保在这个位置上齿轮不移动,装上垫片和磁电机。注意所有磁电机上使用的转接头。带上垫片和螺帽并用手拧紧(-1200 系列上的卡箍)。

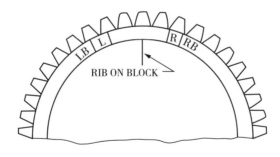

图 31-10 点火定时标记-1200 系列

(3)用一块用电池作电源的定时灯,将定时灯的正极线接到磁电机开关接头上,负极线接到发动机上任何未涂漆的部位。转动磁电机直到灯亮,然后慢慢回转磁电机直到灯灭。再慢慢转回磁电机直到灯刚好亮为止。第 2 个磁电机重复以上程序。

(4)将曲轴回转几度,定时灯刚好灭。曲轴按正常方向转回,直到定时标志与起动机壳体上的小孔对准。在这点上,两盏灯应同时亮。最后按固定扭矩拧紧螺帽。

31.2.3 磁电机故障

(1)断电器间隙不正常和断电器接触点不良。断电器间隙过大或过小时,会使二级线圈电压降低,火花减弱,引起发动机掉转过多,发动机功率下降。但间隙增大时比间隙减小时掉转相对要少一些。因为间隙增大,提前点火角增大,可以弥补一些火花减弱的影响。

断电间隙变化的原因主要是不断跳火花时的电侵蚀、胶木摇臂的磨损等。造成接触不良的主要原因是接触点间进入油污和发生金属转移。

(2)线包绝缘性变差。线包绝缘性变差时,会使线包和壳体之间以及线包与附件的金属接触点和部件间发生放电现象,使磁能损失增大,二级线圈电压降低。检查单磁时会发现掉转过多,可看到线包放电部分烧黑。线包绝缘性变差的主要原因是线包受潮和温度过高。

(3)磁电机内部高压电导出部分接触不良,产生强烈的电火花,使分配到电嘴的电压降低,且会把跳火部分烧坏。

(4)分电盘裂纹。产生裂纹后,在裂纹处会发生漏电现象,使二级线圈电压降低,影响电嘴跳火。

(5)分电桩磨损、烧伤,会使分电臂与电桩之间间隙大小改变,影响输往电嘴的电压。

(6)磁电机定时不准。由于定时不准,使提前点火角过大或过小,都会使发动机的功率和经济性下降。

(7)断电器的弹簧片折断和低压导线在接线处掉下。若出现上述现象,都会使低压电路断路,磁电机不产生高压电。

(8)磁电机上的启动加速器的飞重块由于过脏或磁化,不能活动自如,重块不能在重力作用下凸出于主动盘外壳,因而不能被挡钉挡住,发条形弹簧不能上紧,因而启动不起来。

31.2.4 磁电机维护注意事项

(1)保持磁电机内部清洁、干燥,严防水分、油污进入,为此吹洗发动机时要特别注意。

(2)保持继电器接触点清洁、接触良好,断电器间隙合乎规定,清洁断电器时应采用酒精,并用鹿皮或绸布擦拭。测量和检查断电间隙时,拨动活动接触点的角度不宜过大,同时注意不要遗留脏物。

(3)磁电机的散热通风要良好。

(4)平时不要乱扳风扇,以免损坏启动加速器;同时当磁电机开关不好时,易引起爆发打伤人。

31.2.5 电嘴的故障

(1)电嘴挂油积炭。主要是长期过富油或涨圈磨损,大量滑油进入燃烧室造成的。在使用中当小转速时间过久时也易造成电嘴挂油积炭。

(2)电嘴积铅。使用含铅量高的汽油和在贫油巡航状态工作久易积铅。

(3)电嘴受到撞击及电嘴间隙变化或瓷绝缘体损坏,使电嘴内部漏电。

(4)受电侵蚀和燃气的腐蚀使电嘴间隙变大。

31.2.6　电嘴维护注意事项

(1)保管电嘴时,应放在干燥的地方,以免受潮;同时应注意防止弄脏和碰坏,掉在地上的电嘴不能再用,因陶瓷绝缘体很可能已损坏。

(2)检查电嘴的铜垫片,不应有压坑、变形,否则会影响密封和传热。

(3)安装电嘴前,为了避免电嘴螺纹和汽缸头上的螺纹烧结在一起,应预先在螺纹上涂上一层石墨油膏,但应注意不要使油膏掉在电极上。往汽缸拧电嘴,开始不要用扳手,要用手拧,直到电嘴贴住垫片,然后用力矩扳手以规定的扭矩把垫片压紧,形成不漏气的密封。

(4)拆装电嘴时不要碰坏电极。当拆卸电嘴拧不动时,可滴上煤油再拧,如仍拧不动,可启动发动机,使汽缸头温度升高,停车后一般可拧下。禁止用榔头敲击扳手来拧动电嘴,以防损坏绝缘体。

(5)清洗电嘴时,要用不含铅的汽油,以防汽油挥发后在绝缘体上面有铅。做压力试验时,正常压力一般为 $105\sim120$ psi。检查电嘴间隙时,如图 31-11 所示,应用圆塞规,用平塞规给出的间隙值不准确,因为旁极的轮廓线形状是围着中央极的。电嘴间隙不合规定的不能安装。

(6)在使用中要防止电嘴挂油积炭。为此,滑油压力不能过高。发动机在慢车时间不宜过久,当滑油消耗量过大或汽缸压缩性不好时,要检查涨圈情况,混合气不能过富油。

(7)安装电嘴时要注意电嘴的旋入部分的长度不能过长或过短。如旋入较多(未装垫片),则突出部分的电嘴端部温度升高较多,可以引起积热点火,形成早燃。如旋入部分太短(多装垫片),则形成一个凹空间,燃烧产物可以聚存在这个空间,这样将使混合气不容易达到电极,可能导致点火中断。正确的应使旋入汽缸的电嘴端部与汽缸内壁齐平。

(8)电嘴拆下时要放在有汽缸标志的托架上,以减少对电极、螺纹和绝缘体的损坏,同时可以根据电嘴的外观来判断各汽缸的工作情况。

(9)各汽缸高压导线长短不同,各汽缸的工作情况也不一样,因此各汽缸电嘴侵蚀现象往往不同。为了调整和改善电嘴侵蚀现象,每 50h 可将拆下的电嘴放在一个托架中,该托架的电嘴位置按汽缸次序和上、下部电嘴位置排列,如图 31-12 所示。图中"T"表示上部电嘴,"B"表示下部电嘴,然后按箭头所示互换,这样可延长电嘴使用期限。

图 31-11　电嘴间隙的检查

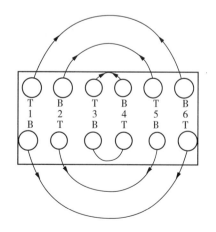

图 31-12　电嘴互换

31.2.7 高压导线的故障

(1)高压导线绝缘体被击穿。如电嘴弯管外因拆卸时活动较多,加之受汽缸和电嘴传热的影响,易击穿,在击穿处一般可看到小黑点。汽、滑油落到高压导线上易腐蚀高压线的绝缘体,使其绝缘性能变差。

(2)高压线接触不良。如高压线与分电桩之间、高压线与电嘴之间等。

(3)由于潮湿形成的漏电。潮湿空气和水分进入高压线的隔波套以及电嘴壳体时,引起绝缘体表面的导电能力提高,因而在高压导线暴露部分与隔波装置之间发生漏电,使能量损失增大,二次线圈电压降低,电嘴火花减弱,甚至不跳火。

31.2.8 高压导线维护注意事项

(1)防止高温对高压导线的影响。如高压导线不能靠近排气管,停车后,不要马上盖蒙布等。

(2)防潮湿。要注意各电缆连接处的密封,雨后及时对发动机进行通风、晾晒。雨中飞行时,在飞行后应对点火系统进行详细检查,如发现水分应彻底排除。

31.2.9 磁电机开关的故障

磁电机开关的转轴及接触点因经常转动又无润滑,会磨下少量金属屑在底盘上,这样容易构成通路,特别是水分进入时更加严重,会造成磁电机开关失效。磁电机开关出现以上故障时要分解检查,清洁底盘上金属屑;用干的布擦干开关中的水分,然后装上。

31.2.10 汽缸头温度指示系统的维护和注意事项

汽缸头温度指示系统通常包括一个指示器、电线和一个热电偶。电线接在测量仪表(汽缸头温度表)和发动机防火墙之间。在防火墙上热电偶线的一端与电线相连,热电偶线的另一端与 5 号汽缸相连。

热电偶通常由两种不同的金属组成,一般是康铜和铁,并用导线连接到指示系统上。连接至汽缸的热电偶端头是卡口式或垫片式。安装热电偶电线时,不要因热电偶线太长而割断它,只是把多余的电线卷起来或捆好。因为根据热电偶测温原理,将热电偶电线减去一截,使得电线的阻值发生变化,会引入测量误差。发动机工作时,如果汽缸头温度指示器的指针不稳定,则应检查所有的连接导线。

31.2.11 点火系统故障分析

排除故障的最佳方法是在发生某一故障时确定故障的各种原因,并从最可能的原因中一个一个的排除。表 31-1 列举的是一些常见故障,可能发生的原因和排除方法。

表 31－1　点火系统常见故障与排除方法

故　障	故障产生的可能原因	排除方法
发动机起动故障	缺少燃油	检查燃油开关是否在"开"； 检查燃油系统有无渗漏； 加满燃油箱； 清洗油污的燃油导管、燃油滤或燃油开关
	注油过多	点火装置在"关闭"位置，混合比控制杆在"慢车切断（Idle Cut－Off）"，打开油门，转动发动机曲轴几秒钟，打开起动开关按正常方法进行起动
	火花塞失效	清洁、调整或更换火花塞
	点火导线故障	用电子试验器测试，更换任何有故障的导线
	电瓶失效	用充过电的电瓶更换
	磁电机断电器工作不正常	打开磁电机，清洁断电器触点； 检查磁电机内定时
	燃油流量不足	卸掉燃油导管，检查燃油流量
	汽化器或燃油喷射器内有水	放掉汽化器或燃油喷射器和燃油导管内的水
	发动机内部故障	检查滑油滤网上有无金属屑，如有表明要翻修发动机

复习思考题

1. 简述点火系统的组成。
2. 简述点火系统的工作原理

第32章 发动机控制

32.1 概 述

32.1.1 调速器的功能

调速器是用来保持发动机转速稳定的。在发动机负载变化的过程中,它的转速是会相应发生变化的。当转速降低时,如果调速器不调节,发动机最终将停转;当转速升高时,如果调速器不起作用,发动机最终将无法承受过大的离心力而损坏。另外,调速器还可以保持发动机的最低转速和最高转速,防止低转速运转时熄火和高转速运转时"飞车",造成机械损坏。

发动机运转时,燃油泵的供油量应随发动机的转速不同而有所差别,即随发动机转速的升高,供油量应增大。但是,如果没有调速器加以控制,供油量会随着发动机转速的升高而增加,这种现象的持续,可以在短时间内使发动机超过额定转速而造成"飞车",致使发动机过热、冒黑烟,以致发生机件损坏的现象。反之,当发动机转速降低时,如果没有调速器,喷油量将随发动机转速的降低而减少,直至迫使发动机熄火。因此,在发动机上必须装有可靠的调速器。

32.1.2 调速器的组成

调速器由速度感受元件、控制机构、执行机构组成。速度感受元件是分布在发动机自由端处的两个速度传感器;控制机构是分布在发动机靠近发电机一侧的本体上的两个"黑匣子",两套控制机构是互为备用的,当一套控制机构故障时,会自动切换到另一套;执行机构分布在发动机的自由端,速度传感器的上部,其内部有管线与发动机滑油系统的一根管线相连,作为动力来源。

32.1.3 调速器的基本原理

调速的基本原理是通过改变进入气缸进行燃烧的燃油量(加大或者关小"油门"),改变发动机的转速或者负荷。

32.1.4 调速过程

燃油的油路:燃油经过发动机驱动泵,经过过滤器进入发动机两侧的进油管,然后由进油管进入每一个气缸对应的高压柱塞泵(该泵由发动机的曲轴经凸轮轴带动),高压油经过喷射器后进入气缸燃烧做功。发动机(曲轴)每旋转两周,凸轮轴旋转一周,即往气缸里送一次油。每一次进入气缸的油量(即柱塞泵的柱塞行程)是可以调节的,这种调节就是所谓的开大或者关小"油门"。

调速器的调速过程:先由速度探测元件感受到速度的变化,然后传递给速度控制机构,与设定的速度值进行比较,该差值的正负将决定是关小还是开大"油门"。该差值信号(电信号)传递给执行机构,在执行机构中,经过滑油系统的压力放大后(液压调节)来驱动"油门"开大或者关小。

32.1.5　R44 直升机的调速器系统

每一个总距操纵杆上都有一个扭转油门把手。这两个把手通过系统内部互相协调,并通过由摇臂和机械连杆驱动汽化器上的蝶形阀。发动机油门总距杆输入与机械连杆相关,提起总距杆可使油门开大,放下总距杆可使油门关小。

发动机调速器能使油门做微小的调整,它转动变速转换把手来保持转速在带动力极限内。手操纵变速转换把手不是典型构型的,一般在开车、关车、自转练习或紧急情况下使用。油门的垂直传动杆内装有一副超程弹簧,此超程弹簧可使飞行员在自转着陆时将油门关小到慢车止动限制以外,还可防止总距杆提起时油门打开。飞行前,通过旋转变速转换把手,它通过超程弹簧顶住慢车止动,可以检查调整油门连杆是否正确。当全部提起总距杆时,燃油控制摇臂处于刚刚开始动作的位置。向左转动油门增加发动机转速,向右转动油门降低发动机转速,如图 32-1 所示。如果调速器关闭或者故障,则可由人工操纵油门,控制发动机转速。

More RPM 增加转速　　Less RPM 降低转速

图 32-1　发动机油门操纵系统

R44 直升机的调速器系统可感受发动机转速,并给油门施加总距杆力。当转速低时,调速器加大油门,反之减小油门。给油门施加力通过摩擦离合器完成,飞行员很容易操控离合器,调速器激活范围为发动机转速 80%～112%,飞行员使用右座椅总距杆端的开关能开启和关闭调速器。如图 32-2 和图 32-3 所示。

设计调速器系统是为了帮助飞行员将转速控制在正常的工作范围内,但是它并不能阻止强行飞行动作造成的超高速或者超低速转动。调速器在激活范围内,从 101%～102% 转速有 1% 的死区,此时只要转速稳定,调速器就不工作。

R44 直升机的调速器系统由以下部件组成:

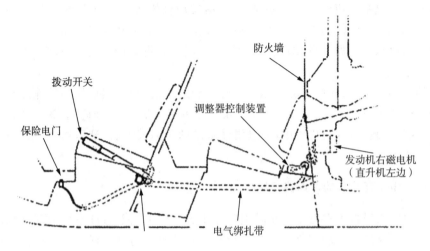

图 32 - 2　油门调速器控制线路

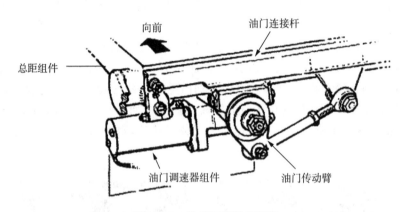

图 32 - 3　油门调速器安装图

（1）D278 控制盒和一个位于左座椅靠背后的固态模拟电路控制器。控制盒通过发动机右磁电机（直升机左侧）的转速表触点感受发动机转速，并提供给调速器组件一个修正的信号。所有调速器控制盒的工作电压为 14V,28V 的直升机利用 28 - 14V 的转换器给控制盒提供电源。

（2）14V 的 B247 - 5 调速器组件,它在左前座椅后连接到总距杆组件,被调速器控制盒激活后,调速器齿轮电机和蜗杆齿轮驱动与油门摩擦离合器相连。

（3）信号和电源线。

32.2　调速器的使用和故障分析

大多数的调速器故障是由发动机右（直升机左侧）磁电机触点调整不当或者出现故障导致,参见 TCM 主要维修手册有关转速表组件的安装和调整。

调速器打开时,激活范围为发动机转速从 80% 到 112%,转速低于 80% 或者高于

112%，调速器不工作。

调速器在激活范围内工作时，会尽量使转速保持在 102%±0.5%（D278-1）或者 102%±0.75%（D278-2），当直升机在稳定气流中平直飞行时，按下列方法检测调速器的边缘，也叫"死区"：

（1）轻握油门，慢慢增大转速（不要超过 104%），在调速器输入时（微弱的油门阻力），记录发动机转速指示。

（2）轻握油门，慢慢减小转速（不要低于 99%），在调速器输入时（微弱的油门阻力），记录发动机转速指示。

（3）用第一个读数减第二个读数，结果应为 1%（D278-1）或 1.5%（D278-2）。

如果死区的中心不在 102%，说明调速器控制盒有故障。

如果比正常的死区宽，但是仍在 102%，通常说明油门连杆摩擦过大或者调速器摩擦不足。

在 C341/C342 摇臂处断开超程弹簧组件上杆头的连接，并在杆头接一个弹簧秤，检查油门摩擦，将油门臂放到慢车位置，慢慢地用弹簧秤向上拉超程弹簧组件，在油门全开前，注意最大活动摩擦为 4LB。杆头卡滞、操纵不顺、汽化器油门轴衬套拉伸或者汽化器加速泵卡滞（一般只在一个方向卡滞）都会导致油门连杆摩擦过大。

放下总距杆，增加总距摩擦，从 C341/C342 摇臂处断开超程弹簧组件上杆头的连接，将摇臂水平放置，检查调速器摩擦。在摇臂孔内接一个弹簧秤，秤切向于摇臂，慢慢地拉秤，注意中断和活动摩擦。如果中断摩擦比活动摩擦大 1LB 或者更多，说明调速器摩擦离合器损坏或污染，活动摩擦必须最小为 8LB 直到摇臂停止移动。磨损、污染或者弹簧弹力不足都会导致活动摩擦不足。

调速器正常工作需要调速器摩擦与油门连杆摩擦比最小为 2:1。

操作不稳通常是导线损坏或者转速表触点有故障的表现。导线损坏表现为起皱、收缩或者擦伤，这些状况会导致一根或两根中心导线导体与屏蔽物或者结构接地。转速表触点故障由污染（由于磁电机凸轮随动件毡垫润滑过度引起）、氧化（例如：由于通气塞堵塞或者磁电机传动密封垫渗漏）或者触点松动引起，还有安装或组件错误导致。

在涡流中飞行时，如果发动机轻载（传动机构几乎是自由转动），则进气压力指示（MAP）不稳。

油门连接松动（包括汽化器油门轴衬套磨损）会导致转速与进气压力波动不稳。

复习思考题

1. 调速器的作用是什么？
2. 总距油门手柄的作用是什么？

第 33 章 发动机指示

飞行员借助仪表了解发动机的工作状态,如转速表指示发动机功率大小,滑油压力表用于监控发动机是否失效。发动机指示仪表都有量程标记,使得飞行员或机械师了解仪表上的显示是安全的还是危险的。标记是用不同颜色漆涂在表盘上。

(1)红色径向线-表示发动机工作限制,确定最大和最小工作限制;

(2)绿色区域-表示正常工作范围;

(3)黄色弧线区域-警告区域,表明发动机超过或长期在此区域工作,可能存在潜在危害。

发动机指示系统指示发动机的各种参数,一般位于中央仪表板上。如发动机转速表(发动机和旋翼)、进气压力表、气缸头温度表、滑油压力表、扭矩表、排气温度表等。R44 直升机发动机指示仪表包括双针转速表、进气压力表、滑油温度表、滑油压力表、气缸头温度表和燃油油量表。

33.1 发动机指示系统的组成和原理

33.1.1 发动机—旋翼转速表

R44 型直升机装有一个电子双针转速表(发动机和旋翼),发动机转速传感器是发动机右磁电机内的断电点。旋翼转速的霍尔效应传感器是一个电子装置,通过主旋翼齿轮箱输出轭组件上的两个磁探头感应。每条转速表线路有一个单独的保险电门,且各自完全独立。即使"MASTER BAT"(主电门)关闭,它们仍可以由发电机或电瓶供电,如果"MASTER BAT"(主电门)和"ALT"(发电机)电门关闭且"CLUTCH ENGAGE"(离合器啮合)开关在解除位置,发电机、电瓶和电气线路工作正常,转速表才会断电。双针转速表通常安装在驾驶舱驾驶员仪表板上,如图 33-1 所示。所有的转速表工作电压为 14V,28V 的直升机利用 2 个电压调节器根据 2 个转速表的需要将 28V 调节到 14V。

33.1.2 进气压力表

进气压力表指示发动机进气管中的绝对气压,红线指示最大进气压力,最大进气压力是型号证书规定的 104% 发动机转速时的数据。当发动机不工作时,进气压力表应指示环境气压,其误差应在 0.3inHg 以内,如图 33-2 所示。

图 33-1　双针转速表

图 33-2　进气压力表

33.1.3　汽化器温度表

设在仪表板上的汽化器温度表用来确定汽化器可能结冰的条件下(例如高湿度时飞行)是否需要加温。对汽化器加温可使仪表指针脱离黄弧带,对于冷却的发动机,汽化器温度表的指示应与外界气温表大致相同。

33.1.4　滑油压力表

滑油压力表指示滑油压力,从可变电阻式传感器接收信号,传感器位于发动机舱左前角,紧挨着计时器压力电门。滑油压力表位于发动机仪表组的右上角(见图 33-3),其中绿区为 55～95psi。

33.1.5　滑油温度表

滑油温度表指示发动机滑油温度,它接收安装在发动机滑油滤网壳体的探头处发出的信号,位于发动机仪表组的右边中间(见图 33-3)。其中绿区为 75～245°F(24～118℃)

33.1.6　气缸头温度表

气缸头温度表指示 2 号气缸头(O-540)、5 号气缸头(IO-540)温度,它接收一个装在气缸头底部的探头传来的信号,位于发动机仪表组的右下角(见图 33-3),其中绿区为 200～500°F。

33.1.7　燃油油量表

燃油油量表指示燃油量,它接收来自一个可变电阻式浮子指示器的信号,位于发动机仪表组的左下角(见图 33-3)。

33.1.8　其他仪表

(1)电流表

电流表也称为安培表,指示电气系统的负荷,此系统负荷在分流器处测得。分流器位于发动机舱内垂直防火隔板右下方,电流表位于发动机仪表组的左上角(见图 33-3)。

（2）时钟

R44 型直升机在下部仪表板上安装了一个时钟，如图 33 - 4 所示。

图 33 - 3　R44 直升机
发动机组合仪表

图 33 - 4　航空时钟

复习思考题

1. 简述进气压力表指示及功用。
2. 简述发动机仪表组的组成及位置。
3. R44 直升机的发动机仪表有哪些？

第34章 排 气

34.1 概 述

活塞发动机的排气系统可认为是一个清除系统,它收集和排除发动机产生的有害废气,以保证飞机和乘客的安全。排气系统的作用首先是要收集并顺利地将发动机废气排入大气;其次要进行排气消音,降低噪音。另外还可以利用废气对空气加温,用于进气防冰或座舱加温。涡轮增压发动机也是利用发动机排出的废气带动增压器的涡轮和压气机对进气进行增压。R44 直升机的排气系统由排气门、排气管和消音器组成。

进气装置包括空气滤、进气道和与各缸相连的进气管,主要功能是向各气缸提供清洁的空气。备用进气活门是靠负压自动打开。空气滤必须定期检查和按要求更换,发现滤芯破损和堵塞时必须更换。在空气质量差的地区或土面跑道上起降时,应缩短空气滤的检查时限。

排气装置包括从每个气缸到消音管的排气管(支管)以及与消音管相连的单个排气尾管,排气尾管将发动机排出的废气引导通过发动机后部整流罩区域排出。

图 34-1 所示为进排气装置的气缸与气门机构。

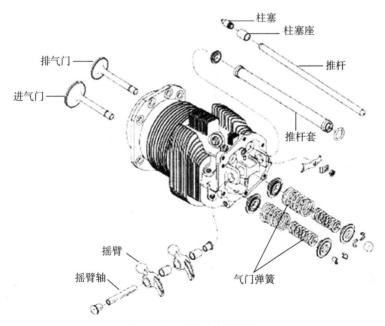

图 34-1 气缸与气门机构

34.2 进排气系统的组成和结构

34.2.1 进气装置

O-540 系列发动机进气系统装备有一个马弗尔-谢布勒 MA-4-5 汽化器。燃油-空气混合气分配,是由中心区域的进气系统进入每个气缸的。它与收油池组成一个整体,并且浸没在滑油内,保证燃油更均匀地雾化,同时使收油池内的滑油得以冷却。燃油-空气混合气由单独的进气管分配到每个气缸。

34.2.2 排气装置

消音管位于发动机下方,它由一个金属罩管包裹,金属罩管收集排气管热辐射产生的热量,然后再将热量通过软管引导到驾驶舱内,如图 34-2 所示。

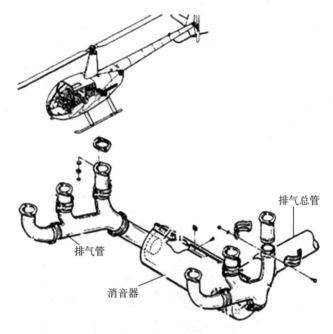

排气总管

排气管

消音器

图 34-2 发动机排气消音组件

特别要注意的是要确保排气管的各个接口处的密封可靠,以防止排气中的一氧化碳进入客舱,对飞行人员和乘客造成危害。因此,每 100h 需对排气管表面状况和密封性进行检查。

34.2.3 收油池和进气装置

罗宾逊 R44 型直升机发动机的收油池是铝合金铸造件,主要用来收集滑油,铸件上铸有进气通道,流动的空气可以冷却收油池内的滑油。收油池上安装有滑油放油活门、滑油滤网组件、燃调安装座和进气管。

　　滑油收油池上包括一个滑油放油塞、滑油吸收滤、安装汽化器或燃油喷射器的底座、进气管和进气管接头。

　　收油池和进气装置(见图 34-3)由收油池和收油池上一个紧密配合的口盖组成,口盖内延伸的进气管形成进气系统。当上紧螺栓后形成一个安装空气进气罩的底座,在盖上装有燃油放油塞,收油池上有滑油放油塞和滑油吸收滤网。

　　收油池主要用来储存滑油和安装附件。罗宾逊 R44 型直升机发动机收油池位于机匣的下部,与机匣接触面之间有一密封垫。上部有与收油池铸成一体的进气管道,下部有燃油喷射器的安装平台。将进气管道安置在收油池上方,一可以使进气得到加温,二可以使滑油得到冷却。收油池的左、右两边各有两个管状接头,用来安装进气管,后部中央有一

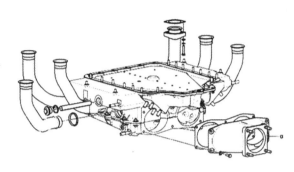

图 34-3　收油池与进气装置

安装孔,用来安装网状油滤,内部铸有滑油道,滑油通过此油道进入滑油泵,底部设有两个放油活门安装孔。

34.2.4　附件传动装置

　　附件传动装置是利用曲轴带动发动机的所有附件运转,以配合发动机工作。罗宾逊 R44 型直升机发动机的大多数附件(如磁电机、滑油泵、燃油泵等)的传动均是齿轮传动,发电机为皮带传动,当曲轴转动时,它通过各传动齿轮按一定的转速比带动各附件工作。

34.2.5　发动机冷却系统

　　R44 直升机的发动机冷却是利用发动机带动风扇,强制空气产生压力,通过导流板和导流管的引导给发动机、气缸、主减速器、滑油散热器等需要散热的机件进行散热,随后通过发动机下部排到大气中。

34.3　进排气系统的维护

　　为确保发动机排气门工作正常无故障,应按照 Lycoming 强制性服务通告 SB388C 的规定执行时间完成检查程序。如不执行该通告,会因气门柱和气门导套之间积碳过多引起气门粘连或导致液压气门推杆顶弯,从而导致发动机损坏,或者由于排气门导套过度磨损从而引起排气门破裂。

　　用于直升机的莱康明发动机如果怀疑气门有粘连,应在 300 小时间隔执行检查程序。气门粘连发生后,可能造成发动机发生瞬时抖动故障,具体可能表现为以下几种现象:

(1)发动机剧烈抖动，机身左右摇晃，转速、进气压力有明显下降，还伴随有排气管冒烟、"放炮"故障。如在飞行中出现，飞行员会感到飞机下沉，失去拉力。此现象延续时间很短，约 2～3 秒，发动机自动恢复正常工作。

(2)发动机抖动，机身左右摇晃，转速和进气压力有少量摆动，1～2 秒后，发动机自动恢复正常工作。

(3)发动机轻微抖动。故障出现无一定规律，时有时无，有时在空中出现，有时在地面出现。

34.3.1　气门粘连的危害

排气门杆"发胖"或污染物堆积在排气门杆与气门导套之间，导致气门卡滞的故障，称之为气门粘连。气门粘连具有以下严重的危害：

(1)改变气门与气门导套之间的间隙。

(2)堵塞液压推杆流经气门与气门导套间的滑油通道。

(3)阻滞气门运动，造成气门打开、关闭延时，燃烧室燃烧的环境恶化。

(4)加剧发动机内部污染物的形成并继续在气门与气门导套间堆积。

(5)严重的气门粘连，最终使气门不能运动，形成气门卡阻。

(6)摇臂作用会使液压推杆弯曲，导致发动机损坏和失效。

34.3.2　气门粘连的原因

发动机内部污染物是造成气门粘连的主要原因。污染物主要包括空气中的灰尘、潮气、酸性物，燃油中的铅以及滑油中的碳。少量的污染物是客观存在的，即使这些污染物堆积在气门与气门导套之间，也可以被滑油和气门的运动清除掉。只有在发动机内部产生设计许可之外的污染物，气门粘连才可能形成。

在设计温度间运转的发动机，燃油中的铅和滑油中的碳都将被燃烧，从排气门排出。若发动机的工作温度偏离了设计值范围，积铅或积碳会急剧增加，过多的污染物会严重污染滑油，并最终堆积在气门杆与导套之间，形成气门粘连。所以影响气门粘连潜在的因素是发动机的工作温度。下面从实际维护和使用角度来分析形成气门粘连的原因。

1. 滑油严重污染

当发动机起动正常运转时，滑油在气门杆上形成一层滑油膜，以减小气门杆在气门导套间运动的摩擦，同时滑油膜也起到密封作用，阻止杂质进入气门杆与气门导套之间，此外也起到清洁的作用。

严重污染的滑油粘性、可溶性降低，滑油的润滑、密封、冷却、清洁能力降低，发动机各零部件的磨损加剧，形成过多的污染物。当滑油严重污染到堵塞油滤的地步，滑油将不经过油滤而从旁通活门直接流过，形成带污染的滑油循环，加剧气门粘连的形成。

2. 空气滤安装、维护不当

空气滤是防止空气中的灰尘进入发动机内部的屏障。过度磨损的或装配不适当的空气滤会使发动机吸入过多的灰尘，灰尘以及由此而产生发动机各机件磨损后的碎屑都将导致滑油污染而引发气门粘连。

3. 发动机长期停放

发动机长期停放后,来自燃烧室的沉淀物,如水分和酸性物、滑油中的胶质物和铅油泥会聚集在发动机内部,包括气门杆和导套之间,引发气门粘连。

4. 使用高铅燃油

正常情况下,燃油中的铅在高温下会挥发并从排气门排出。高铅燃油中含有较多的铅,未燃烧的铅可能直接堆积在气门与气门导套之间。另一部分会变成铅油泥,造成滑油污染,铅油泥无法被滤网或油滤过滤掉,可能直接堆积在气门杆与气门导套之间。

5. 导风板和散热器安装、维护不当

用于引导冷却空气流过气缸的导风板若安装不正确,气缸的部分结构将无法获得足够的冷空气,发动机会出现促使积铅或积碳产生的局部过热现象。

滑油系统通常采用滑油散热器来散发滑油中的热量,从而调节发动机的温度。若滑油散热器安装不正确或散热片堵塞,发动机的温度会过高。

6. 混合比不正确

混合比过贫、过富都会降低混合气燃烧时的火焰传播速度,使火焰前锋延伸至排气过程前期,火焰将直接轰击暴露于气门导套外的气门杆上,使气门杆上滑油结胶、炭化、气门杆热蚀,引发气门粘连。

7. 发动机超转

部分活塞式发动机采用 OHV 气门机构,该机构惯性质量较大,所以厂家设定的额定转速较低。一旦发动机超转,气门机构的运动就进入失控状态,在极端情况下气门可能撞击上行的活塞,导致气门杆变形弯曲,进而气门运动受阻。

34.3.3 气门粘连的预防

参照服务信函 NO. L197A/NO. 1425A,当出现气门粘连后,可通过简单的研磨气门或使用专用铰孔刀去除气门及气门导套上的堆积物,来恢复气门杆在气门导套间的滑动配合。但气门粘连的危害性相当大,气门粘连发生后,气门卡阻很快就会形成,可能在故障排除之前发动机已经损伤,因此在操作和维护过程中预防气门粘连是非常必要的。按照维护程序和使用极限定期检查气门,参照强制性服务通告 SB301B 和 SB388C 执行,具体方法如下。

(1)在高温、废气等恶劣环境中,保持气门间隙在最佳值很困难,它会随着发动机的使用而偏离设计值。若气门间隙过小,气门对发动机温度变化及污染物堆积的容忍度降低,气门粘连更容易形成。若气门间隙过大,高温燃气容易窜入间隙内使滑油结胶、积炭,引发气门粘连。CAD1999 - MULT - 13R3 要求装有莱康明所有型号活塞式发动机的飞机必须定期按照莱康明服务通告 SB388C 对排气门导套间隙实施强制性检查,可见定期检查气门间隙的重要性。

(2)定期更换滑油和滑油滤以保持滑油清洁,参照服务通告 SB480F。每次更换滑油时,特别是在发动机大修 50 小时前后、冬夏更换不同牌号滑油时,应使发动机处于热发状态下,断开滑油散热器进出油软管尽可能放尽发动机内旧滑油并同时更换滑油滤,不同的滑油不能掺混,错误牌号的滑油和掺混的滑油将引起滑油滤堵塞故障。

(3)确保空气滤网的过滤效果,严禁未过滤的空气进入发动机。参照服务说明

NO.1080C,当空气滤使用一段时间后,大气中的灰尘会聚集在进气滤的外侧,应定期对其进行清洁或更换以保持其过滤效果。如果发动机工作在严重灰尘环境中,应缩短其维护间隔。

(4)保证进气滤的正确安装。在日常维护中注意检查进气斗、备用空气门的密封性,检查进气管各接头处应无漏气,防止未过滤的空气进入发动机。

(5)避免发动机长期停放,参照服务信函 NO.L180B,发动机应定期工作以保证其最佳性能状态。在发动机停放期间,应定期持续地运转发动机一段时间,可以有效地蒸发掉有害的水分,并排除造成气门粘连的大多数污染物。若预计停放时间较长,应放掉系统内的滑油,使用专用油封油对发动机进行油封,并安装防潮电嘴和包扎进气斗和排气管尾管。

(6)限速运转发动机。运转发动机时,应首先在 1000~1200r/min 运转并使发动机达到暖机温度。避免长时间地面运转发动机,严禁未安装整流罩进行地面试车。同理,在飞行中也要避免在很小的空速下连续工作。

(7)避免发动机骤冷。停车前,应将发动机转速保持在 1000~1200r/min,直到发动机温度稳定,再将发动机转速迅速增加到 1800r/min 左右并持续 15~20 秒,烧掉电嘴上的积碳和铅,然后减小转速到 1000~1200r/min 后,使用混合比立即关闭发动机。

(8)飞行中,必须避免小功率或无功率的富油混合气快速下降。下降期间保证混合气在调贫油巡航状态并逐渐调富油混合气,带有一定动力和明显的空速,以尽可能保持发动机具有最有效的温度。

(9)混合比调节适当,参照服务通告 SB369J。在大功率工作期间,需要多余的燃油来冷却发动机,应偏富油一些。在巡航功率状态,适当调贫油至排气温度峰值,将有助于油气混合气完全燃烧,大多数的铅将挥发并排出,进而最大限度地减少滑油中铅油泥的形成。

(10)避免发动机超转。参照服务通告 SB369J,按规定程序使用发动机及保证变距机构和调速器工作正常,防止发动机超转。对于固定翼飞机,将超速定义为在 3 秒内发动机转速上升不会超过额定转速的 10%。对于旋翼机,超速定义为在任何时候,发动机超出额定转速工作。旋翼机不允许有暂时超速,应使用规定标号的燃油,若无法避免使用高标号燃油,应适当提前磁电机定时角。定期检查导风板及其胶皮状态,防止导风板裂纹和变形。定期检查散热片,防止散热片堵塞和损坏。

34.3.4 排气门间隙的检查和测量

排气门间隙的测量与检查是罗宾逊直升机公司服务通报 SB388C 所要求的内容,是保证发动机状态良好的一项重要工作,具体操作步骤如下(见图 34-4)。

排气门导套的清洁

(1)找到需要检查的气缸的压缩行程上死点,打开相关盖板。

(2)从气缸上拆下摇臂室盖的垫子,检查进气门和排气门同时关闭时气门摇臂的自由度是否良好。

(3)拆卸下顶杆、套管和液压挺杆组件。拆卸并清洁挺杆组件。

(4)清洁弹簧保持座上表面上的滑油。

(5)确保位于件号为 ST-71 夹具上的可调节自锁螺钉被拧出(逆时针),并安装夹具。

图 34-4　排气门的拆卸

（6）使用 ST-71 工具压紧气门弹簧，拆下气门卡瓣，使气门能自由活动。

（7）在活门顶杆上安装裂开式量规适配器。

（8）将一个一字螺丝刀（3/16 英寸的，刃 4 英寸长）插入排气活门弹簧和夹具之间，使排气活门弹簧尽量向自锁螺钉处移动。放松螺丝刀，当活门有移动趋势时，可轻轻地将弹簧顶向自锁螺钉。

（9）将一个 0.010 英寸的塞规放入螺钉和适配器中间，转动螺钉使塞规抽出时刚刚感到有摩擦。不要使螺钉动作太大而使适配器和活门顶杆移动。

（10）用手向上抬住气门顶杆，测量出适配器和螺钉头之间的间隙，然后再减去 0.010 英寸，即是所测量的气门杆间隙。（间隙范围为 0.015～0.030 英寸）

（11）拆下裂开式量规适配器，在活塞位于其上死点附近时安装锥形活门保持键。

（12）均匀地拆下 ST-71 夹具。

（13）拆下排气总管，目视检查在位于活门座和引导套管之间露出的气门杆。如发现气门杆和引导套管上有腐蚀则应更换。

（14）安装顶杆，套管和液压挺杆组件。

（15）安装摇杆臂轴，排气摇臂和转子端盖。

（16）安装摇臂箱盖和垫片，安装电嘴，并在所有排气门导套清洁后安装排气管。

（17）安装整流罩。

复习思考题

1. 简述进气系统的组成。
2. 简述排气系统的组成。

第35章 滑 油

35.1 概 述

35.1.1 滑油牌号及加油量

R44直升机发动机为全压力湿机匣润滑方式,重力回油,采取压力润滑、泼溅润滑以及二者相结合的方式对发动机各部件进行润滑。长时间大坡度下滑或进行复杂的特技飞行时极易导致滑油系统供油中断,致使发动机或部附件失效。

发动机加注最大滑油量为9夸脱,起飞时油量不得少于7夸脱,应检查量油尺上的指示。

检测滑油及更换油量尺后,不要把盖子拧得过紧,仅手指拧紧即可。R44直升机滑油系统为湿机匣滑油系统,滑油存储在发动机内部,推荐使用的滑油牌号见表35-1所列。

表35-1 推荐使用的滑油牌号

平均环境大气温度	矿物质滑油牌号	无灰分散剂滑油牌号
	MIL-L-6082 或 SAEJ1966 (50前小时用)	MIL-L-22851 或 SAEJ1899 (50小时后用)
所有温度	——	SAE 15W50 或 SAE20W50
80℉以上	SAE 60	SAE 60
60℉以上	SAE50	SAE40 或 SAE50
30～90℉	SAE40	SAE40
0～70℉	SAE30	SAE30 或 SAE40 或 SAE20W40
0～90℉	SAE20W50	SAE20W50 或 SAE15W50
低于10℉	SAE20	SAE30 或 SAE20W30

35.1.2 润滑系统的功用

发动机滑油进行润滑有两个方面的作用,一方面是减少由于机件直接接触而造成的磨损,从而延长机件的寿命;另一方面是把干面摩擦变成液面摩擦,减少因摩擦而引起的能量

损失,从而可使机械效率提高。滑油润滑具体有以下几个作用:

(1)冷却。滑油通过机件表面带走机件的热量。

(2)密封。使活塞在运动时不致漏气,以免工作时因混合气和燃气进入机匣,使发动机功率下降和滑油变质。

(3)清洁。发动机工作时,由于燃烧不完全而产生的炭粒、油烟、磨损的金属屑以及机械杂质和灰尘等有害物质均能进入滑油系统,滑油借本身的流动把它带走并过滤后除去,起到了清洁机件的作用。

(4)防腐。机件的表面有一层润滑油油膜,此油膜可将金属与空气隔开,防止金属腐蚀。

(5)作为控制系统的工作液。在螺旋桨飞机上主要作为变距的工作介质。

35.1.3　发动机机件的润滑方法

发动机机件的润滑方法有三种,即泼溅润滑、压力润滑和压力-泼溅润滑。

(1)泼溅润滑

借转速较大的旋转机件(例如曲轴等),将滑油泼溅到摩擦面上的润滑方法,叫做泼溅润滑。

(2)压力润滑

滑油经油泵加压后,沿专用的油路流至各摩擦面上的润滑方法,叫做压力润滑。

(3)压力-泼溅润滑

发动机单独采用泼溅润滑的方法,不能保证所有的摩擦面都得到良好的润滑和冷却。而单独采用压力润滑的方法,对于某些无法从特定的油路获得滑油的机件也不能进行润滑。为了使所有的机件都能得到良好的润滑和冷却,现代的航空活塞式发动机一般都采用以压力润滑为主、泼溅润滑为辅的混合润滑系统。

混合润滑系统中的泼溅润滑并非利用积存在机匣底部的滑油,而是利用从某些接受压力润滑的机件的间隙处流出的或从专门的油孔喷出来的滑油,借助于曲轴等旋转较快的机件将滑油泼溅到摩擦面上进行润滑。

35.2　滑油系统的组成和原理

滑油系统为压力湿槽型。主轴承、连杆轴承、凸轮轴轴承、气门挺杆、推杆和曲轴内啮合传动装置都依靠滑油收油池和飞溅的滑油润滑。收油池位于附件机匣的底部,滑油经滑油吸油滤网并通过一个钻通的管路中吸出。收油池中的滑油进入附件机匣的钻通管路,由一根弯曲的导管将滑油引导到外部滑油散热器。如果低温滑油或障碍物限制滑油流入散热器,一条滑油散热器旁路将会提供滑油通路。散热器中的加压滑油通过附件机匣上的一个有接头指向的钻通管路被引导至滑油吸油滤网,滑油吸油滤网装在位于附件机匣转速表驱动下方的铸造室内。

滑油压力滤网是用来过滤滑油中任何有可能通过收油池滑油吸油滤网的固体小颗粒。滑油经过压力滤网室过滤后,通过钻通管路进入位于附件机匣前方的右上角的滑油安全阀。图 35-1 所示为发动机内部润滑油路。

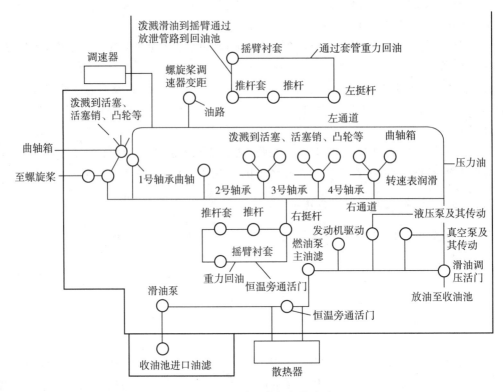

图 35-1 发动机内部润滑油路

发动机工作时,滑油箱内的滑油被进油泵抽出,在油泵内加压并经油滤过滤后送入发动机。在发动机内部,滑油通过专门的油路进入滑动轴承内进行润滑;其他不与油路相通的机件,则利用从滑动轴承流出的滑油和从曲轴或机匣上专设的喷油孔喷出的滑油直接进行润滑,或借曲轴等转动较快的机件将喷出的滑油泼溅至摩擦面上进行润滑。

润滑后的滑油,从各处汇流到机匣下部的收油池内,由回油泵抽出,经过泡沫消除器和滑油散热器,消除了泡沫和降低了温度,并经过一些附件内的油滤的初步过滤,然后流回滑油箱。润滑系统就是这样不断地把滑油箱内的新鲜滑油送到各机件的摩擦面上进行润滑,又把润滑后的滑油在经过清除杂质、消除泡沫和降低温度后送回油箱,然后再输送出去,使滑油循环流动。

在润滑系统的油路上装有滑油压力表和滑油温度表的传感器,根据滑油压力和温度的数值,可以判断系统工作是否正常。

35.2.1 滑油泵

滑油泵是用来促使滑油循环流动的动力部件。由于发动机采用重力回油,故只有一个进油泵,而省掉了回油泵。油泵采用齿轮式,安装在附件机匣内。齿轮式油泵的组成和供油原理为:齿轮式油泵由一对互相啮合的齿轮、壳体和传动轴组成,发动机工作时,曲轴齿轮经传动齿轮带动滑油泵的主动齿轮转动,主动齿轮又带动油泵壳体内的从动齿轮以相反的方向转动。油泵进口处齿轮、壳体和滑油泵安装面(附件机匣上)形成的封闭空间,叫做吸油室,出口处齿轮、壳体和滑油泵安装面形成的封闭空间,叫增压室。滑油泵工作时,吸油室内滑油被齿轮带走,压力降低,滑油就从收油池吸入吸油室,随着齿轮旋转的方向转动,转到出口的地方,齿轮啮合,将滑油从齿轮的凹处挤至出口处,滑油压力的提高是因为滑油排出时受到阻力的结果。

为了改善齿轮泵的充填情况,罗宾逊 R44 型直升机发动机采用从齿轮端面进油的结构,即从齿轮两侧的轮齿根部进油,因为径向进油时,离心力的方向与进油的方向相反,离心力是阻碍充填的,故转速不能太高。从该端面进油后,滑油先到达轮齿根部,再由离心力把它往外抛帮助充填提高泵的容积效率。齿轮泵的工作原理和结构如图 35 - 2 所示。

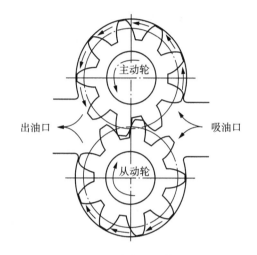
图 35 - 2　齿轮泵工作原理

发动机滑油泵原理

全流量滑油滤结构

35.2.2　滑油滤

发动机工作时,附着在活塞与气缸壁上的积炭、轴承和活塞涨圈等因摩擦所产生的金属屑以及其他杂质,都会掺到滑油里。滑油中的这些杂质会积存在细小的油路中,使通道截面变小,流入机件摩擦面的滑油减少,造成机件润滑不良。严重时,甚至会堵塞油路而使润滑某些机件的滑油中断,产生干面摩擦。发动机在短时间内就可能遭到严重的损坏。

滑油过滤系统包括金属网结构的收油池滤网和纸滤芯的主滑油滤,主要用来保持滑油的清洁,避免不必要的磨损。收油池滤网用来过滤中等颗粒杂质,流动阻力较小。主滑油滤安装在附件机匣上(滑油泵出口与机匣主油路之间),由纸质滤芯和壳体组成,该油滤用来过滤细小杂质,流动阻力较大。纸质滤芯由长纤维纸浆制成,且经树脂定型处理,不怕水、强度高、滤清效率高。滤芯为百褶形,以增大过滤面积。滤芯要定期更换,防止堵塞。通常在更换滑油时检查并清洁收油池滤网,直接更换主滑油滤。主滑油滤可用专用工具切割开,并可从油滤上收集的沉积物判断发动机的内部状况。

早期的罗宾逊 R44 型直升机发动机主滑油滤采用金属网滤芯的非全流量式滑油滤,每25h 需要进行分解检查和清洁,可重复使用。后期的罗宾逊 R44 型直升机发动机的主滑油滤组件一般为纸质滤芯的全流量式,要求每 50h 进行更换,不可重复使用,更换后必须使用切割工具分解检查使用过的油滤,如图 35 - 3 所示。

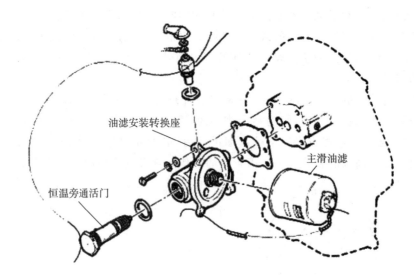

油滤安装转换座

主滑油滤

恒温旁通活门

图 35-3 发动机油滤安装

35.2.3 活门

滑油系统中包括以下活门组件:恒温旁通活门、安全活门、调压活门、放油活门。

发动机滑油压力必须足够高,以保证各部件在高转速和高功率下得到充分润滑;另一方面滑油压力又不能太高,因为滑油压力过大会导致滑油系统的漏油和损坏。因此应安装调压活门来调整滑油压力,使之在规定范围内。调压活门位于右机匣左上角主油路上,由钢球、弹簧和基座组成。钢球的一边承受滑油压力,另一边承受弹簧压力,当滑油压力正常时,钢球活门在弹簧力的作用下处于关闭状态,当滑油供油量超过发动机所需的油量,滑油压力增大时,滑油就逐渐克服弹簧力顶开活门,多余的滑油流回收油池从而达到调压的目的。

35.2.4 滑油散热器

滑油散热器是为了使滑油温度保持在正常的范围内,保证机件得到良好的润滑和冷却。滑油散热器由外壳、铜管(散热器)、隔板、进油管和出油管接头以及安全活门等组成,如图 35-4所示。

高温滑油从进口进入散热器后,在铜管与铜管之间用隔板形成的通道内流动。滑油在流动过程中,将热传给铜管。飞行时的迎面气流则从铜管内部通过,把滑油传给铜管的热量带走,从而降低了滑油的温度。对于已制成的滑油散热器来说,其散热量取决于通过散热器的空气的温度和流量,它们均与散热器的面积有关。由于 R44 机型滑油散热器没有装滑油散热器风门,因此滑油散热器经长时间使用后,空气中的尘埃等污染物附着在管壁上,会影响散热效果,滑油温度可能因此过高。所以应该定期清洗滑油散热器,使其经常保持清洁状态。R44 Ⅱ型直升机发动机装有一大一小 2 台滑油散热器。

此外,滑油供油量随飞行高度的升高而减少。当到达某一飞行高度时,滑油泵的供油量减少至恰好等于发动机所需的滑油循环量,此时调压活门完全关闭,不再回油。这个高度,

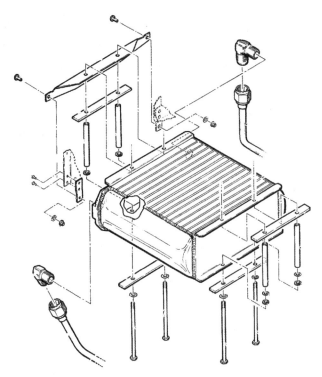

图 35 - 4 滑油散热器组件

通常叫做滑油系统的临界高度。如果飞行高度超过滑油系统的临界高度,则滑油泵供油量小于发动机所需的滑油循环量,不能保证发动机正常工作。由于这个缘故,滑油系统的临界高度应高于飞机的升限。

恒温活门位于附件机匣上主油滤安装座侧面,主要部件由热膨胀率大的金属构成。当滑油温度较低时,恒温旁通活门打开,部分滑油经散热器到主油滤,另一部分直接接到主油滤。当滑油温度过高时(金属膨胀),恒温旁通活门逐渐关闭,迫使滑油流经散热器进行冷却后到主油滤,从而达到"滑油恒温"的目的。

安全活门位于附件机匣上主油滤安装座内,是由卡环、支座、弹簧和胶木垫组成的单向活门。该活门与主油滤并联在滑油通道上,正常情况下该活门处于关闭状态;当主油滤堵塞时,滑油压力增大,将安全活门顶开,滑油不经过主油滤直接进入发动机主油路,使各部件仍能得到润滑,从而保证发动机安全运转。

35.3　滑油系统的维护和故障分析

35.3.1　滑油系统的维护

滑油等级和限制,依据发动机操作手册第 3 章推荐的滑油等级和限制来维护发动机。如果发动机上没有装全流量滑油滤,每 25 小时更换滑油;同样,要检查滑油压力滤和吸力滤滤网有无金属物,清洁后再装上。

(1)滑油吸力滤和滑油压力滤。在每 50 小时检查、拆卸,检查有无金属物,清洁并重新装上。

(2)滑油减压活门(可调整的)。调整滑油减压活门使得滑油压力保持在规定的范围之内。正常状态下的滑油压力应当在一定的范围内,超过范围过大或过小,均按以下方法调整:

发动机暖机后在大约 2000 转/分运转,观察滑油压力表的读数。如果滑油压力不在规定范围,则停车,调整减压活门的螺钉,向外拧减小压力,向内拧增大压力。由于该调整螺钉只有一个螺丝刀槽口或螺丝刀槽口加上了一个销好的 375－24 槽口螺帽,因此转动它只需一把螺丝刀或一把扳手即可。

35.3.2 滑油系统的故障分析

滑油系统故障分析见表 35-2 所列。

表 35-2 滑油系统故障分析和排除方法

故障	可能产生的原因	排除方法
滑油压力低	吸力管或压力管渗漏	检查附件机匣和曲轴箱之间的密封垫
滑油温度高	滑油泵进油通道有堵塞	检查滑油导管有无堵塞; 清洗吸力滤网
	散热不好	检查进、出气口有无损坏或堵塞
	滑油量供给不足	用规定的滑油加入油槽至规定高度
	滑油温度表失效	更换滑油温度表
	滑油等级低	更换合乎规定的滑油
	滑油导管或滑油滤堵塞	拆卸并清洗滑油滤网
	滑油渗漏超量	通常是由于磨损或用了已挤压过的密封圈
	轴承已损坏或正在损坏	检查收油池内有无金属屑,如有则要翻修
滑油消耗量大	滑油等级低	用规定的滑油加入油槽
	轴承已损坏或正在损坏	检查油槽内有无金属屑
	活塞涨圈磨损	更换活塞涨圈
	活塞涨圈安装不正确	安装新的活塞涨圈
	活塞涨圈至涨圈槽底安装不到位(新氮化过的气缸)	使用无机物滑油,用全功率爬高到巡航高度,再用 75% 巡航功率工作,直到滑油消耗稳定为止

复习思考题

1. 滑油系统的作用有哪些?

2. 简述 R44 直升机发动机滑油系统的工作原理。

3. 简述齿轮滑油泵的工作原理。

4. 简述 R44 直升机发动机滑油滤的维护原则。

5. 滑油系统中的活门有哪些?各自的工作原理是什么?

第36章 起 动

36.1 概 述

现代航空活塞式发动机一般是由起动机直接带动发动机曲轴旋转而起动的,也有用冷气起动的,如初教六飞机所装 HS-6 型发动机。起动机类型分为直接起动式电动起动机以及间接式电动惯性起动机。目前广泛使用的是直接起动式电动起动机。起动电源可使用机载蓄电池,也可使用地面电源。运五飞机所装的 HS-5 发动机是电动惯性起动机,起动系统需要满足以下要求:

(1)起动时因转速小,发动机主燃油泵不能正常供油,需要预先向汽缸注油,如用电动增压泵;

(2)起动机带动曲轴转旋转时的转速一般不低于 $40\sim60\mathrm{r/min}$,又称起动转速;

(3)电嘴应能适时地产生强烈电火花点燃汽缸中的油气混合气。

36.2 起动系统的组成和原理

发动机采用电起动,安装 B&C 公司生产的起动机,件号为 BC315-100-4。起动系统主要由起动开关、起动继电器、起动振荡器以及起动机组成,起动系统组成及点火原理如图 36-1 所示。

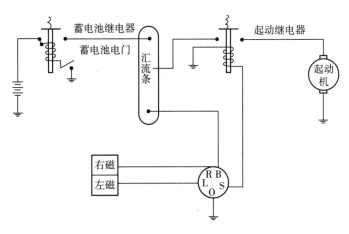

图 36-1 起动系统组成

打开电瓶开关（主开关）后，电瓶继电器接通，电源与汇流条相通。当接通起动开关（钥匙或按钮），起动继电器工作，接通去起动机的电路，起动机转动，通过固定在曲轴前端的齿轮带动曲轴转动。

36.2.1 起动按钮

起动按钮位于正副驾驶座椅中间，总距杆的前端。起动时间一般为 10～12 秒。如果起动不成功，起动时间间隔至少在 5 分钟以上，如果连续起动不成功，时间间隔应至少在半个小时以上，避免烧坏起动机。

36.2.2 起动振荡器

起动振荡器的作用是在发动机运转初期，磁电机产生不了足够的高压电，起动振荡器辅助产生高压电。起动振荡器位于座椅的下方，如图 36-2 所示。

36.2.3 起动机

起动机的构造包括两大部分，即电动机和传动部分。起动机电机为四极电机，起动电压为 24V，电机包括电枢、壳体及磁场线圈、电刷、轴承、罩簧、端盖。起动机上的轴承为粉末套式，用青铜或粉末青铜制成，耐磨性好。起动机位于发动机的左下方，与起动齿轮盘啮合，进而带动曲轴旋转。为了避免在起动过程中发生打齿现象，起动机的起动齿前缘为斜齿，如图 36-3 所示。带动发动机旋转时，起动机要通过很大的电流，因此使用时间不能超过规定，长时间连续使用会引起故障和损坏。一般来讲，冬天冷机起动困难，必要时需进行加温。如果连续起动 3 次不运转，应该休息 20～30 分钟。

图 36-2 起动振荡器

图 36-3 起动机起动齿

36.2.4 起动机工作原理

起动机是一台串激电动机，它的激磁绕组是与电枢绕组串联的。串激电动机的转矩随转速变化规律是：开始起动时，转速低而转矩大，而后转矩随转速的增大而减小，这一特性很适合发动机起动的要求。

这种起动机的优点是构造比较简单,啮合和分离都是自动的,而缺点是齿轮啮合时有冲击,传动比小,冬季冷发起动时较为困难,因此它只适合于小功率发动机。

电瓶失效

36.3　起动系统的维护和故障分析

起动系统常见故障产生原因和排除方法见表 36-1 所列。

表 36-1　起动系统常见故障及排除方法

故障	可能产生原因	排除方法
发动机起动故障	缺少燃油	检查燃油开关是否在"开"位。检查燃油系统有无渗漏。加满燃油,清洗油污的燃油导管、燃油滤或燃油开关
	注油过多	点火装置在"关闭"位置,混合比控制杆在"慢车切断",打开油门,转动发动机曲轴几秒钟,打开起动开关按正常方法进行起动
	火花塞失效	清洁、调整或更换火花塞
	点火导线故障	电子试验器测试,更换任何有故障的导线
	电瓶失效	用充过电的电瓶更换
	磁电机断电器工作不正常	打开磁电机,清洁断电器触点,检查磁电机内定时
	燃油流量不足	卸掉燃油导管,检查燃油流量
	汽化器或燃油喷射器内有水	放掉汽化器或燃油喷射器和燃油导管内的水
	发动机内部故障	检查燃油滤网上有无金属屑,如有,需要翻修发动机

36.4　散热系统

发动机散热装置的作用是使冷却空气流过气缸、机匣等机件的外壁,吸收和带走一些热量,使发动机机件温度,特别是气缸温度保持在规定的范围内,保证发动机正常地进行工作。

发动机工作时,与高温燃气相接触的机件或零件,例如气缸头、气门、电嘴和活塞等会吸热而温度剧增。如果不对这些机件进行冷却,就会导致机件失效,引发飞行事故。

气缸温度过高,材料强度显著减弱,气缸以及气缸紧密相连的机件在动力负荷和热负荷的作用下很容易损坏,例如气缸头翘皱、裂纹、活塞顶烧穿、气门变形、裂纹等;同时,活塞与气缸壁之间的间隙、涨圈与涨圈之间的间隙、气门杆与气门杆套之间的间隙变化还会引起活塞涨圈内的滑油分解和氧化,形成胶状物质,粘住涨圈,影响气缸壁面的润滑,甚至因此磨伤和烧坏活塞。此外,气缸温度过高,还会使充填量减小,发动机功率降低,并可能产生早燃和爆震等现象。因此,为了保证发动机工作可靠和能够发出应有的功率,必须对发动机进行冷却。

对发动机进行冷却,需要掌握好散热程度的界限。如果发动机冷却过度,温度过低,反而会带来很多不良的后果。发动机散去的热量过多,会使发动机功率减小,经济性变差;同时,在气缸温度过低的情况下,燃料不容易汽化,混合气也就不能正常地燃烧;另外,气缸壁上的滑油黏度变大,还会使活塞的摩擦损失增大。由此可见,对发动机进行冷却,必须把气缸温度保持在一个适当的范围内,既不能过高,也不能过低。

由于直升机发动机安装在驾驶舱的后部,飞行中没有迎面气流进行冷却,因此,采用活塞式发动机的直升机一般都安装有发动机直接驱动的冷却风扇。R44 直升机发动机由一个玻璃钢涡管罩住的发动机直接驱动的风扇提供散热,风扇提供的冷空气通过涡管和导管传给消音器、主旋翼齿轮箱、液压储油罐、驱动皮带和固定在发动机上的金属散热板,散热板进一步引导冷空气至气缸头、滑油散热器、发电机、磁电机、燃油流量分配器和电瓶(当电瓶安装在发动机舱内时)。

36.4.1 气缸散热片

气缸散热片用来增大气流与气缸外壁的接触面积,以增强散热效果。当空气流过气缸周围时,热量即经散热片随气流散走。

发动机工作时,气缸各部分受热的情形是不同的,因此各部分的温度高低也不相同,会使气缸产生热应力。为了减小气缸的热应力以免气缸翘皱和裂纹,应尽可能地使气缸各部分的温度大致相等。基于这种原因,气缸各部分所配置的散热片面积的大小不应该完全相同。气缸头经常与高温气体接触,大部分热量须经气缸头散走,所以气缸头的散热片的总面积比气缸筒的要大得多。就气缸头而言,排气门附近受热的程度比进气门附近高得多,所以排气门附近的散热片的面积比进气门附近的大。

虽然,通过散热片的配置可以减少气缸各个部位之间的温度差,但是,由于散热片受到高度和间距的限制,仍然不能使气缸各部分的温度达到完全相等。在实际工作中,气缸头的温度仍然高于气缸筒的温度,而在气缸头上,靠近排气门部分的温度比靠近进气门部分的高。由此可见,即使在构造上采取很多措施,气缸内部仍会因温度不均而产生一定的热应力。如果气缸温度过高,气缸的热应力过大,就可能产生气缸变形或裂纹等不良后果。因此,在使用、维护发动机时,必须特别注意保持气缸的温度在规定的范围内。

36.4.2 导风板

当气流经过发动机时,气缸前部壁面直接与气流相接触,散热效果较好;而后部背着气流,散热效果较差。为了散热均匀,在气缸周围装有导风板。气缸间的导风板会迫使气流从气缸散热片上流过,以增强散热效果。

36.4.3 冷却风扇和涡管

R44 直升机的冷却风扇是离心式的,安装在与发动机输出轴相连的皮带轮传动轴上,由发动机直接驱动,提供一定量的冷却空气给发动机及其相关附件散热。由于风扇是转动部件,要求在工作中能够平稳地转动,因此风扇的动平衡很重要,需要定期进行检查和调节。

36.4.4 散热装置常见故障

(1)气缸散热片裂纹

在检查时,要仔细地检查散热片是否有裂纹和破裂。细小的裂纹不需要更换气缸,可以把这些裂纹锉掉,或者可以打孔以防止裂纹进一步扩展。粗糙面或尖角可用锉刀锉平,这样就消除了产生裂纹的隐患。

(2)导风板裂纹和磨损

挡板和导风板的检查,通常在发动机的定期检查时进行。不论什么时候,无论任何原因把整流罩拆下时,都应该进行检查。检查应该针对裂纹、凹痕或固定件是否松动等情形。若裂纹或凹痕相当严重,就需要修理或更换这些部件。但是,对于刚出现的裂纹可以打止裂孔,轻微的凹痕可锉平,使这些挡板和导风板使用时间更长。

(3)涡管整流罩裂纹

检查整流罩上有无刮痕、凹痕和磨损,这种类型的损伤会引起整流罩结构强度的减弱,增大气流的阻力。检查整流罩有无损坏情况,如果损坏,则更换或修理整流罩。检查整流罩安装固定可靠、无断裂或裂纹。这些检查都是目视检查,并要经常进行,确保整流罩使用可靠。

36.4.5 发动机及风扇的拆装

(1)发动机的吊装

在实际的维护工作过程中,会遇到将发动机从直升机上拆下或装上的情况。这时可以根据图 36 - 4 将发动机进行吊装,以方便后续的工作。

(2)风扇的拆装

如果维修过程中需要拆除风扇或安装原来的风扇,可以按照图 36 - 5 和图 36 - 6 所示的方法安装风扇拔具。要重装原来的风扇,需调整起动齿轮盘上的磁电机定时位置,在涡管接缝处给风扇作记号,这样可减少重新平衡配重的麻烦。

拆装过程要注意,当风扇紧固螺帽已经拆去,要有人扶住风扇,防止掉下来,风扇退出锥形轴可能有"砰"的声音。

安装时,必须检查风扇轮的平衡,风扇轮不平衡会导致损坏。

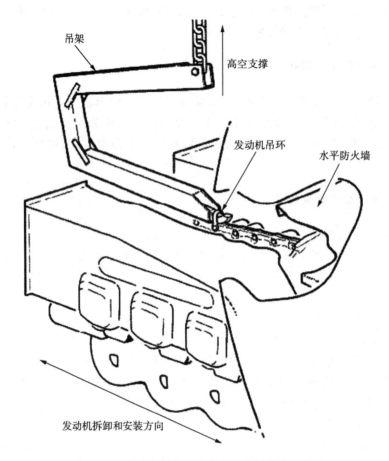

图 36-4 发动机拆卸和安装过程中的吊升示意图

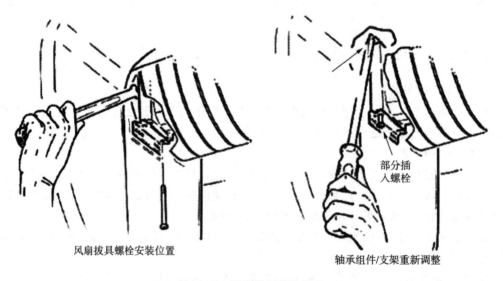

图 36-5 风扇轮毂螺栓进口

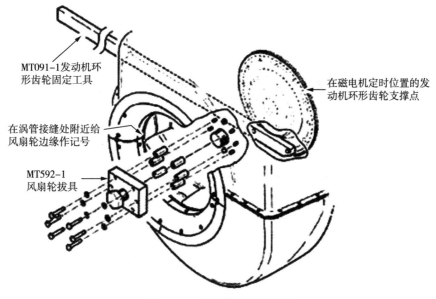

图 36 - 6　风扇轮拔具的安装

MT091-1发动机环形齿轮固定工具

在磁电机定时位置的发动机环形齿轮支撑点

在涡管接缝处附近给风扇轮边缘作记号

MT592-1 风扇轮拔具

36.5　起动系统的维护

36.5.1　发电机皮带张力的检查

（1）固定风扇以防止发动机转动，松开调整螺栓。

（2）用一个扭力指示扳手，按顺时针方向转动连接滑轮与发电机或者交流发电机的螺帽。观察这时的滑动扳手上显示的力矩。

（3）将步骤（2）中显示的力矩与表 36 - 2 中规定的力矩进行比较，相应的调节皮带拉力。

表 36 - 2　力矩选择

皮带宽度	状况	发电机或交流发电机滑轮上显示的力矩
3/8 英寸	新	11～13 英尺·磅
3/8 英寸	已使用	7～9 英尺·磅
1/2 英寸	新	13～15 英尺·磅
1/2 英寸	已使用	9～11 英尺·磅
11 毫米	新	22～24 英尺·磅
11 毫米	已使用	15～17 英尺·磅

复习思考题

1. 简述起动系统的组成。

2. 简述 R44 直升机起动原理和程序。

3. 散热片是如何实现散热的？为什么发动机上有的地方散热片多，有的地方少？

附表:常用专业英语词汇表

序号	单词	解释	单词	解释
A	Aviation Regulation	民航规章	Annually	年度
	Airframe	机身	Aft door's gas spring	后门气动弹簧
	Adjust	调整	Actuator Assembly	制动器组件
	Auxiliary Tank	辅助油箱	Airspeed Indicator	空速表
	Auxiliary(electric)Fuel Pump	辅助油泵(电动)	Altimeter	高度表
	Alternator	发电机	Ammeter	安培表
	Accelerometer	加速度计		
B	Bearing	轴承	Bolt	螺栓
	Bypass	旁通	Bell‐crank Assembly	直角摇臂
	Battery	电瓶		
C	ContinuedAirworthiness(ICA)	持续适航	CrossTube	横管
	Component Manufactures	部件制造厂	Coning Hinge	锥形铰
	Caution	注意	Chord wise	弦向
	Chafing	磨损	Cotter Pin	开口销
	Corrosion	腐蚀	Crack	裂纹
	Critical Part	重要件	CyclicControl	周期变距操纵
	Carburetor	汽化器	CollectiveControl	总距操纵
	CarburetorAir Temperature	汽化器空气温度	Cooling System	冷却系统
	CylinderHeadTemperature Gauge	气缸头温度表	Carburetor	汽化器
D	Definition and Abbreviation	定义和缩略语	Discoloration	变色
	Datum	基准面	Daily Preflight	每日航前
	Dent	凹痕	Damage	损坏
	Disassemble	分解	Droop‐Stop	下垂制动块
	Drilled Hole	钻孔	Dynamically Balance	动平衡
	Dual control	双操纵系统	Drive Train	传动系统
	Drain Valve	放泄阀门		

（续表）

序号	单词	解释	单词	解释
E	Effective Pages	有效页	Engine cowling	发动机整流罩
	Empty Weight	空重	Electric Trim – equipped	电配平
	Engine – driven Pump	发动机驱动泵	Engine – RotorTachometer	发动机-旋翼双指针转速表
	EngineInstrument Cluster	发动机仪表组	Exhaust System	排气系统
F	Fuel Leak	燃油渗漏	Firewall	防火墙
	Fretting	侵蚀	Filter	滤芯
	Flexible	柔性、挠性	Forward	前
	Fuel Tank	燃油箱	Filler Cap	加油口盖
	Fuel control	燃调	Full Travel	全行程
	Fuel Quantity Sender	燃油量传感器	Fanwheel	风扇
	Full – Lean	全贫油		
G	Galling	擦伤		
H	Hydraulic Fluid	液压油	Hinge	铰链
	Horsepower	马力	Horizontal Stabilizer	水平安定面
	Horizontal	水平	Handling	搬运
	Heat – Shrink	热缩管	Hoisting	吊升
	Hose	软管	Heating	加温
I	Illustrated Parts Catalog(IPC)	图解零件目录	Instrument	仪表
	Inspection	检查	Installation	安装
	Induction System	进气系统	Idle RPM	慢车转速
J	Jacking	顶起	Journal	轴套
L	Life – limit	寿命件	Leveling	水平
	LandingGear	起落架		
M	Mandatory	强制性的	Micrometer	千分尺
	Main Rotor Blade	主桨叶	Main Rotor Gearbox	主减速器
	Main Rotor Hub	主桨毂	Manifold Pressure Gauge	进气压力表
	Muffler Shroud	消音罩	Mixture Control	混合比操纵
	Magneto	磁电机		
N	Nick	刻痕	Nut	螺母
O	Overhaul	翻修	Overrunning Clutch	超越离合器
	OptionalEquipment	选装仪表		

（续表）

序号	单词	解释	单词	解释
P	Pilot'sOperatingHandbook（POH）	飞行员手册	Panel	面板
	Paint	面漆	Pitch Bearing Housing	变距轴承壳体
	Pitch Link	变距连杆	PressureRelief Valve	泄压阀
	Push – Pull Tube	推拉管	pint	品脱
	Pitot – Static System	动静压系统	PedalAssembly	脚蹬组件
	Powerplant	动力装置		
R	Remove	拆卸	Repair	修理
	Revise	更新	Rod End	端头
	Rib	肋条	Rotor Brake	旋翼刹车
	Refrigerant	制冷剂		
S	Scratches	划伤	Scheduled	定期
	Seal	密封	Swashplate	倾斜盘
	SkidShoe	滑橇靴	Spacer	垫片
	Self – lubricate bearing	自润滑轴承	Shim	填隙片
	Static Balance	静平衡	Self – LubricateTeflon	特氟龙自润滑
	Span wise	展向	Servo	伺服器（作动筒）
	Splash – Lubricate	喷溅式润滑	Shutoff Valve	关断阀门
	Scroll	涡管	Six – Cylinder	六缸
T	Turbine Helicopters	涡轴直升机	Torque Wrenches	力矩扳手
	TBO Component	翻修件	Tolerances	公差
	Technical Publications	技术出版物（技术资料）	Tail Skid	尾橇
	Teeter Hinge	摆动铰	Tail Rotor	尾桨
U	Unusable Fuel	不可用燃油		
V	Vertical	垂直	Vertical Stabilizer	垂直安定面
	V – Belt Sheave	V 型皮带轮	VerticalSpeed Indicator	升降速度表
W	Weighing	称重	Warning	警告
	Washer	垫圈	Ventilation	通风
Y	Yoke	轭		

参考文献

［1］薛建海,宋辰瑶,郭艳颖.R44 直升机系统［M］.西安:西北工业大学出版社,2015.

［2］美国罗宾逊直升机公司.罗宾逊 R44 维修手册［EB/OL］.［2024－03］.https://shop.robinsonheli.com/r44－maintence－manual/.

［3］美国罗宾逊直升机公司.罗宾逊 R44 零部件手册［EB/OL］.［2024－02］.https://shop.robinsonheli.com/r44－illustrated－parts－catalog/.

［4］美国罗宾逊直升机公司.罗宾逊 R44 飞行手册［EB/OL］.［2024－01－26］.https://shop.robinsonheli.com/r44－ii－pilots－operating－handbook/.

［5］莱康明发动机公司.莱康明 IO－540－AE1A5 发动机维修手册［EB/OL］.［2018－09－30］.http://www.lycoming.com/.

［6］民用航空产品和零部件合格审定规定(CCAR－21－R5 部),2024.

［7］一般运行和飞行规则(CCAR－91－R4 部),2022.

［8］小型商业运输和空中游览运营人运行合格审定规则(CCAR－135－R3 部),2022.

［9］民用航空器维修单位合格审定规则(CCAR－145－R4 部),2022.